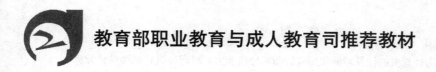

教育部职业教育与成人教育司推荐教材

中文 AutoCAD 2012 建筑设计案例教程（第三版）

王爱赪　刘丛然　主　编

王浩轩　赵　玺　张　伦　万　忠　副主编

中国铁道出版社
CHINA RAILWAY PUBLISHING HOUSE

内 容 简 介

AutoCAD 是利用计算机的计算功能和高效的图形处理能力,对产品进行辅助设计分析、修改和优化的软件,它是计算机知识和工程设计知识的完美结合。

本书共分 5 章,采用案例带动知识点的方法进行讲解,并按节细化了知识点,结合知识点介绍了相关实例。除了第 1 章外,每节均由"案例效果""操作步骤""相关知识"和"思考与练习"四部分组成。"案例效果"和"操作步骤"中介绍了学习本案例的目的,包括案例效果、使用的相关知识与技巧和国家制图标准要求;"相关知识"中介绍了与本案例有关的知识。全书除了介绍大量的知识点外,还介绍了 10 个案例,提供了几十道思考与练习题。

本书适合作为中等职业学校计算机专业的教材,也可作为广大计算机爱好者、机械制图设计人员的自学参考书。

图书在版编目(CIP)数据

中文 AutoCAD 2012 建筑设计案例教程 / 王爱赪,刘丛然
主编. — 3 版. —北京:中国铁道出版社,2014.1
教育部职业教育与成人教育司推荐教材
ISBN 978-7-113-17893-2

Ⅰ.中… Ⅱ.①王… ②刘… Ⅲ.①建筑设计—计
算机辅助设计—AutoCAD 软件—职业教育—教材 Ⅳ.①TU201.4

中国版本图书馆 CIP 数据核字(2013)第 312157 号

书　　名:	中文 AutoCAD 2012 建筑设计案例教程(第三版)
作　　者:	王爱赪　刘丛然　主编

策　　划:	崔晓静	读者热线:400-668-0820
责任编辑:	徐盼欣　崔晓静　彭立辉	
封面设计:	刘　颖	
封面制作:	白　雪	
责任校对:	汤淑梅	
责任印制:	李　佳	

出版发行:中国铁道出版社(100054,北京市西城区右安门西街 8 号)
网　　址:http://www.51eds.com
印　　刷:北京昌平百善印刷厂
版　　次:2004 年 12 月第 1 版　2009 年 4 月第 2 版　2014 年 1 月第 3 版　2014 年 1 月第 1 次印刷
开　　本:787mm×1092mm　1/16　印张:16　字数:379 千
印　　数:1～3 000 册
书　　号:ISBN 978-7-113-17893-2
定　　价:29.80 元

审 稿 专 家 组

审稿专家：（按姓名笔画排列）

丁桂芝（天津职业大学）　　　王行言（清华大学）

毛一心（北京科技大学）　　　毛汉书（北京林业大学）

邓泽民（教育部职业技术教育中心研究所）

艾德才（天津大学）　　　　　冯博琴（西安交通大学）

曲建民（天津师范大学）　　　刘瑞挺（南开大学）

安志远（北华航天工业学院）　李凤霞（北京理工大学）

吴文虎（清华大学）　　　　　吴功宜（南开大学）

宋　红（太原理工大学）　　　宋文官（上海商学院）

张　森（浙江大学）　　　　　陈　明（中国石油大学）

陈维兴（北京信息科技大学）　钱　能（杭州电子科技大学）

徐士良（清华大学）　　　　　黄心渊（北京林业大学）

龚沛曾（同济大学）　　　　　蔡翠平（北京大学）

潘晓南（中华女子学院）

丛书编委会

主　编：沈大林

副主编：苏永昌　张晓蕾

编　委：（按姓名笔画排列）

马广月	马开颜	王　玥	王　威
王　锦	王　翠	王爱赪	王浩轩
丰金茹	朱　立	曲彭生	刘　璐
杜　金	杨　红	杨　旭	杨素生
杨继萍	肖宁朴	沈　昕	沈建峰
迟　萌	迟锡栋	张　伦	张　磊
张凤红	陈恺硕	罗红霞	郑　原
郑　瑜	郑　鹤	郑淑晖	赵亚辉
袁　柳	高立军	陶　宁	崔　玥
董　鑫	曾　昊		

丛书序

本套教材依据教育部办公厅和原信息产业部办公厅联合颁发的《中等职业院校计算机应用与软件技术专业领域技能型紧缺人才培养指导方案》进行规划，是教育部职业教育与成人教育司推荐教材。

根据我们多年的教学经验和对国外教学的先进方法的分析，针对目前职业技术学校学生的特点，采用案例引领，将知识按节细化，案例与知识相结合的教学方式，充分体现我国教育学家陶行知先生"教学做合一"的教育思想。通过完成案例的实际操作，学习相关知识、基本技能和技巧，让学生在学习中始终保持学习兴趣，充满成就感和探索精神。这样不仅可以让学生迅速上手，还可以培养学生的创作能力。从教学效果来看，这种教学方式可以使学生快速掌握知识和应用技巧，有利于学生适应社会的需要。

每本书按知识体系划分为多个章节，每一个案例是一个教学单元，按照每一个教学单元将知识细化，每一个案例的知识都有相对的体系结构。在每一个教学单元中，将知识与技能的学习融于完成一个案例的教学中，将知识与案例很好地结合成一体，案例与知识不是分割的。在保证一定的知识系统性和完整性的情况下，体现知识的实用性。

每个教学单元均由"案例效果""操作步骤""相关知识"和"思考与练习"四部分组成。在"案例效果"栏目中介绍案例完成的效果；在"操作步骤"栏目中介绍完成案例的操作方法和操作技巧；在"相关知识"栏目中介绍与本案例单元有关的知识，起到总结和提高的作用；在"思考与练习"栏目中提供了一些与本案例有关的思考与练习题。对于程序设计类的教程，考虑到程序设计技巧较多，不易于用一个案例带动多项知识点的学习，因此采用先介绍相关知识，再结合知识介绍一个或多个案例。

丛书作者努力遵从教学规律、面向实际应用、理论联系实际、便于自学等原则，注重训练和培养学生分析问题和解决问题的能力，注重提高学生的学习兴趣和培养学生的创造能力，注重将重要的制作技巧融于案例介绍中。每本书内容由浅入深、循序渐进，使读者在阅读学习时能够快速入门，从而达到较高的水平。读者可以边进行案例制作，边学习相关知识和技巧。采用这种方法，特别有利于教师进行教学和学生自学。

为便于教师教学，丛书均提供了实时演示的多媒体电子教案，将大部分案例的操作步骤实时录制下来，让教师摆脱重复操作的烦琐，轻松教学。

参与本套教材编写的作者不仅有在教学一线的教师，还有在企业负责项目开发的技术人员。他们将教学与工作需求更紧密地结合起来，通过完全的案例教学，提高学生的应用操作能力，为我国职业技术教育探索更添一臂之力。

沈大林

第三版前言

中文 AutoCAD 2012 是 Autodesk 公司推出的最新的一款绘图软件，它功能强大、应用方便，是在建筑装饰行业中不可或缺的工具软件。

本书针对 AutoCAD 的基本功能和命令，以实例教学的方式进行了全面系统的讲解。将基本功能和设计技巧结合在一起，通过丰富的实例进行讲解，在介绍 AutoCAD 软件使用方法的同时，还提供了大量实例、使用技巧，以及各种典型零件图、国家制图标准等。

本书共分 5 章，第 1 章介绍了 AutoCAD 2012 的工作环境与基本操作，使读者对中文 AutoCAD 2012 有一个总体了解，为以后的学习打下良好的基础；第 2 章介绍了中文 AutoCAD 2012 绘制平面几何建筑图的技术；第 3 章介绍了 AutoCAD 2012 编辑平面图形的技术；第 4 章介绍了 AutoCAD 2012 图形的标注和输出；第 5 章介绍了 AutoCAD 2012 绘制立体图形的技术。

本书采用案例带动知识点学习的方法进行讲解，通过学习案例掌握软件的操作方法和操作技巧。本书按节细化了知识点，并结合知识点介绍了相关的案例。除了个别小节外，每节均由"案例效果""操作步骤""相关知识"和"思考与练习"四部分组成。"案例效果"和"操作步骤"中介绍了学习本案例的目的，包括案例效果和使用的相关知识、技巧和国家制图标准要求；"相关知识"中介绍了与本案例有关的知识。全书除了介绍大量的知识点外，还介绍了 10 个案例，提供了几十道思考与练习题。读者可以边进行案例制作，边学习相关知识和技巧，轻松掌握中文 AutoCAD 2012 的使用方法和使用技巧。

本书内容由浅入深、循序渐进，知识含量高，使读者在阅读学习时，不但知其然，还知其所以然；不但能够快速入门，而且可以达到较高的水平。在本书编写过程中，编者努力遵从教学规律，注重知识结构与实用技巧相结合，注重学生的认知特点，注重提高学生的学习兴趣和创造能力的培养，注重将重要的制作技巧融于实例当中。

本书由王爱赪、刘丛然任主编，王浩轩、赵玺、张伦、万忠任副主编，参与本书编写的人员有：王浩轩、赵玺、张伦、万忠、许崇、张秋、陶宁、郑淑晖、肖柠朴、杨旭、陈恺硕、曹永冬、沈昕、关点、关山、郝侠、毕凌云、郭海、郑瑜、郑鹤、郑原、袁柳、李宇辰、王加伟、苏飞、王小兵等。

本书适应社会的需求、企业的需求、人才的需求和学校的需求，适合作为中等职业学校的教材，也可作为高等职业院校非计算机专业的教材，亦可作为初学者的自学用书。

由于时间仓促，编者水平有限，书中难免有疏漏与不妥之处，恳请广大读者批评指正。

编　者

2013 年 10 月

第二版前言

AutoCAD 2008 是 Autodesk 公司推出的绘图软件，它功能强大、应用方便。在机械制图和建筑装饰行业中是不可缺少的工具软件。

本书针对 AutoCAD 的基本功能和命令，以实例教学的方式进行全面系统的讲解，将基本功能和设计技巧结合在一起。本书通过案例进行讲解，在介绍 AutoCAD 软件使用方法的同时，还提供了大量实例，使用技巧，各种典型建筑、装饰图，以及国家制图标准的要求。

本书共分 5 章，第 1 章介绍了 AutoCAD 2008 的基础知识，使读者对中文 AutoCAD 2008 有一个总体了解，为以后的学习打下良好的基础；第 2 章介绍了绘制平面图形的方法；第 3 章介绍了建筑绘图的技巧及相关国家标准要求；第 4 章介绍了文字与标注的国家标准及图形的配置和打印输出技术；第 5 章介绍了绘制立体模型的技术。全书共介绍了 16 个案例，都是实用性很强的作品（建筑图等），另外还提供了大量的练习题。

本书采用案例驱动的教学方式，以案例实现为主导，每个案例均由"案例效果"、"操作步骤"、"相关知识"和"思考与练习"4 部分组成。在按案例进行讲解的同时，注意保证知识的相对完整性和系统性。

在编写过程中，编者努力遵从教学规律、面向实际应用、理论联系实际、便于自学等原则，注重训练和培养学生分析问题和解决问题的能力，注重提高学生的学习兴趣和对创造能力的培养，注重将重要的制作技巧融于任务完成的介绍当中。本书还特别注意由浅入深、循序渐进，使读者在阅读学习时能够快速入门，还可以达到较高的水平，特别有利于教师进行教学和学生自学。建议教师在使用该教材进行教学时，一边带学生做各章的实例，一边学习各种操作方法、操作技巧和相关知识，将它们有机地结合在一起，可以达到事半功倍的效果。

本书主编：沈大林。参加本书编写工作的主要人员有：王爱赪、曾昊、刘璐、邹伟、郑原、郑鹤、郑瑜、李征、张凤红、于站江、吕向红、于向飞、康胜强、韩德彦、姜树昕、李斌、胡玉莲、李俊、王小兵、靳轲、章国显、苏飞、傅浩、于金霞、蔡冠因、张硕、宋东明、尚义明、陈恺硕、孔凡奇、李宇辰、卢贺、张磊、鹿胜利、陈一兵等。

本书适合作为中等职业学校计算机专业或高等职业学校非计算机专业的教材，还可作为广大计算机爱好者、建筑设计人员的自学读物。

由于技术的不断变化以及操作过程中的疏漏，书中难免有疏漏和不妥之处，恳请广大读者批评指正。

编 者

2009 年 3 月

第一版前言

中文 AutoCAD 2002 是 Autodesk 公司推出的绘图软件，它功能强大、应用方便。在建筑装饰行业中是不可或缺的工具软件。

本书针对 AutoCAD 的基本功能和命令，以实例教学的方式进行了全面系统的讲解。将基本功能和设计技巧结合在一起，通过丰富的实例进行讲解，在介绍 AutoCAD 软件使用方法的同时，还提供了大量实例以及使用技巧。从最基本的 TV 台、门、窗等基本图形的绘制，到建筑施工的平面图、施工图、水电图、顶面图等的制作方法和图符标注进行了详细讲解。

本书共分 6 章，第 1 章介绍了 AutoCAD 2002 的工作环境与基本操作，第 2 章介绍了 AutoCAD 2002 的基础绘图技术，第 3 章介绍了 AutoCAD 2002 的建筑绘图技术，第 4 章介绍了 AutoCAD 2002 文字和尺寸标注，第 5 章介绍了 AutoCAD 2002 图形的打印和输出，第 6 章介绍了 AutoCAD 2002 三维模型的绘制。

本书是"新世纪职业技术培训案例教程"系列丛书之一。全书具有较大的知识信息量，共讲解了 15 个实例和提供了近 100 道思考与练习题。全书以计算机实例操作为主线，采用真正的任务驱动方式，展现全新的教学方法。本书贯穿以实例带动知识点的学习，通过学习实例掌握软件的操作方法和操作技巧。每个实例均由实例效果、技术分析、操作过程、知识进阶和思考练习 5 部分组成。在按实例进行讲解时，充分注意保证知识的相对完整性和系统性。读者可以跟着本书的操作步骤去操作，从而完成应用实例的制作，并且还可以在实例制作中轻松地掌握中文 AutoCAD 2002 的大部分使用方法和操作技巧。本书由浅入深、由易到难、循序渐进、图文并茂，理论与实际制作相结合，可使读者在阅读学习时知其然还知其所以然，不但能够快速入门，而且可以达到较高的水平，有利于教学和自学，教师可以得心应手地使用它进行教学，学生也可以自学。

本书由沈大林主编，刘璐、张敬怀、于站江、张恒杰编著，张凤红审校。参加本书编写工作的主要人员有：于向飞、康胜强、曲彭生、尚义明、韩德彦、于金霞、李明哲、姜树昕、丰金兰、李斌、李俊、靳轲、章国显、何侠、高献伟、胡玉莲、王小兵、刘锋、苏飞等。为本书提供实例和资料，以及参加其他编写工作的还有新昕教学工作室的人员。

本书可以作为计算机职业技术学校的教材，也可以作为初、中级培训班的教材，还适于作为初学者的自学用书。

由于编者水平有限，加上编著、出版时间仓促，书中难免有偏漏和不妥之处，恳请广大读者批评指正。

编　者

2004 年 12 月

目录

第 1 章　中文 AutoCAD 2012 基础知识

　　AutoCAD 是利用计算机的计算功能和高效的图形处理能力，对产品进行辅助设计分析、修改和优化的软件。它具备绘图精确、功能强大、操作简单、界面直观等诸多优点。AutoCAD 技术被广泛应用于建筑、机械、电子、广告、服装等领域。本章重点介绍了 AutoCAD 2012 的全新界面、绘图功能和基本操作，熟练地掌握这些基础知识和基本操作并能灵活应用，是进一步掌握 AutoCAD 2012 的前提。

1.1　AutoCAD 2012　概述

1.1.1　AutoCAD 2012 的全新界面

1. 系统的启动

　　① 在"开始"菜单的"程序"选项中，选择 Autodesk→AutoCAD 2012—Simplified Chinese→AutoCAD 2012 命令，或双击桌面上的 AutoCAD 2012 快捷图标 ，即可启动中文 AutoCAD 2012。

　　② 启动中文 AutoCAD 2012 后，即进入中文 AutoCAD 2012 的工作界面。该界面由应用程序菜单、标题栏、快速访问工具栏、选项板、绘图区、命令行窗口和状态栏等几部分组成，如图 1-1-1 所示。

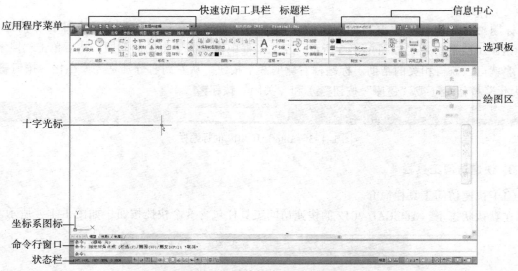

图 1-1-1　AutoCAD 2012 的工作界面

2．应用程序菜单和标题栏

（1）应用程序菜单

应用程序菜单按钮 位于界面的左上角。单击该按钮，将弹出如图 1-1-2 所示的应用程序菜单。该菜单包含了 AutoCAD 的一些常用命令，如"新建""打开""保存""发布"和"打印"等。在应用程序菜单右上角的"搜索菜单"文本框中输入关键字，然后单击"搜索"按钮 ，就可以显示与关键字相关的命令。

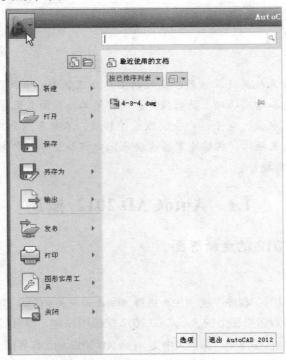

图 1-1-2　应用程序菜单

（2）标题栏

标题栏位于应用程序窗口的最上面，用于显示当前正在运行的程序及文件名等信息。AutoCAD 2012 的标题栏如图 1-1-3 所示。在文本框中输入需要帮助的问题，然后单击"搜索"按钮 就可以获得相关的帮助。标题栏右侧的 3 个按钮，从左到右分别是"最小化"按钮 、"最大化"按钮 （或"还原"按钮 ）和"关闭"按钮 。

图 1-1-3　AutoCAD 2012 的标题栏

3．快速访问工具栏

（1）快速访问工具栏简介

在默认状态下，AutoCAD 2012 的快速访问工具栏包含 8 个快捷按钮，如图 1-1-4 所示。

图 1-1-4　快速访问工具栏

从左向右依次为"新建"按钮、"打开"按钮、"保存"按钮、"另存为"按钮、"打印"按钮、"放弃"按钮、"重做"按钮和"工作空间"按钮。右击快速访问工具栏，在弹出的快捷菜单中选择"在功能区下方显示快速访问工具栏"命令，则快速访问工具栏显示在功能区的下方，如图 1-1-5 所示。

图 1-1-5 　在功能区下方显示快速访问工具栏

（2）在快速访问工具栏上添加或者删除其他按钮

① 在快速访问工具栏上右击，在弹出的快捷菜单中选择"自定义快速访问工具栏"命令，弹出"自定义用户界面"窗口，如图 1-1-6 所示。在"按类别过滤命令列表"下拉列表中选择"编辑"选项，并在下面的列表框中选择"粘贴"选项，单击"确定"按钮。

图 1-1-6 　"自定义用户界面"窗口

② 在"所有文件中的自定义设置"选项区域的列表框中选择"草图与注释默认（当前）"选项，单击 ⊙ 按钮，在对话框右侧将显示工作空间内容，如图 1-1-7 所示。

③ 在命令列表框中选择"粘贴"选项，并将其拖动至"所有文件中的自定义设置"列表框的"快速访问工具栏"上，即可添加该按钮，在对话框右侧将显示按钮图像和特性，如图 1-1-8 所示。

④ 单击"自定义用户界面"对话框中的"确定"按钮，即可在绘图窗口看到添加"粘贴"按钮后的快速访问工具栏，如图 1-1-9 所示。

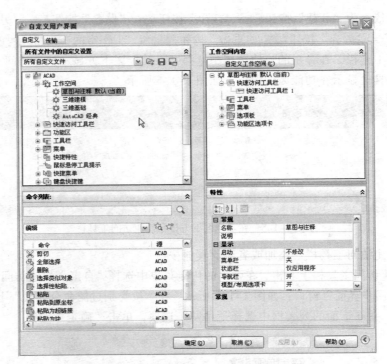

图 1-1-7 选择"草图与注释默认（当前）"选项

图 1-1-8 拖动"粘贴"选项

图 1-1-9 添加"粘贴"按钮的快速访问工具栏

4. 菜单栏

启动 AutoCAD 2012 后，经典界面的菜单栏此时是隐藏状态。单击快速访问工具栏右侧的下三角按钮，在弹出的菜单中选择"显示菜单栏"命令，即可显示菜单栏，如图 1-1-10 所示。

文件(F)　编辑(E)　视图(V)　插入(I)　格式(O)　工具(T)　绘图(D)　标注(N)　修改(M)　参数(P)　窗口(W)　帮助(H)

图 1-1-10　菜单栏

菜单栏提供了"文件""编辑""视图""插入""格式""工具""绘图""标注""修改""参数""窗口"和"帮助"12 个菜单，通过这些菜单几乎可以使用软件的所有功能。

在这些菜单中，某些命令带有实心小三角符号，代表该命令之下还包含有子命令，将鼠标移至其上即可打开子命令。

5. 工具栏

（1）工具栏简介

AutoCAD 2012 的工具栏包含了常用的一些命令按钮，它是启动 AutoCAD 命令的快捷方式，用户直接单击工具栏上的按钮，就可以调用相应的命令，利用它们可以完成大部分绘图工作。

将鼠标或定点设备移到工具栏按钮上时，工具栏提示将显示按钮的名称。右下角带有小黑三角形的按钮是包含相关命令的弹出工具栏。将光标放在图标上，然后按鼠标左键直到显示出弹出式工具栏，如图 1-1-11 所示。如果单击弹出式工具栏上的某个按钮，该按钮将位于弹出式工具栏的顶部，并成为默认的选项。

在 AutoCAD 2012 中包含多个已经命名的工具栏，每个工具栏分别包含数量不等的工具，如图 1-1-12 所示。在菜单栏中选择"工具" → "工具栏" → "AutoCAD" → "标准"命令，即可将"标准"工具栏显示在工作界面中，如图 1-1-13 所示。根据工作需要，也可以使用同样的方法选择其他工具栏。

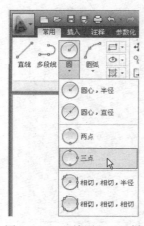

图 1-1-11　"绘图"工具栏

图 1-1-12　弹出"标准"工具栏

图 1-1-13　"标准"工具栏

（2）改变工具栏的位置

工具栏有两种状态：一种是固定状态，此时工具栏位于绘图区的左、右两侧或上方；另一种是浮动状态。将鼠标指针置于工具栏上按住鼠标左键拖动，将其拖动到绘图区后再释放鼠标左键，就可使该工具栏浮动到界面上。

当工具栏处于浮动状态时，用户可以将其移动到任意位置，当用户将工具栏拖动至合适的位置时，单击窗口下部状态栏右侧的锁定图标，在弹出的菜单中选择"全部"→"锁定"命令（见图 1-1-14），即可锁定工具栏的位置。

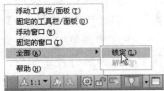

图 1-1-14　锁定浮动工具栏

（3）创建自定义工具栏

用户可以向工具栏添加按钮、删除不常用的按钮及重新排列按钮和工具栏，还可以创建自己的工具栏，并创建或更改与命令相关联的按钮图像。创建新工具栏时，首先需要为其指定一个名称，新工具栏显示为"空"或者不带按钮。从现有工具栏或"自定义"（命令）对话框中所列的命令中将按钮拖动到新工具栏上。

创建自定义工具栏的方法如下：

① 选择"工具"→"自定义"→"界面"命令或在命令行窗口输入 CUI 命令，弹出"自定义用户界面"窗口，在该窗口左侧的"所有文件中的自定义设置"列表框中，右击"工具栏"选项，弹出自定义快捷菜单，如图 1-1-15 所示。

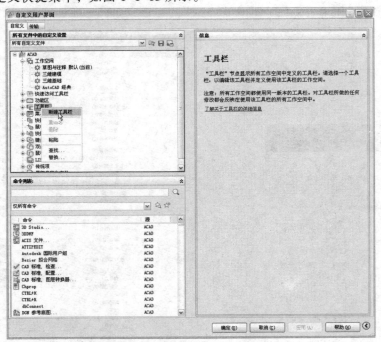

图 1-1-15　"自定义用户界面"窗口

　　② 从快捷菜单中选择"新建工具栏"命令，此时会在工具栏选项的底部添加一个名称为"工具栏 1"的工具栏，同时在右侧的信息栏中，显示出新工具栏的预览和特性。

　　③ 右击"工具栏 1"，在弹出的快捷菜单中选择"重命名"命令。将该工具栏的名称更改为"编辑"，如图 1-1-16 所示。

图 1-1-16　向新工具栏添加命令

　　④ 在左下方的"命令列表"列表框中，将要添加的命令拖动到"编辑"工具栏名称下面的位置，即可向新工具栏添加命令，同时在右侧的信息栏中，显示出为"编辑"工具栏添加命令后的按钮效果，如图 1-1-16 所示。然后，单击"确定"按钮，即可完成自定义工具栏的设置。自定义的"编辑"工具栏如图 1-1-17 所示。

　　（4）删除工具栏

　　在"自定义用户界面"对话框左侧的"所有文件中的自定义设置"列表框中，右击要删除的工具栏，在弹出的快捷菜单中选择"删除"命令（见图 1-1-18），即可将选中的工具栏删除。

　　6. 选项板

　　"功能区"选项板是 AutoCAD 2012 新增加的工作界面，位于绘图窗口的上方。默认状态下，在"草图和注释"空间中，"功能区"选项板包含"常用""插入""注释""参数化""视图""管理""输出""插件"和"联机"9 个选项卡。每个选项卡都包含若干个面板，每个面板又包含许多命令按钮，如图 1-1-19 所示。单击选项区下面的三角按钮▼，可以展开或折叠该区域，以显示其他相关的命令按钮。图 1-1-20 所示为单击"图层"面板下面的三角按钮后的效果。

图 1-1-17 "编辑"工具栏　　　　　　　图 1-1-18 删除工具栏

图 1-1-19 "功能区"选项板

图 1-1-20 展开"图层"面板

　　如果在选项卡上单击"最小化为面板按钮" ▣ ，选项卡将最小化为面板，如图 1-1-21 所示。此时，▣ 为"显示完整的功能区"按钮，单击该按钮，将恢复默认样式。

　　单击"最小化为面板按钮" ▣ 右侧的下三角按钮，在弹出的快捷菜单中有"最小化为选项卡""最小化为面板标题""最小化为面板按钮"和"循环浏览所有项"几个命令，可以根据需要进行选择。

　　"工具选项板-所有选项板"选项板在 AutoCAD 2012 中是可以浮动的，选择菜单栏中的"工具"→"选项板"→"工具选项板"命令，显示"工具选项板-所有选项板"选项板，如图 1-1-22 所示。用户可以拖动该选项板使其处于浮动状态，而且随着用户拖动位置的不同，标题显示的方向也不同。"工具选项板"是窗口中选项卡显示的区域，提供组织、共享和放置块及填充图案的有效方法。"工具选项板"还可以包含由第三方开发人员提供的自定义工具。"工具选项板"主要具有以下特点：

图 1-1-21　最小化为面板

图 1-1-22　"工具选项板-
所有选项板"选项板

① 位于"工具选项板"上的块和图案填充称为工具。要更改"工具选项板"上任何工具的插入特性或图案特性（例如，更改块的插入比例或填充图案的角度），可在某个工具上右击，在弹出的快捷菜单中选择"特性"命令，弹出"工具特性"对话框，然后在其中更改工具的特性，如图 1-1-23 所示。

② 从"工具选项板"中拖动块到绘图区，可以将块放入当前图形。如果将图案拖动至绘图区的某个图形，则可以快速填充该图形。例如，用户只需将"砂砾"图案从"工具选项板"拖动至五边形中，即可填充该五边形，如图 1-1-24 所示。

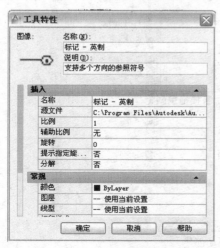

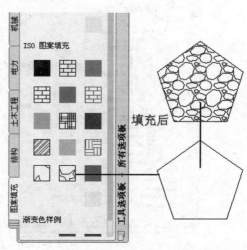

图 1-1-23　"工具特性"对话框

图 1-1-24　利用"工具选项板"快速填充图案

③ 右击"工具选项板–所有选项板"标题栏上的"特性"按钮，即可弹出"工具选项板–所有选项板"的快捷菜单。在该菜单中选择"新建选项板"命令，即可创建新的工具选项板。

④ 单击"标准"工具栏中的"工具选项板"按钮，即可打开或关闭工具选项板。

⑤ 用户还可使用以下方法在"工具选项板"中添加工具或创建新的工具选项板。

方法一：单击"标准"工具栏中的"设计中心"按钮，弹出"设计中心"对话框，右击"设计中心"树状图中的文件夹、图形文件或块，在弹出的快捷菜单中选择"创建工具选项板"命令，即可创建新的工具选项板，如图 1-1-25 所示。

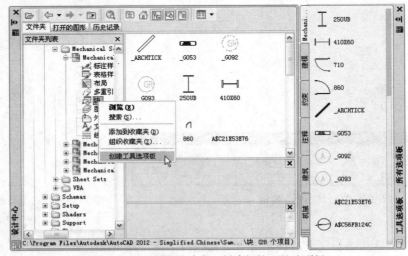

图 1-1-25　利用设计中心创建新的工具选项板

方法二：在"设计中心"的内容区域，将图形、块或图案填充从"设计中心"直接拖动到当前"工具选项板"上，即可将选定项目添加到当前工具选项板中，如图 1-1-26 所示。

方法三：使用剪切、复制和粘贴方法可以将一个工具选项板中的工具移动或复制到另一个工具选项板中。

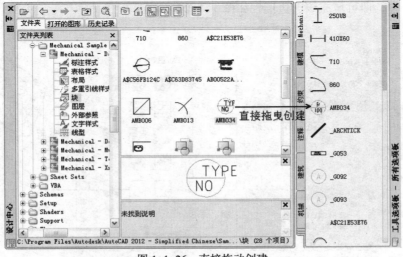

图 1-1-26　直接拖动创建

7. 绘图窗口、命令行与文本窗口

（1）绘图窗口

绘图窗口是用户绘制图形时的工作窗口，用户所做的一切工作均要反映在该窗口中。在绘图区的左下角有一个坐标系图标，即默认的 WCS（世界坐标系），如果用户重新设置了坐标系原点或调整坐标系的其他设置，则该坐标系由 WCS 转换为 UCS（用户坐标系）。

"模型""布局"选项卡位于绘图区的下方，用于模型空间和布局空间之间的转换。通常情况下，用户先在模型空间绘制图形，绘图结束后再转换到布局空间安排图纸输出的布局。

（2）命令行

命令行窗口位于绘图区的下方，是用户通过键盘输入命令和参数的地方，用户可以将其放大、缩小或改变其状态。通过在命令行窗口输入相应的操作命令，按空格键后系统即执行该命令。

在 AutoCAD 2012 中，命令行可以拖动为浮动窗口，如图 1-1-27 所示。处于浮动状态的命令行随着拖动位置的不同，其标题显示的方向也不同。

图 1-1-27　命令行窗口

（3）文本窗口

文本窗口是记录 AutoCAD 2012 命令操作的窗口，也可以说是放大的命令行窗口。记录了已执行的命令，也可以用来输入新命令。在菜单栏中选择"视图"→"显示"→"文本窗口"命令、执行 TEXTSCR 命令或按【F2】键都可以打开"AutoCAD 文本窗口"，如图 1-1-28 所示。

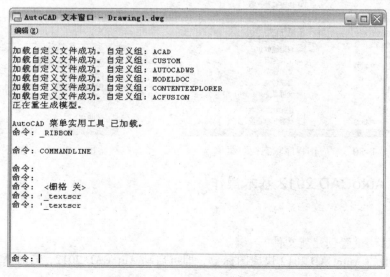

图 1-1-28　AutoCAD 文本窗口

8. 状态栏

（1）状态栏简介

状态栏如图 1-1-29 所示，主要用于显示当前光标的坐标、命令和按钮的说明等。当光标在绘图窗口中移动时，状态栏的"坐标"区将动态地显示坐标值。坐标的显示与所选择的模式和程序中运行的命令有关，共有"相对""绝对"和"无"3 种模式。

　　状态栏左侧包括"推断约束""捕捉""栅格""正交""极轴""对象捕捉""三维对象捕捉""对象追踪""动态 UCS""动态输入""线宽""透明度""快捷特性"和"选择循环"14 个状态转换按钮。

　　在状态栏的右侧包括一个图形状态栏，该状态栏中有"注释比例""注释可见性"和"自动缩放"3 个按钮。

图 1-1-29　状态栏

　　（2）状态栏菜单

　　单击"全屏显示"按钮▢左侧的"应用程序状态栏"菜单下拉按钮▾，即可打开"应用程序状态栏菜单"，在该菜单中单击取消某一命令前面的✔符号，即可在状态栏中取消该命令按钮的显示，如图 1-1-30 所示。

　　（3）"锁定"按钮

　　"锁定"按钮可以锁定工具栏和选项板的位置，防止它们意外地移动。🔒图标表示锁定状态，🔓图标表示未锁定状态。

　　在菜单栏中选择"窗口"→"锁定位置"命令或单击状态栏上的"锁定"图标，弹出"锁定"菜单，如图 1-1-31 所示。在该菜单中单击需要锁定的选项，即可将其锁定。

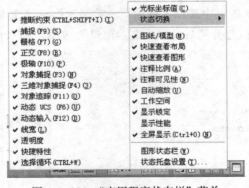

图 1-1-30　"应用程序状态栏"菜单

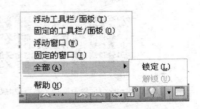

图 1-1-31　"锁定"菜单

1.1.2　中文 AutoCAD 2012 基本操作

1. 新建文件

　　（1）使用默认设置创建新文件

　　双击桌面上的 AutoCAD 2012 快捷图标📖，即可启动 AutoCAD 2012，同时系统将使用默认设置自动创建一个空白文件。

　　（2）使用样板创建新文件

　　选择"应用程序菜单"→"新建"命令，或者单击快速访问工具栏中的"新建"按钮▢，弹出"选择样板"对话框。在该对话框中选择需要的样板文件，如图 1-1-32 所示。然后单击

"打开"按钮，关闭该对话框并以选择的样板创建一个新文件。

（3）使用"打开选项"创建文件

如果不需要使用样板创建文件，可在"选择样板"对话框中单击"打开"按钮右侧的"打开选项"按钮，弹出"打开"快捷菜单，如图 1-1-33 所示。在该菜单中选择"无样板打开-公制"命令，即可以按默认的公制设置，创建一个新文件。

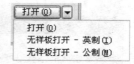

图 1-1-32　"选择样板"对话框　　　　　　　图 1-1-33　打开快捷菜单

2. 打开文件

① 选择"应用程序菜单"→"打开"命令，或者单击快速访问工具栏中的"打开"按钮，弹出"选择文件"对话框，如图 1-1-34 所示。在该对话框中选中需要打开的图形文件，然后单击"打开"按钮，即可关闭该对话框并将选中的图形文件打开。

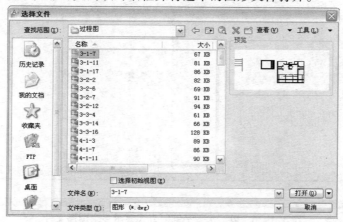

图 1-1-34　"选择文件"对话框

② 如果打开了多个图形文件，并且这些文件窗口都可见，只要在该图形的任意位置单击便可将其激活。此外，按【Ctrl+F6】组合键或【Ctrl+Tab】组合键，即可在打开的文件之间进行切换。

③ 用户还可以控制在 AutoCAD 2012 中显示多个图形文件的方式，选择菜单栏中的"窗口"→"层叠"命令，即可以层叠方式显示图形文件，如图 1-1-35 所示；选择"窗口"→

"水平平铺/垂直平铺"命令，即可以"水平平铺"或"垂直平铺"的方式显示图形文件。以"水平平铺"方式显示的图形文件如图 1-1-36 所示。

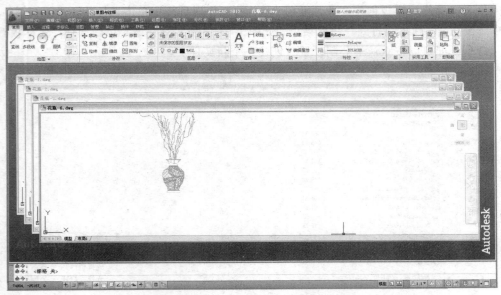

图 1-1-35　以层叠方式显示多个图形文件

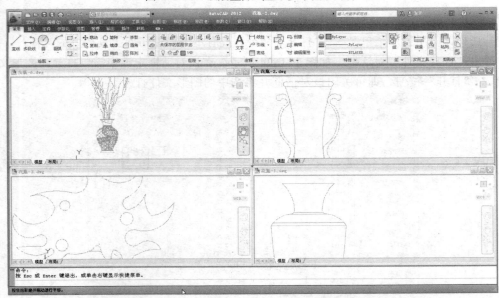

图 1-1-36　以"水平平铺"方式显示多个图形文件

3. 保存文件

① 选择"应用程序菜单"→"保存"命令，或者单击快速访问工具栏中的"保存"按钮 ，弹出"图形另存为"对话框。在该对话框中选择要保存图形文件的驱动器及文件夹，在"文件名"文本框中输入要保存文件的名称，在"文件类型"下拉列表框中选择要保存文件的类型，如图 1-1-37 所示。然后单击"保存"按钮，关闭该对话框并将图形文件保存到计算机中。

图 1-1-37　"图形另存为"对话框

② 在绘图工作中应随时注意保存图形，以免因死机、停电等意外事故使图形丢失。

③ "保存"和"另存为"命令的区别如下：

❖ 在同一个图形中，首次使用"保存"命令，其功能与使用"另存为"命令相同。

❖ 若图形已保存过，则再次使用"保存"命令时，系统不会打开对话框，而快速保存文件。

❖ 在绘制图形过程中，不论何时使用"另存为"命令，都会打开对话框，用户可选择图形存放位置及文件名。

4. 关闭文件

① 选择"应用程序菜单"→"关闭"命令，或者单击"关闭"按钮，即可关闭当前的图形文件。

② 如果在保存图形文件以后，又对它做了修改，当关闭图形文件时，就会弹出"AutoCAD 提示"对话框，提示是否要保存对图形文件的修改。在"AutoCAD提示"对话框中，单击"是"按钮，保存所做的修改并关闭该图形文件；单击"否"按钮，忽略所做的修改并关闭该图形文件，如图 1-1-38 所示。

图 1-1-38　AutoCAD 提示对话框

1.1.3　设置工作空间

为了方便绘图，更好地进行其他任务的操作，AutoCAD 2012 增强了工作空间的控制，用户可以根据绘图的需要，设置工作空间界面的颜色、十字光标的大小、设置绘图环境、捕捉标记、自动保存的时间等参数，再将设置好的工作空间保存下来。制作方法如下：

1. 设置背景颜色与显示精度

AutoCAD 默认的绘图区域为白色，各种线段和面域显示的精度不高，所以，读者可根据自己的习惯，更改绘图区的颜色，将各种线段或面域显示的精度提高。操作方法如下：

① 选择"应用程序菜单"→"选项"命令，弹出"选项"对话框，该对话框主要用于系统参数的设置。打开"显示"选项卡，可对"窗口元素""布局元素""十字光标大小"和"显示精度"等进行设置，如图 1-1-39 所示。

② 在"选项"对话框的"显示"选项卡中，设置"十字光标大小"为 8，在"显示精度"区域设置"圆弧和圆的平滑度"为 5000、"每条多段线曲线的线段数"为 10、"渲染对象的平滑度"为 5、"每个曲面的轮廓素线"为 10，如图 1-1-39 所示。然后，单击"应用"按钮，完成背景颜色与显示精度的设置。

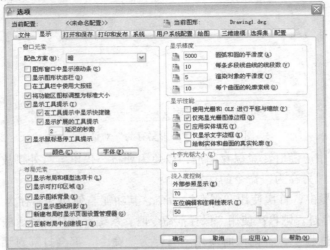

图 1-1-39 "显示"选项卡

③ 单击"窗口元素"区域中的"颜色"按钮，弹出"图形窗口颜色"对话框。在左侧的"上下文"列表中选中"二维模型空间"选项，在中间的"界面元素"列表中选中"统一背景"选项，在右侧的"颜色"下拉列表框中选中"黑色"，如图 1-1-40 所示。然后，单击"应用并关闭"按钮，关闭该对话框并返回"选项"（显示）对话框中，同时可将白色的绘图环境设置为黑色。

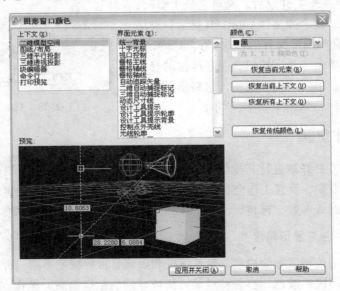

图 1-1-40 "图形窗口颜色"对话框

2. 设置自动保存的时间与文件加密

在使用 AutoCAD 2012 绘制图形的过程中，常会遇到系统自动跳出或死机等现象，未经保存的文件瞬间丢失，劳动成果付诸东流。为了避免发生这样的情况，应养成随时保存文件的习惯。

AutoCAD 2012 具有自动备份功能，默认每 10 分钟自动备份一次，总共备份 1 个文件，依次更新。在绘制一些较复杂的图形时，频繁地自动备份会使系统的运行速度变慢，因此应将备份的时间适当延长。在绘制较简单的图形时，备份间隔的时间最好在 15 分钟左右；在绘制较复杂的图形时，备份间隔的时间最好在 30 分钟以上。在备份的间隔期间，用户应养成手动保存的习惯。这样既可以保证运行的速度，又可以保证所绘制的图形不丢失。

（1）设置自动保存的时间

在"选项"对话框中选择"打开和保存"选项卡，从中可以对文件的保存版本、自动保存的时间、最近打开文件的数目等进行设置，如图 1-1-41 所示。

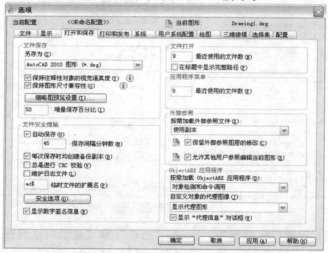

图 1-1-41 "打开和保存"选项卡

在"文件安全措施"区域，选中"自动保存"复选框，并将其下的"保存间隔分钟数"设置为 45，表示每 45 分钟文件自动备份一次，然后单击"应用"按钮，完成自动保存时间的设置。

（2）为文件加密

在"文件安全措施"区域，单击"安全选项"按钮，弹出"安全选项"对话框，在"用于打开此图形的密码或短语"下的文本框中输入所需的密码，如图 1-1-42 所示。然后单击"确定"按钮，完成文件加密设置。

图 1-1-42 "安全选项"对话框

3．设置捕捉标记和选取效果

（1）设置捕捉标记

在使用 AutoCAD 2012 绘制图形的过程中，有时为了指定对象上某一精确位置，常会用到对象捕捉功能，例如，绘制正方形对边中点的连线等。下面将详细介绍如何设置捕捉标记。

① 在"选项"对话框中选择"绘图"选项卡，从中可以对捕捉标记的颜色、捕捉标记的大小和捕捉框的大小与颜色等进行设置，如图 1-1-43 所示。

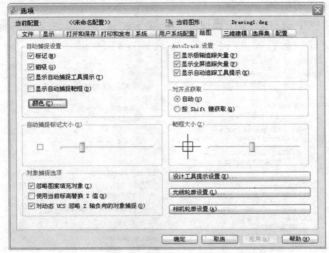

图 1-1-43　"绘图"选项卡

② 在"自动捕捉设置"区域选中"标记""磁吸"和"显示自动捕捉工具提示"复选框，再设置自动捕捉的颜色为"橙色"。单击"应用"按钮，完成捕捉标记的设置。

其中，捕捉标记是指当光标移至某些特殊点（如中点、端点、圆心等）时显示在屏幕上的方框，用以告诉用户当前的捕捉点。靶框定义围绕光标所在位置的分析区域。当图形比较密集时，通过适当缩小靶框尺寸以便更精确地进行捕捉。此外，"自动捕捉设置"设置区中各复选框的意义如下：

❖ "标记"复选框：确定是否显示自动捕捉标记。

❖ "磁吸"复选框：确定是否将光标自动锁定到最近的捕捉点上。

❖ "显示自动捕捉工具提示"复选框：控制是否显示捕捉点类型提示。

❖ "显示自动捕捉靶框"复选框：控制是否显示自动捕捉靶框。

（2）设置选取效果

在"选项"对话框中选择"选择集"选项卡，从中可以对选择对象时（后）的选择模式、夹点大小和颜色、拾取点大小等进行设置，如图 1-1-44 所示。

在"选择集预览"区域单击"视觉效果设置"按钮，弹出"视觉效果设置"对话框，如图 1-1-45 所示。该对话框主要用于设置选中对象后的预览效果，区别于未选择的对象。

1.1.4　获取帮助

中文 AutoCAD 2012 提供了非常强大的帮助功能，下面进行简要介绍。

① 按【F1】键或在信息中心单击"帮助"按钮，可打开"帮助"窗口，如图 1-1-46 所示。

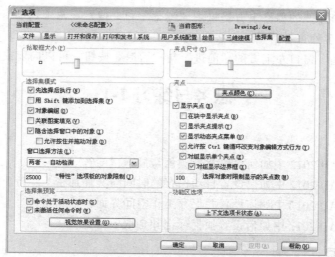

图 1-1-44　"选择集"选项卡

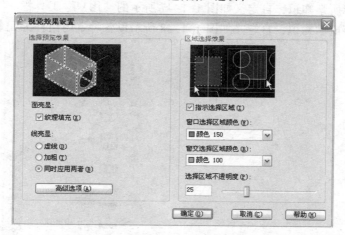

图 1-1-45　"视觉效果设置"对话框

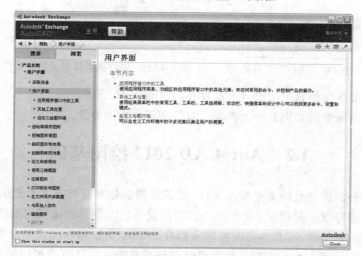

图 1-1-46　"帮助"窗口

② 在帮助窗口左侧的窗格上方提供了"浏览"和"搜索"两个选项卡。通过这两个选项卡，用户可以得到多种查看信息的方法。

③ 单击"帮助"窗口左上方的"前进"与"后退"按钮，可以向前或向后翻页浏览。

思考与练习 1-1

1. 问答题

（1）在 AutoCAD 2012 中如何设置背景颜色与显示精度？
（2）在 AutoCAD 2012 中如何设置自动保存的时间与文件加密？
（3）在 AutoCAD 2012 中如何设置并保存工作空间界面？
（4）在 AutoCAD 2012 中如何设置捕捉标记和选取效果？

2. 上机操作题

（1）根据本节所学知识，自定义如图 1-1-47 所示的"用户"工具栏。
（2）根据本节所学知识，自定义如图 1-1-48 所示以各种室内组件为元素的工具选项板。

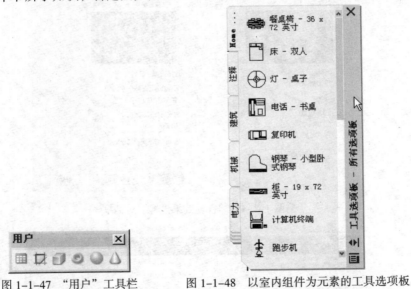

图 1-1-47　"用户"工具栏　　　图 1-1-48　以室内组件为元素的工具选项板

（3）根据本节所学的知识，设置自动保存的时间为 40 分钟。
（4）根据本节所学的知识及个人需要，自定义工作空间界面。

1.2　AutoCAD 2012 绘图基础

图样是设计和制造产品的重要技术文件，是工程界表达和交流技术思想的共同语言。因此，图样的绘制必须遵守统一的规范，这个统一的规范就是技术制图和建筑制图的中华人民共和国国家标准，用 GB 或 GB/T（GB 为强制性国家标准，GB/T 为推荐性国家标准）表示，通常统称为制图标准。工程技术人员在绘制工程图样时必须严格遵守，认真贯彻国家标准。

1.2.1　建筑制图图纸规范

1．图纸规格

图纸的基本规格有 5 种，分别用幅面代号 A0、A1、
A2、A3、A4 表示，它由我国国家标准（GB/T 14689—2008）
规定。绘制技术图样时，应优先采用基本幅面，即 A0~A4
图纸，如图 1-2-1 所示。必要时，可以按规定加长幅面，
但加长后的幅面尺寸，是由基本幅面的短边整数倍增后而
形成的。基本幅面的具体规格如下：

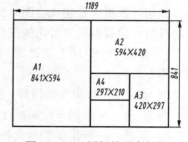

图 1-2-1　图纸的基本规格

① A0 号图纸的规格为 1 189 mm × 841mm。

② A1 号图纸的规格为 841 mm × 594 mm。

③ A2 号图纸的规格为 594 mm × 420 mm。

④ A3 号图纸的规格为 420 mm × 297 mm。

⑤ A4 号图纸的规格为 297 mm × 210 mm。

2．图框格式

① 国家图纸标准要求，分为不留装订边和留有装订边两种。无论图纸是否装订，均应在
图纸内画出边框，边框用粗实线绘制。装订边框视图纸的规格而定，A0～A2 的图纸边框留
10 mm，A3～A5 的图纸边框留 5 mm。

② 留有装订边的图纸，其图框格式如图 1-2-2 所示；不留装订边的图纸，其图框格式如
图 1-2-3 所示，其尺寸根据需要的图纸规格进行设置。

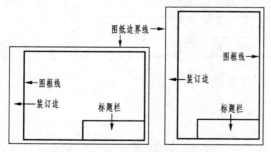

图 1-2-2　留有装订边的图纸边框

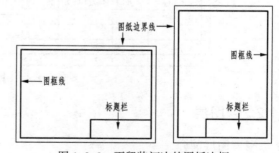

图 1-2-3　不留装订边的图纸边框

3．线型比例

（1）线型比例及其应用

在工程绘图中线宽和线型都有其标准规范，我国国家标准（GB/T 17450—1998）中规定了
15 种基本线型，粗线、中粗线和细线的宽度比例为 4:2:1。常用的线型如下：

① 常用 01 实线、DASHDOT 点画线、08 长画短画线。

② 粗线一般用于墙线，线宽一般为 0.6 mm。

③ 中线一般用于轮廓线，线宽一般为 0.3 mm。

④ 细线一般用于引注线、标注线和辅助线，线宽一般为 0.15 mm。

（2）线型及颜色的使用

使用计算机进行建筑绘图时为了方便管理及编辑不同的图形对象，拥有一张层次分明的图是必需的。建筑制图中常用的颜色及线型如下：

① 黑色：一般用于轮廓线、图框线、地平线、强调性粗线等，线型为 Continuous（实线），线宽为 0.6 mm。

② 红色：一般用于轴网线、折断线，线型为 ACD-ISO08W100（短画线），线宽为 0.15 mm。

③ 蓝色：一般用于绘制标注线，线型为 Continuous（实线），线宽为 0.15 mm。

④ 紫色：一般用于家具设备等，线型为 Continuous（实线），线宽为 0.15 mm。

⑤ 绿色：一般用于说明性文字等，线型为 Continuous（实线），线宽为 0.15 mm。

4. 标题栏

每张技术图样中均应画出标题栏。标题栏一般位于图纸的右下角，看图的方向应与标题栏中文字的方向一致。国家标准（GB/T10609.1—2008）对标题栏的格式已做了统一规定，如图 1-2-4 所示，在生产设计中应遵守这种规格。标题栏一般位于图样右下角，也可位于图样的右侧，看图的方向一般应与标题栏中文字的方向一致。标题栏一般由更改区、签字区、其他区、名称及代号区组成，也可根据实际需要增加或减少。

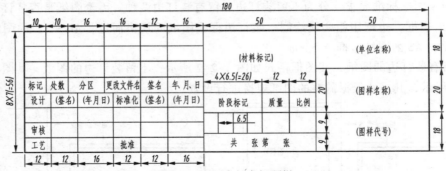

图 1-2-4　国家标准标题栏

1.2.2　图层

1. 图层简介

图层就像透明的覆盖层，它是图形中使用的主要组织工具。用户可以在上面组织和编组各种不同的图形信息。图层用于按功能在图形中组织信息并执行线型、颜色及其他标准，如图 1-2-5 所示。

通过创建图层，可以将类型相似的对象指定给同一个图层使其相关联。例如，将构造线、文字、标注和标题栏置于不同的图层上，然后可以分层进行控制。

① 图层上的对象是否在任何视口中都可见。

② 是否打印对象以及如何打印对象。

③ 为图层上的所有对象指定何种颜色。

④ 为图层上的所有对象指定何种默认线型和线宽。

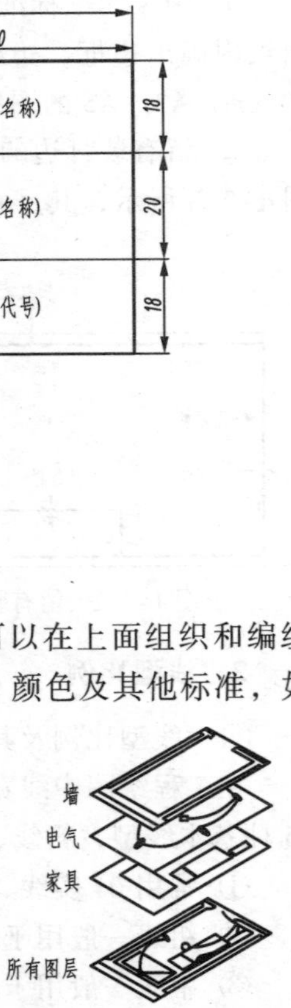

图 1-2-5　将信息按功能编组分层

⑤ 图层上的对象是否可以修改。

提示：每个图形都包括名为 0 的图层，不能删除或重命名 0 图层。该图层有两个用途：确保每个图形至少包括一个图层；提供与块中的控制颜色相关的特殊图层。建议创建几个新图层来组织图形，而不是将整个图形均创建在图层 0 上。

2．图层设置规则

在 AutoCAD 2012 中，设置图层应遵循以下原则：

① 图层名最多可有 255 个字符，可以是数字、字母、美元字符（$）、连字符（–）、下画线等，但不能使用星号（*）、逗号（，）、大于和小于号（<>）、斜杠（\ /）、问号（？）、引号（""）、竖线（|）及等号（=）等符号。

② 在 AutoCAD 2012 中支持中文图层名称，所以在制图中尽量使用中文名称，以方便对不同的图层进行管理。

③ 在 AutoCAD 中默认的图层为 0 层，在删除图层的操作中，0 层、默认层、当前层、含有实体的层和外部引用依赖层不能被删除。

1.2.3　命令

1．使用命令的方法

AutoCAD 2012 执行的每个动作，都建立在相应命令的基础之上。用户可以使用命令告诉 AutoCAD 需要完成什么操作，AutoCAD 将对命令做出响应，并在命令行窗口提示执行命令的状态或给出执行命令需要进一步选择的选项。

① AutoCAD 是以鼠标操作和命令输入相结合使用的软件。使用 AutoCAD 进行建筑设计，最常用的是其强大的命令功能，因此用户必须熟悉命令的输入方法，以便在以后的作图中更能得心应手。

② AutoCAD 的命令输入方法有多种，可用鼠标、键盘以及数字化仪输入，当屏幕底部的"命令行窗口"中显示出"命令："（命令行为空）提示时，AutoCAD 处于接受命令输入状态，如图 1-2-6 所示。

③ 当通过下拉菜单、工具按钮或从命令行窗口输入命令并按【Enter】键或空格键后，AutoCAD 会在该窗口中显示出命令执行的提示，来帮助用户输入命令所需的参数。这些交互式的信息输入完毕后，命令功能才能被执行。

④ AutoCAD 的命令中经常包含一些参数选项，这些选项显示在方括号中。如要选择某选项，可在命令行窗口中输入选项中的字母（输入时大写或小写均可）。如果选项以数字开头，例如 CIRCLE（圆）命令的选项"三点"，则输入数字和大写字母的 3P，表示使用三点画圆，如图 1-2-7 所示。

```
命令：CIRCLE
指定圆的圆心或 [三点(3P)/两点(2P)/切点、切点、半径(T)]：3p
指定圆上的第一个点：
指定圆上的第二个点：
指定圆上的第三个点：
命令：
```

```
命令：
命令： <栅格 关>
命令：
```

图 1-2-6　命令行为空 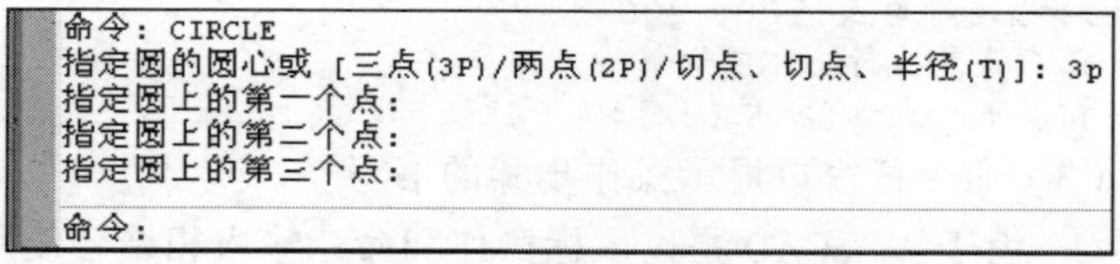　　　　　　　　　　图 1-2-7　命令行窗口提示格式

⑤ 在 AutoCAD 2012 中执行命令主要有几种方法：

❖ 选择菜单中的命令。

❖ 单击工具栏中的工具按钮。

❖ 在快捷菜单中选择适当的命令。

❖ 直接在命令行窗口输入命令名称，按【Enter】键或空格键确认。在 AutoCAD 2012 中，如果只记得命令开头的一个或多个字母，可以直接输入一个或多个字母，系统会将相关的命令罗列出来，只须从中选择需要的命令即可。

2. 命令行窗口中命令符号的表示方式和透明命令的执行

（1）命令行窗口中命令符号的表示方式

① /（分隔符）：分隔命令选项，括号中的大写字母表示命令缩写方式。

② < >（默认值）：其中的值为默认值（系统赋予的初值，可重新输入或修改）或当前值。

③ ↵（回车符）：表示确定某个命令操作时按下【Enter】键或空格键。

④ 要中途退出命令输入，可按【Esc】键，有的命令需要按两次【Esc】键。

⑤ 执行某命令后若对其结果不满意，可在"命令："状态下输入 U（放弃），即可退回到本次操作前的状态。可多次执行 U（放弃）命令。

⑥ 执行完一条命令后直接按【Enter】键、空格键或右击，可重复执行上一条命令。

（2）透明命令的执行

在某些状态下，AutoCAD 可以在不中断某一命令执行的情况下插入执行另一条命令，这种可在其他命令执行中插入的命令称为透明命令。

AutoCAD 的很多命令都可以透明地执行，对于可执行透明功能的命令，当用户单击命令按钮时，系统可自动切换到透明命令的状态而无须用户输入。使用透明命令时应注意以下几点：

① 有些命令在作为透明命令使用时其功能将会有所变化，例如 HELP 命令将首先列出与当前操作相关的帮助信息而不是进入帮助主题。

② 在命令行窗口提示"命令："状态下直接使用透明命令，效果与非透明命令相同。

③ 在输入文字时，不能使用透明命令。不允许同时执行两条及两条以上的透明命令。

④ 在执行 STRETCH、PLOT 命令时不能使用透明命令。

⑤ 透明命令在输入时须在命令前另加一个"撇号"。例如，在 LINE 命令执行过程中插入执行缩放命令。

命令行窗口操作步骤如下：

```
命令:LINE↵
指定第一点:1000, 0                              （执行 LINE 命令）
指定下一点或[放弃(U)]: 'ZOOM↵                   （插入执行透明命令）
>>指定窗口的角点，输入比例因子 (nX 或 nXP)，或者[全部(A)/中心(C)/动态(D)/范围(E)/
上一个(P)/比例(S)/窗口(W)/对象(O)] <实时>: w ↵  （输入窗口选项）
>>指定第一个角点:100, 100↵
>>指定对角点:200, 200     ↵                     （透明命令执行过程中）
正在恢复执行 LINE 命令                           （系统提示恢复原命令）
指定下一点或[放弃(U)]:                            （继续执行直线命令）
```

（3）命令行窗口提示操作步骤的书写

① 由于 AutoCAD 是以鼠标操作和命令输入相结合使用的软件，为了规范书写方式，方便读者阅读，在以后的章节中，所有的绘图单位均以"毫米"为标准。

② 命令行窗口提示操作步骤中，前面是命令行窗口中的提示与操作，后面 "( )" 中的文字用于解释该步骤所输入的命令或操作方法。

③ 在命令行窗口提示操作步骤中，经常会出现 "（相同的操作步骤略）……" 一行文字，该行文字一般出现在上、下两条完全相同的命令中间，表示该命令与其上、下两行命令的操作方法完全相同，无须赘述。

例如，在下面一段使用修剪命令时，命令行的操作提示中，相同的操作步骤就表示 "单击凹槽处的线段"。

选择要修剪的对象，或按住【Shift】键选择要延伸的对象，或[栏选(F)/窗交(C)/投影(P)/边(E)/删除(R)/放弃(U)]：　　（单击凹槽处的线段）

（相同的操作步骤略）……

选择要修剪的对象，或按住【Shift】键选择要延伸的对象，或[栏选(F)/窗交(C)/投影(P)/边(E)/删除(R)/放弃(U)]：　　（单击凹槽处的线段）

选择要修剪的对象，或按住【Shift】键选择要延伸的对象，或[栏选(F)/窗交(C)/投影(P)/边(E)/删除(R)/放弃(U)]：↵　　（确认）

3．文本窗口

（1）默认情况下，命令行窗口显示在绘图窗口的下方，显示 3 行文字。其中，上面两行用于显示先前使用的命令，第 3 行显示 "命令:" 提示符。用户可在里面输入命令，AutoCAD 将显示提示和消息。

（2）对于命令行窗口，有如下几点值得注意：

① 命令行窗口显示当前图形的命令状态及其历史。如果打开了多个图形，在切换图形时，其内容将会自动变化。

② 当执行某些输出文字的命令（如 LIST）或者按下【F2】键时，系统将打开 AutoCAD 文本窗口。

③ 如果命令参数较多，为了更好地显示命令提示，可以调整命令行窗口的尺寸。调整的方法是单击命令行窗口上方的拆分条并且上下拖动。

④ 单击命令行窗口行边界并且将其拖离固定区域，释放鼠标按键，可将命令行窗口设置为浮动窗口。

⑤ 在命令行窗口或文本窗口中右击，弹出快捷菜单。利用该快捷菜单，用户可以选择最近使用过的 6 条命令、复制选定文字、复制全部命令历史、粘贴文字或者打开 "选项" 对话框，如图 1-2-8 所示。

4．命令的中止、撤销与重复

在 AutoCAD 2012 中，用户可以方便地中止命令的执行、重复执行同一条命令或者撤销前面执行的一条或多条命令。此外，撤销执行前面的命令后，还可以通过重做来恢复前面执行的命令。

（1）中止命令

在命令执行过程中，随时按下【Esc】键，即可中止执行中的任何命令。

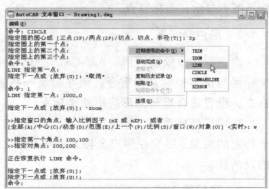

图 1-2-8　在 "AutoCAD 文本窗口" 中操作

（2）撤销命令

① 放弃单个操作。例如，刚绘制了一个多边形，如果希望放弃该多边形，可单击快速访问工具栏中的"放弃"按钮 ⤺ 或者选择"编辑"→"放弃"命令，取消该图形的绘制。

② 放弃多个操作，在命令行窗口输入 UNDO 命令，命令行窗口提示输入想要放弃操作的次数。例如，想要放弃最近的 10 次操作，应输入 10，按空格键确认，即可放弃最近的 10 次操作。

（3）重复命令

① 要重复上一条命令，直接按空格键即可。

② 重复执行最近的 6 条命令之一，将鼠标指针移动到命令行的上面右击，弹出"命令行"快捷菜单，从中选择"近期使用的命令"命令，即可在弹出的下一级子菜单中选择最近使用的 6 条命令之一，如图 1-2-8 所示。

1.2.4　AutoCAD 2012 坐标系统

1. 坐标系统简介

AutoCAD 的坐标输入是通过在命令行窗口中，输入图形中点的坐标来实现的，这样既能够增加绘图的准确度，又能提高工作效率。

① 要熟练运用 AutoCAD 进行建筑绘图，首先必须掌握 AutoCAD 所使用的坐标系统，AutoCAD 采用三维笛卡儿右手坐标系统（CCS）来确定点的位置。在进入 AutoCAD 绘图区时，如未设置绘图界限等，系统将自动进入笛卡儿坐标系的第一象限，即世界坐标系（WCS），以屏幕左下角的点为坐标原点（0，0）。

② 任何一个 AutoCAD 实体都由三维点构成，其坐标都以 X、Y、Z 的形式来确定，在操作界面下方的状态栏上所显示的三维坐标值，就是笛卡儿坐标系中的数值，它准确地反映了当前十字光标的位置。在绘图和编辑过程中，世界坐标系的坐标原点和方向均不会改变，在默认情况下，X 轴以水平向右方向为正方向，Y 轴以垂直向上方向为正方向，Z 轴以垂直屏幕向外方向为正方向，坐标原点在绘图区左下角。

③ 如果坐标系不在坐标原点显示，则可以通过选择"视图"→"显示"→"UCS 图标"→"原点"命令，控制坐标系图标是否显示在坐标原点。默认情况下，该菜单为开启状态，表示坐标系图标显示在坐标原点。

2. 用户坐标系

为方便用户绘制图形，AutoCAD 提供了可变的用户坐标系（UCS），在通常情况下，用户坐标系与世界坐标系相重合，而在绘制一些复杂的实体图形时，可根据具体需要，通过 UCS 命令，设置适合当前图形应用的坐标系。

在用户坐标系中，原点以及 X、Y、Z 轴方向都可移动及旋转，甚至可以依赖于图形中某个特定的对象。尽管在用户坐标系中 3 个轴之间仍然互相垂直，但是在方向及位置上都有更大的灵活性。

3. 坐标输入法

在绘图和编辑过程中，为了确定实体的准确位置，大部分数据输入都是坐标点的输入。常用的坐标输入方式有绝对坐标、相对坐标和极坐标 3 种。

（1）绝对坐标

绝对坐标是以坐标原点为基准点来确定输入点的位置。绝对坐标的输入方式为（X，Y，Z），都是相对于坐标原点的位移而确定的。如果只需要输入二维点，可以采用（X，Y）格式。

（2）相对坐标

相对坐标是指某一点相对于上一点的坐标位置，相对坐标的输入方式为（@X，Y，Z），即在坐标值前加@符号。在确定相对坐标时，需分清坐标值的正、负情况，一般从上一点向右、向上移动十字光标坐标值为正；向左、向下移动光标坐标值为负。例如，先绘制坐标为（10，25）的点，然后通过键盘输入下一点的相对坐标（@10，15），则该点的绝对坐标为（20，40），

输入相对坐标的另一种方法：通过移动光标指定方向，然后直接输入距离。此方法称为"直接距离输入"，在以后的绘图命令中均使用此方法输入坐标值。

（3）极坐标

极坐标是通过相对于极点的距离和角度来进行定位的，在默认情况下，AutoCAD 2009 中以逆时针方向来测量角度。水平向右为 0°（或 360°），垂直向上为 90°，水平向左为 180°，垂直向下为 270°，也可以根据需要自行设置角度方向。

绝对极坐标以原点为极点。输入一个长度距离，后面加一个"<"符号，再加上一个角度即表示绝对极坐标。绝对极坐标规定 X 轴正方向为 0°，Y 轴正方向为 90°。例如（20<45），表示该点相对于原点的极径为 20，而该点和原点的连线与 X 轴正方向的夹角为 45°。

相对极坐标是通过用相对于某一点的极径和偏移角度来表示。相对极坐标是以上一个操作点为极点，而不是以原点为极点，这是相对极坐标与绝对极坐标的不同之处。其表示格式为（@距离<角度），例如（@100<30），表示该点相对于上一点距离为 100，而两者连线与 X 轴正方向的夹角为 30°。

4. 设置用户坐标系

① 选择"工具"→"新建 UCS"→"原点"命令，然后，按照命令行窗口的提示，在绘图区任意位置单击，将该点设置为新的 UCS 原点。

命令行窗口提示操作步骤如下：

```
命令：UCS↵
当前 UCS 名称：*世界*
指定 UCS 的原点或 [面(F)/命名(NA)/对象(OB)/上一个(P)/视图(V)/
世界(W)/X/Y/Z/Z 轴(ZA)] <世界>：_o↵
指定新原点 <0,0,0>：                    （在绘图区任意位置单击确定坐标原点）
```

② 选择"视图"→"显示"→"UCS 图标"→"特性"命令，弹出"UCS 图标"对话框，在"UCS 图标样式"区域，选中"二维"单选按钮；在"UCS 图标大小"区域，设置图标的大小为 50；在"UCS 图标颜色"区域设置 UCS 图标颜色为黑色，如图 1-2-9 所示。单击"确定"按钮，完成 UCS 图标样式的设置，此时的 UCS 图标如图 1-2-10 所示。

命令行窗口提示操作步骤如下：

```
命令：_ucsicon ↵
输入选项 [开(ON)/关(OFF)/全部(A)/非原点(N)/原点(OR)/可选(S)/特性(P)] <开>：_p↵
```

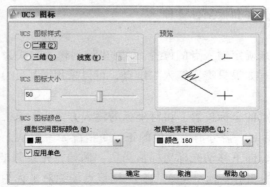

图 1-2-9 "UCS 图标"对话框　　　　　图 1-2-10　设置后的 UCS 图标

③ 如果在命令行窗口输入 UCSICON 命令，按空格键确认，即可弹出 UCS 图标的各个选项。各选项的意义如下：

❖ 开（ON）：在当前视区中打开 UCS 图标显示。

❖ 关（OFF）：在当前视区中关闭 UCS 图标显示。

❖ 全部（A）：把当前 UCSICON 命令所做设置应用到所有有效视区中，并且重复命令提示。

❖ 非原点（N）：在视区的左下角显示 UCS 图标，而不管当前坐标系的原点。

❖ 原点（OR）：UCS 的原点 (0,0,0) 处显示该图标。如果原点超出视图，它将显示在视口的左下角。

❖ 可选（S）：控制 UCS 图标是否可选并且可以通过夹点操作。

❖ 特性（P）：控制 UCS 图标的显示特性，选择此项将弹出如图 1-2-19 所示的"UCS 图标"对话框。该对话框可以控制 UCS 图标的样式、大小、颜色和布局选项卡图标颜色等。

1.2.5　AutoCAD 2012 常用命令

在 AutoCAD 2012 中对图形进行选择和画面显示比例缩放、平移、删除等操作，经常用到以下基本命令。

1. 对象选取

在绘图中经常要选取一个或多个图形进行编辑，因此 AutoCAD 提供了几个"图形选取"模式，供用户选择。在使用"图形选取"模式选择对象时，屏幕的十字光标就变成了一个活动的小方框，如图 1-2-11 所示。

（1）直接点取

在命令行输入 SELECT 命令，命令行提示选择对象时，直接在绘图区单击要选择的图形对象即可将其选中（虚线模式显示的图形为选中状态）。如果在此状态下多次单击不同的对象，即可将单击的对象全部选中，并且命令行显示出当前已选择对象的数目，如图 1-2-11 所示。

命令行提示操作步骤如下：

命令：SELECT↵
选择对象：找到 1 个　　　　　　　　　　（单击选择第一个图形对象）
选择对象：找到 1 个，总计 2 个　　　　　（当前已选择对象的数目）

（2）框选方式

在命令行输入 SELECT 命令，命令行提示选择对象时，在绘图区中拖动鼠标左键选择图形对象的左上角至右下角，即可将完全框住的对象选中（虚线模式显示的图形为选中状态）。没有被完全框住的对象不会被选中，并且命令行显示出当前已选择对象的个数，如图 1-2-12 所示，图中的大矩形为选择范围框。

命令行提示操作步骤如下：

命令：SELECT↵　　　　　　　　　　　　　（框选图形对象）
选择对象:指定对角点：找到 2 个　　　　　　（当前已选择对象的数目）

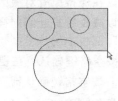

图 1-2-11　光标变成小方框虚线为选中　　　　图 1-2-12　将完全框中的对象选中

（3）移除选择

如果要在已选中的对象中取消对某个对象的选择，可在命令行提示"选择对象:"状态下，输入 R，然后在绘图区中单击想要取消选择的对象，即可取消该对象的选择。

命令行提示操作步骤如下：

选择对象：R↵
删除对象：找到 1 个，删除 1 个，总计 1 个　　（单击移除选择的图形对象）
删除对象：找到 1 个，删除 1 个，总计 0 个↵　（显示出当前移除对象后的状态）

（4）添加选择

添加选择和移除选择完全相反，命令行提示选择对象时，如果要在已选中的对象中再增加对某个对象的选择，可在命令行提示"选择对象:"状态下，输入 A，然后在绘图区中想要添加选择的对象上单击，即可将该对象添加入选择集中。

选择对象：A↵
选择对象：找到 1 个，总计 2 个　　　　（单击选择图形对象，显示当前已选择对象的数目）

2. 删除对象

① 选择想要删除的对象，然后按下【Delete】键，即可将所选对象删除。

② 单击"修改"面板中的"删除"按钮 ⬦，命令行提示选择对象。在要删除的对象上依次单击，将其选中，然后按空格键，即可将所选对象删除。

命令行提示操作步骤如下：

命令：ERASE↵
选择对象：找到 1 个　　　　　　　（单击选择要删除的图形对象）
选择对象：↵　　　　　　　　　　　（确认删除操作）

3. 移动对象

① 移动对象仅仅是对象位置的平移，而不改变对象的方向和大小。要非常精确地移动对象，可以使用捕捉模式、坐标和对象捕捉等辅助工具。

② 单击"修改"面板中的"移动"按钮 ⬦，命令行提示选择对象。在要移动的对象上单击，将其选中，然后按空格键确认。命令行再提示"指定基点或位移"，在视图中单击作为移

动的基点位置，然后移动图形。

命令行提示操作步骤如下：

命令：MOVE ↵
选择对象：找到 1 个↵　　　　　　　　　　　　（单击选择对象，按空格键确认）
选择对象：
指定基点或 [位移(D)] <位移>：　　　　　　　（确认基点）
指定第二个点或 <使用第一个点作为位移>：　　（确认移动操作）

4. 复制对象

复制对象可以在保持原有对象的基础上，将选择的对象复制到图中的其他部分，形成一个完整的复制，可以减少重复绘制同样图形的工作量。操作方法如下：

单击"修改"面板中的"复制"按钮 ，命令行提示选择对象。在要复制的对象上单击，将其选中，然后按空格键确认。在视图中单击要复制的基点位置，然后移动图形，在需要复制的位置单击，最后按空格键确认即可结束复制。

命令行提示操作步骤如下：

命令：COPY ↵
选择对象：找到 1 个↵　　　　　　　　　　　（确认选择对象）
选择对象：
当前设置：复制模式 = 多个
指定基点或 [位移(D)/模式(O)] <位移>：　　　　　　　（确认基点）
指定第二个点或 <使用第一个点作为位移>：　　　　　（在需要复制的位置单击）
指定第二个点或 [阵列(A)/退出(E)/放弃(U)] <退出>：　（在需要复制的位置单击）
指定第二个点或 [阵列(A)/退出(E)/放弃(U)] <退出>：↵（结束复制操作）

5. 多文档复制

AutoCAD 2012 支持多文档设计环境，可以在多个图形文档之间使用"编辑"菜单中的"复制""剪切"和"粘贴"命令，实现在不同文档之间重复使用图形对象。使用"带基点复制"命令，用户可以控制对象的位置。下面以在 2 个文档中复制"六边形"为例，说明如何使用"带基点复制"命令。

① 同时打开 2 个文档，然后选择"窗口"→"垂直平铺"命令，将文档分别放置在左右两侧。

② 激活左侧的文档，选择"编辑"→"带基点复制"命令，然后在左侧的文档中单击，指定基点位置。再选择要复制的"六边形"图块，并按【Enter】键确认复制操作。

③ 激活右侧的文档，选择"编辑"→"粘贴"命令，然后在需要粘贴的位置单击，即可将左侧文档中的"六边形"图块粘贴在右侧的文档中，如图 1-2-13 所示。

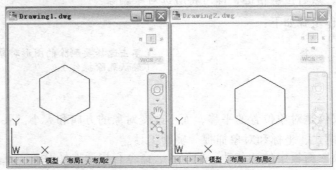

图 1-2-13　在 2 个文档中复制对象

命令行提示操作步骤如下：

命令：COPYBASE 指定基点：　　　　　　　　（单击确定基点位置）
选择对象：找到 1 个　　　　　　　　　　　（选择图形对象）
选择对象：↵　　　　　　　　　　　　　　　（确认选择操作）
命令：_PASTECLIP ↵
指定插入点：　　　　　　　　　　　　　　　（激活右侧文档，在目标位置单击）

提示： 在两个文档之间，也可以使用选择拖放的方式，移动复制图块。

6. 画面平移

① 在将画面显示放大（见图 1-2-14）后，有时屏幕上不能完全显示出所有的图形，要观看隐藏的图形，就需要使用 PAN 命令，将图形移动过来。

② 单击"视图"选项卡下的"二维导航"面板中的"平移"按钮，按下鼠标左键在绘图区拖动，即可移动绘图区域内的图形，如图 1-2-15 所示。将图形移动到适当的位置后，按下空格键或【Esc】键，即可确认平移操作并退出该命令。

图 1-2-14　画面缩放

图 1-2-15　画面平移

命令行提示操作步骤如下：
命令：PAN↵
按【Esc】或【Enter】键退出，或单击右键显示快捷菜单。↵（按【Esc】键或空格键可取消命令）

思考与练习 1-2

1. 问答题

（1）在 AutoCAD 中执行透明命令有哪些要求？
（2）在 AutoCAD 中常用的坐标输入方式有几种？分别是什么？
（3）国家规定的图纸规格有哪些？
（4）国家规定的图框格式与标题栏有哪些要求？

2. 上机操作题

（1）绘制一个如图 1-2-16 所示的"三角形"。
（2）绘制一个如图 1-2-17 所示的"多边形"，并且使用命令操作复制多个。

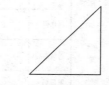

图 1-2-16　绘制三角形

图 1-2-17　绘制多边形

第 2 章　绘制平面图形

每一张正式的工程图纸，在绘制前都需要设置好绘图环境、确定绘图单位和图形界限，然后在其中绘制出图纸边框、标题栏，定义线型及图层颜色等一系列 AutoCAD 的绘图特性，从而使得图形文件更容易交流。将这些公共信息进行定义后，就可以绘制图纸。在日常的生活中常会发现，所有复杂的图形都可以分解成简单的点、线、面、多边形等多种基本元素。只要熟练掌握这些基本元素的绘制方法，就可以很快创建出各种复杂的图形。

2.1　【案例 1】绘制建筑模板

案例效果

本案例将根据国家标准，绘制 A3 幅面横放"没有装订边"的图纸边框，其中外部的细实线为图纸的边缘，内部的粗实线为图纸边框，然后在图纸的右侧绘制"标题栏"，最后保存成绘图模板文件。效果如图 2-1-1 所示。通过对本案例的学习和实践，用户能初步掌握 AutoCAD 绘制基本图形对象的方法及工作流程、绘图单位的设置、定义图层和文字的方法以及国家标准要求。

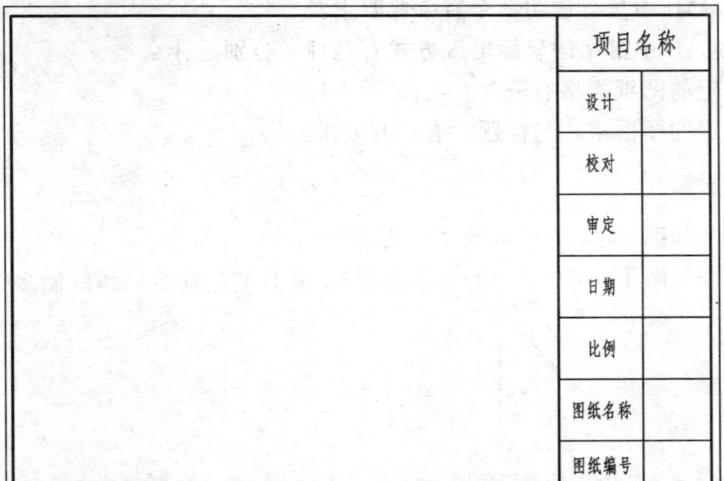

	项目名称	
	设计	
	校对	
	审定	
	日期	
	比例	
	图纸名称	
	图纸编号	

图 2-1-1　建筑模板

操作步骤

1. 创建新文件

双击桌面上的 AutoCAD 2012 快捷图标，系统将使用默认设置自动创建一个空白文件。

2. 绘制图纸边框

① 单击"功能区"选项板中的"常用"选项卡，在"绘图"面板上单击"矩形"按钮，在绘图区原点处单击确定第一点，再在命令行窗口输入矩形的长和宽为（@420, 297），按空格键确认，作为图纸的边缘，如图 2-1-2 所示。

命令行窗口提示操作步骤如下：

命令：_RECTANG↵
指定第一个角点或 [倒角(C)/标高(E)/圆角(F)/厚度(T)/宽度(W)]:0,0 （输入原点）
指定另一个角点或 [面积(A)/尺寸(D)/旋转(R)]: @420,297↵　　（输入矩形的长、宽值）

② 单击"功能区"选项板中的"常用"选项卡，在"修改"面板上单击 "偏移"按钮，按照命令行窗口的提示，将矩形向内偏移 5 mm（缩小并复制一个），作为图纸的外框，如图 2-1-2 所示。

命令：OFFSET↵
当前设置：删除源=否　图层=源　OFFSETGAPTYPE=0
指定偏移距离或 [通过(T)/删除(E)/图层(L)] <通过>：5↵　　　　（输入偏移值）
选择要偏移的对象，或 [退出(E)/放弃(U)] <退出>：　　　　　（单击矩形）
指定要偏移的那一侧上的点，
或 [退出(E)/多个(M)/放弃(U)] <退出>：　　　　　　（在矩形内任意处单击）
选择要偏移的对象，或 [退出(E)/放弃(U)] <退出>：↵　　　　（按空格键）

③ 在命令状态下选中内部的矩形，如图 2-1-3 所示。在"特性"面板的"线宽"下拉列表框中，单击选中 0.30 mm 的线宽选项，按【Esc】键确认，将线的宽度设置为 0.3 mm，如图 2-1-4 所示。

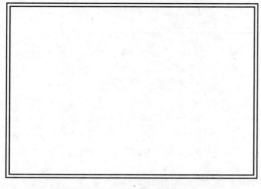

图 2-1-2　绘制图纸外框

图 2-1-3　选中线段

④ 单击状态栏中的"显示/隐藏线宽"按钮，此时在绘图区显示出设置好的图纸边框，如图 2-1-5 所示。

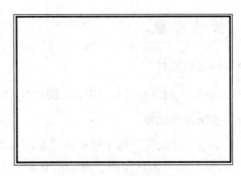

图 2-1-4 "特性"面板　　　　　图 2-1-5 图纸边框

3. 设置绘图单位

① 选择"应用程序菜单"→"图形实用工具"→"单位"命令，弹出"图形单位"对话框。在该对话框的"长度"区域设置"类型"为小数、"精度"为 0。确定长度单位为公制十进制，数值精度为个位，如图 2-1-6 所示。

② 在"角度"区域设置角度的"类型"为十进制度数、"精度"为 0。确定角度单位为度，数值精度为个位，如图 2-1-6 所示。然后，单击"方向"按钮，弹出"方向控制"对话框。

③ 在"方向控制"对话框中，设置使用旋转命令旋转对象时，默认的旋转方向，如图 2-1-7 所示。然后，单击"确定"按钮，关闭该对话框并返回"图形单位"对话框，完成方向控制的设置。

图 2-1-6 "图形单位"对话框　　　　图 2-1-7 "方向控制"对话框

④ 在"图形单位"对话框中单击"确定"按钮，完成绘图单位的设置。

4. 设置图形界限

图纸的大小反映到 AutoCAD 中，就是绘图的界限，绘图界限的设置应与选定图纸的大小相对应。由于图形绘制时采用 1:1 的比例，所以用户需要按照图形的实际尺寸对图纸进行相应的调整。选用 A3 图纸（横放），并以毫米为单位，那么图形界限的宽度就应定义为 420，高度为 297。设置图形界限的方法如下：

① 在菜单栏中选择"格式"→"图形界限"命令或在命令行窗口输入 LIMITS 命令，系统提示重新设置模型空间界限。在命令行窗口输入左下角的坐标值（默认即可），然后输入图形界限右上角的坐标值即可。

命令行窗口提示操作步骤如下：

命令：LIMITS ↵

重新设置模型空间界限：

指定左下角点或 [开(ON)/关(OFF)] <0,0>: ON↵   （输入开选项）

命令：LIMITS ↵

重新设置模型空间界限：

指定左下角点或 [开(ON)/关(OFF)] <0,0>: ↵   （按【Enter】键，输入图形边界左下角的点）

指定右上角点 <420,297>: 420,297↵   （输入图形边界右上角的点）

② 在"指定左下角点或[开(ON)/关(OFF)]<0,0>:"提示的情况下输入 ON，打开绘图界限控制，不允许绘制的图形超出设置的界限。输入 OFF，关闭绘图界限，所绘制的图形不受图形界限的影响。

5．设置图层

① 单击"功能区"选项板中的"常用"选项卡，在"图层"面板上单击"图层特性"按钮，弹出"图层特性管理器"对话框，定义图层，规范绘图颜色和线型，以方便绘图。

② 在"图层特性管理器"对话框中单击"新建图层"按钮，新建一个图层。然后，在新建图层的"名称"列中输入该图层的名称为"轴线"，如图 2-1-8 所示。

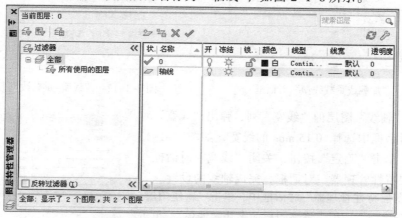

图 2-1-8 "图层特性管理器"对话框

③ 单击"轴线"图层的"颜色"列，弹出"选择颜色"对话框。在该对话框中选择"红色"，如图 2-1-9 所示。然后，单击"确定"按钮，关闭"选择颜色"对话框并返回到"图层特性管理器"对话框中，完成"轴线"图层颜色的设置。

④ 单击"轴线"图层的"线型"列，弹出"选择线型"对话框，如图 2-1-10 所示。在该对话框中单击"加载"按钮，弹出"加载或重载线型"对话框。

⑤ 在"加载或重载线型"对话框中，选择 DASHDOT 线型，如图 2-1-11 所示。然后，单击"确定"按钮，关闭"加载或重载线型"对话框，弹出"线型-重载线型"提示框，如图 2-1-12 所示，单击"重载线型 DASHDOT"并返回到"选择线型"对话框。

⑥ 在"选择线型"对话框中选中 DASHDOT 线型，如图 2-1-10 所示。然后，单击"确定"按钮，关闭"选择线型"对话框并返回到"图层特性管理器"对话框。

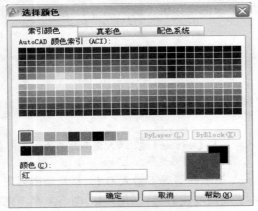

图 2-1-9　"选择颜色"对话框

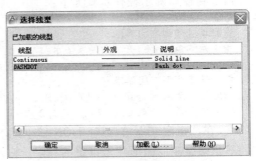

图 2-1-10　"选择线型"对话框

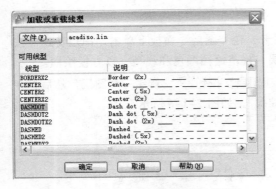

图 2-1-11　"加载或重载线型"对话框

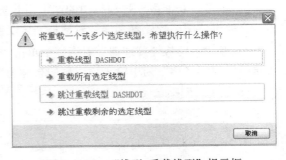

图 2-1-12　"线型-重载线型"提示框

⑦ 单击"轴线"图层的"线宽"列，弹出"线宽"对话框。在该对话框中选择 0.15 mm 的线宽，如图 2-1-13 所示。然后，单击"确定"按钮，关闭"线宽"对话框并返回到"图层特性管理器"对话框，完成轴线的设置。

⑧ 在"图层特性管理器"对话框中，单击"新建图层"按钮 ，再新建一个图层。将该图层命名为"墙体"。单击"墙体"图层的"线宽"列，弹出"线宽"对话框。在该对话框中选择 0.3 mm 的线宽，然后，单击"确定"按钮，关闭"线宽"对话框并返回到"图层特性管理器"对话框中。

图 2-1-13　"线宽"对话框

⑨ 以同样的方法定义其他图层，定义好的图层效果如图 2-1-14 所示。然后，单击"关闭" ✖按钮，关闭"图层特性管理器"对话框。在 AutoCAD 2012 中，不关闭"图层特性管理器"对话框，也可以进行其他操作，这样更方便进行其他操作。单击"图层特性管理器"对话框左侧的"自动隐藏" 按钮，则"图层特性管理器"对话框显示如图 2-1-15 所示，将鼠标指针移动到其上，则"图

层特性管理器"对话框自动展开。

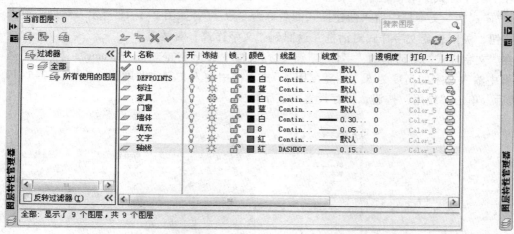

图 2-1-14　定义好的图层　　　　　　　　　　　　　　　　　　图 2-1-15　自动隐藏

6．设置文字样式

根据 AutoCAD 制图的实际情况，需要为字母和数字单独指定一种字体，为文字指定另一种字体，根据输入的内容分别选用不同的字体。设置文字样式的操作步骤如下：

① 选择菜单栏中"格式"→"文字样式"命令，弹出"文字样式"对话框，如图 2-1-16 所示。在该对话框中单击"新建"按钮，弹出"新建文字样式"对话框。

② 在"新建文字样式"对话框的"样式名"文本框中，输入新建样式的名称为"文字"，如图 2-1-17 所示。然后，单击"确定"按钮，关闭"新建文字样式"对话框并返回到"文字样式"对话框。

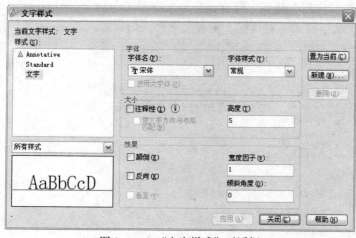

图 2-1-16　"文字样式"对话框

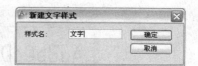

图 2-1-17　"新建文字样式"对话框

③ 在"文字样式"对话框的"字体名"下拉列表框中选择"T 宋体"字体（注：字体名下的"使用大字体"前的复选框不要选），在"高度"文本框中输入文字的高度为"5"，在"宽度因子"文本框中输入文字的宽度为"1"，然后单击"应用"按钮，保存设置的文字样式，如图 2-1-16 所示。

④ 在"文字样式"对话框中，单击"新建"按钮，弹出"新建文字样式"对话框。在该对话框的"样式名"文本框中输入新建样式的名称为"数字"，如图 2-1-18 所示。然后，单击"确定"按钮，关闭新建文字样式对话框并返回到"文字样式"对话框。

⑤ 在"文字样式"对话框的"字体名"下拉列表框中选择 Times Now Roman 字体；在"高度"文本框中输入文字的高度为 5，在"宽度因子"文本框中输入文字的宽度为 0.7，如图 2-1-19 所示。然后，单击"应用"按钮，保存设置的文字样式。

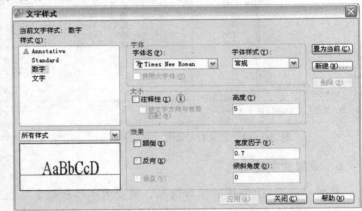

图 2-1-18　新建"数字"样式　　　　　　图 2-1-19　设置"数字"样式

⑥ 对 AutoCAD 默认的 Standard 字体进行设置，以标注其他无法应用以上两种设置标注的图形或符号。在"样式"下拉列表框中选择 Standard 样式，在"字体名"下拉列表框中选择 romand.shx 字体，选中"使用大字体"复选框，在"大字体"下拉列表框中选择 extfont2.shx 字体；在"高度"文本框中输入文字的高度为 5，在"宽度因子"文本框中输入文字的宽度为 0.7，如图 2-1-20 所示。然后，单击"应用"按钮，保存设置的文字样式。

⑦ 单击"关闭"按钮，关闭"文字样式"对话框，完成文字样式的设置。

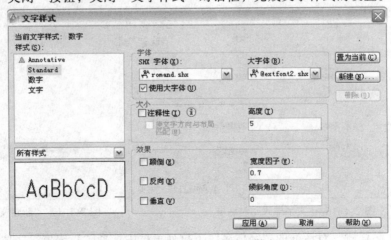

图 2-1-20　设置 Standard 样式

7. 绘制标题栏

① 选择菜单栏中的"修改"→"分解"命令，或在"常用"选项卡的"修改"面板上

单击"分解"按钮，在绘图区单击内部的矩形，将该
矩形分解为线段。分解后的每一根线段都可以单独选择，
如图 2-1-21 所示。

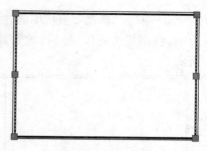

图 2-1-21　分解线段

命令行窗口提示操作步骤如下：

命令：_explode↵

选择对象：找到 1 个　　　（单击内部的矩形）

选择对象：↵

② 单击状态栏中的"极轴追踪""对象捕捉"和"对
象捕捉追踪"按钮，打开这些辅助绘图功能，以方便绘图。

在"绘图"面板上单击"直线"按钮，按照命令行窗口的提示，绘制一条线段。再单击"修
改"面板上的偏移按钮，按照命令行窗口的提示，将右侧竖直线段向左偏移出 2 条线段；
将刚绘制的线段向下偏移出 6 条线段，完成后的效果如图 2-1-22 所示。

命令行窗口提示操作步骤如下：

命令：<极轴 开>

命令：<对象捕捉 开>

命令：<对象捕捉追踪 开>

命令：_OFFSET↵

当前设置：删除源=否　图层=源　OFFSETGAPTYPE=0

指定偏移距离或 [通过(T)/删除(E)/图层(L)] <5>：40↵　　　　　（输入偏移值）

选择要偏移的对象，或 [退出(E)/放弃(U)] <退出>：　　　　　（单击线段1）

指定要偏移的那一侧上的点，或 [退出(E)/多个(M)/放弃(U)] <退出>：（在线段 1 的左侧任
意处单击，偏移出第 1 条竖直线段

选择要偏移的对象，或 [退出(E)/放弃(U)] <退出>：↵

命令：_OFFSET↵

当前设置：删除源=否　图层=源　OFFSETGAPTYPE=0

指定偏移距离或 [通过(T)/删除(E)/图层(L)] <40>：50↵　　　　（输入偏移值）

选择要偏移的对象，或 [退出(E)/放弃(U)] <退出>：　　　　（单击刚偏移出的线段）

指定要偏移的那一侧上的点，或 [退出(E)/多个(M)/放弃(U)] <退出>：（在刚偏移出的线段
的左侧任意处单击，偏移出第 2 条竖直线段

选择要偏移的对象，或 [退出(E)/放弃(U)] <退出>：↵

命令：LINE↵

指定第一点：　　　　　　　　　　　　　　　　　　　　　（在线段1上单击）

指定下一点或 [放弃(U)]：90↵　　　　（指定点2，向右拖动鼠标输入线段的长度）

指定下一点或 [放弃(U)]：↵　　　　　　　　　　　　　（按空格键，确认操作）

命令：_OFFSET↵

当前设置：删除源=否　图层=源　OFFSETGAPTYPE=0

指定偏移距离或 [通过(T)/删除(E)/图层(L)] <50>：37↵　　　　（输入偏移值）

选择要偏移的对象，或 [退出(E)/放弃(U)] <退出>：　　　　（单击刚绘制的线段）

指定要偏移的那一侧上的点，或 [退出(E)/多个(M)/放弃(U)] <退出>：（在刚绘制的线段的
下方任意处单击，偏移出第 1 条水平线段）

选择要偏移的对象，或 [退出(E)/放弃(U)] <退出>：　　　　（单击刚偏移出的线段）

指定要偏移的那一侧上的点，或 [退出(E)/多个(M)/放弃(U)] <退出>：（在刚偏移出的线段
的下方任意处单击，偏移出第 2 条水平线段）

……　　　　　　　　　　　　　　　　　　　　　　　　（相同的操作步骤略）

选择要偏移的对象，或 [退出(E)/放弃(U)] <退出>：　　　　（单击刚偏移出的线段）

指定要偏移的那一侧上的点，或 [退出(E)/多个(M)/放弃(U)] <退出>：（在刚偏移出的线段
的下方任意处单击，偏移出第 6 条水平线段）

选择要偏移的对象，或 [退出(E)/放弃(U)] <退出>：↵　　　　（按空格键）

③ 单击"修改"面板中的"修剪"按钮，在绘图区从右下角向左上角拖动将图形全部选中，按空格键确认。然后，框选或单击多余的线段，即可将其修剪，完成后的效果如图 2-1-23 所示。

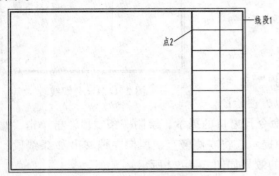

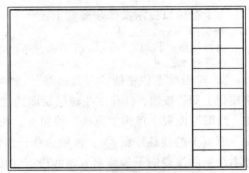

图 2-1-22　绘制和偏移线段　　　　　　　　　　　　图 2-1-23　修剪线段

命令行窗口提示操作步骤如下：

命令：_TRIM↵
当前设置：投影=UCS，边=无
选择剪切边...
选择对象或 <全部选择>：指定对角点：找到 14 个　　　　　　　（从右下角向左上角拖动）
选择对象：↵　　　　　　　　　　　　　　　　　　　　　　　　（将图形全部选中）
选择要修剪的对象，或按住【Shift】键选择要延伸的对象，或　（按空格键，确认选择）
[栏选(F)/窗交(C)/投影(P)/边(E)/删除(R)/放弃(U)]：　　　　（框选或单击要修剪的对象）
选择要修剪的对象，或按住【Shift】键选择要延伸的对象，或
[栏选(F)/窗交(C)/投影(P)/边(E)/删除(R)/放弃(U)]：↵　　　　（按空格键，退出）

8. 输入文字

① 选择菜单栏中的"格式"→"文字样式"命令，弹出"文字样式"对话框，如图 2-1-24 所示，在左侧"文字样式"下拉列表框中选择"文字"样式，然后，单击"文字样式"对话框右侧的"置为当前"按钮，单击"关闭"按钮，就可以将"文字层"置为当前。

图 2-1-24　"文字样式"对话框

② 单击"注释"面板中的"文字"按钮 A 或在命令行窗口输入 MTEXT 命令。然后，在图形的右侧绘制一个矩形，作为文字输入的区域。此时，弹出"文字编辑器"面板及文字编辑

区，如图 2-1-25 所示。

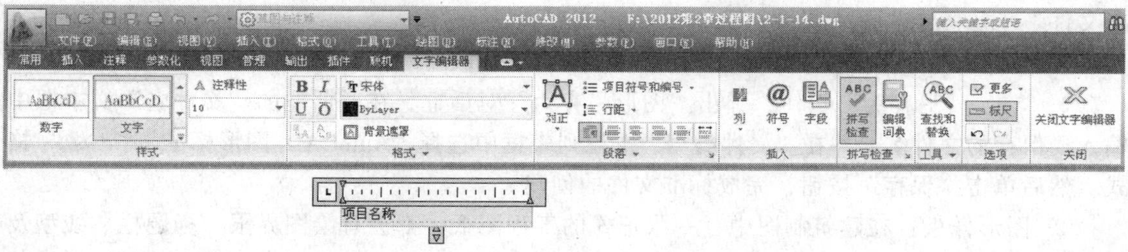

图 2-1-25　"文字编辑器"面板及文字编辑区

命令行窗口提示操作步骤如下：

命令：_MTEXT↵

当前文字样式："文字"　文字高度：5　注释性：否

指定第一角点：　　　　　　　　　　　　　　　　　　　　　　（在绘图区单击）

指定对角点或 [高度(H)/对正(J)/行距(L)/旋转(R)/样式(S)/宽度(W)/栏(C)]：（拖动绘制一个矩形区域）

③ 在"功能区组合框-文字高度"文本框中输入 10，设置文字大小为 10。在文字编辑区输入"项目名称"4 个字，如图 2-1-25 所示。然后，单击"关闭文字编辑器"按钮，完成文字的输入。

④ 单击"修改"面板中的"移动"按钮 ✛，按照命令行窗口的提示，将文字移动到标题栏中，完成后的效果如图 2-1-26 所示。

命令行窗口提示操作步骤如下：

命令：_MOVE↵

选择对象：指定对角点：找到 1 个　　　　　　　　　　　　　（选择文字）

选择对象：↵

指定基点或 [位移(D)] <位移>：　　　　　　　　　　　　　　（单击文字）

指定第二个点或 <使用第一个点作为位移>：　　　　　　　　　（单击表格中的点确认操作）

图 2-1-26　移动文字

⑤ 用步骤②～④的方法，完成其他文字的输入，文字大小为 8，然后，单击"另存为"按钮，以文件名"建筑模板"存储该文件，完成后的"建筑模板"如图 2-1-1 所示。

 相关知识

1. 样板

① 标准样板：利用 AutoCAD 2012 创建标准样板文件的功能，用户可以自定义标准样板文件。该功能用于定义图层、文本样式、线型、标注样式等一系列 AutoCAD 绘图特性，以保证同一单位、部门、行业以及合作伙伴间在绘图中对命名对象设置的一致性，从而使得图形文件更容易交流。

这个功能在团队环境中极为有用，通常由许多人一起完成一项绘图工作，这时管理者可以创建、应用并审核 CAD 标准，所有的人都遵从这一系列标准，使合作更加紧密。标准文件的扩展名为".DWS"，其创建的具体操作如下：

❖ 单击"新建"命令，在弹出的"选择样板"对话框中，选择一个合适的样板创建一个新文件。

❖ 在新文件中，根据要求定义图层、文本样式、线型、标注样式等绘图特性。

❖ 单击 "另存为"按钮，弹出"图形另存为"对话框，在对话框的"文件名"文本框中输入要保存的文件名。并在"文件类型"下拉列表框中选择"AutoCAD 图形标准（*.dws）"格式。然后单击"保存"按钮，完成标准文件的创建。

② 图形样板：在建筑制图中，一张正式的工程图纸，都会有绘图界限、标题栏、线型及图层颜色等公共信息，为了提高工作效率，避免每次绘图之前都要设置绘图环境，做许多重复工作，通常将这些公共信息创建在一个文件中并保存为"AutoCAD 图形样板（*.dwt）"。在以后的工作中直接调用该"样板"绘制图形即可。

2. 绘图的精度控制

在 AutoCAD 中，可以用输入坐标的方式来绘图，但是这种方式又往往容易出现计算失误。因此，可以利用 AutoCAD 提供的正交模式、对象捕捉等绘图辅助功能来实现图形位置的快速定位。

绘图辅助功能按钮位于 AutoCAD 2012 绘图窗口底部的状态栏中，当某功能按钮呈蓝色时，表示此功能为打开状态。

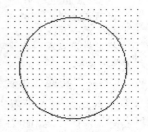

图 2-1-27　显示栅格

① 设置栅格：单击状态栏中的"栅格"按钮或按下【F7】键，即可打开或关闭栅格。栅格主要用于显示一些标定位置的小点，给用户提供直观的距离和位置参照，如图 2-1-27 所示。

设置栅格时，栅格间距不要太小，否则将导致图形模糊及屏幕重画太慢，甚至无法显示栅格。用于设置栅格显示及间距的命令是 GRID，在命令行窗口输入 GRID 命令按"空格"键确认，即可执行 GRID 命令，此时的命令行窗口如图 2-1-28 所示。各选项意义如下：

```
命令：GRID
指定栅格间距(x)或[开(ON)关(OFF)/捕捉(S)/主(M)/自适应(D)/界限(L)/跟随(F)/纵横向间距(A)]<10>：
```

图 2-1-28　执行 GRID 命令的命令行窗口

❖ 指定栅格间距（X）：默认选项，设置栅格间距的值。在值后面输入 X 可将栅格间距设置为按捕捉间距增加的指定值。

❖ 开（ON）：打开栅格显示。

❖ 关（OFF）：关闭栅格显示。

❖ 捕捉（S）：将栅格间距设置为由 SNAP 命令指定的捕捉间距。

❖ 主（M）：指定主栅格线相对于次栅格线的频率。将以除二维线框之外的任意视觉样式显示栅格线而非栅格点。

❖ 自适应（D）：控制放大或缩小时栅格线的密度。

❖ 界限（L）：显示超出 LIMITS 命令指定区域的栅格。

❖ 跟随：更改栅格平面以跟随动态 UCS 的 XY 平面。

❖ 纵横向间距（A）：设置显示栅格水平及垂直间距，用于设置不规则的栅格。

② 设置捕捉：捕捉用于设置光标移动间距。在 AutoCAD 2012 中，有栅格捕捉和极轴捕捉

两种。若选择栅格捕捉，则光标只能在栅格方向上精确移动；若选择极轴捕捉，则光标可在极轴方向精确移动。

用户可以通过单击状态栏中的"捕捉"按钮或按下【F9】键，即可打开或关闭捕捉。用于设置捕捉的命令是 SNAP，在命令行窗口输入 SNAP 按空格键确认，即可执行 SNAP 命令，此时的命令行窗口如图 2-1-29 所示。各选项意义如下：

命令：SNAP
指定捕捉间距或[开(ON)关(OFF)/纵横向间距(A)/样式(S)/类型(T)] <10>：

图 2-1-29 执行 SNAP 命令的命令行窗口

❖ 指定捕捉间距（X）：默认选项，用于设置捕捉间距。

❖ 开（ON）：打开栅格捕捉。

❖ 关（OFF）：关闭栅格捕捉。

❖ 纵横向间距（A）：设置栅格捕捉水平及垂直间距，用于设置不规则的捕捉。

❖ 样式（S）：提示选定标准（S）或等轴测（I）捕捉。其中，"标准"模式设置通常的捕捉格式，"等轴测"模式用于绘制轴测图。

❖ 类型（T）：用于设置捕捉类型。

③ 利用"草图设置"对话框，设置捕捉和栅格。选择"工具"→"绘图设置"命令，弹出"草图设置"对话框。选择"捕捉和栅格"选项卡，如图 2-1-30 所示。在该选项卡中即可对捕捉和栅格的选项进行设置。其中"栅格行为"选项组用于设置视觉样式下栅格线的显示样式（三维线框除外）。

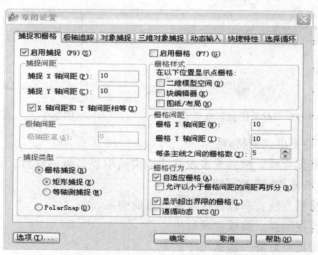

图 2-1-30 "捕捉与栅格"选项卡

④ 正交："正交"按钮按下时，用于绘制完全垂直或平行的线，或相互垂直和平行的线。

3．对象捕捉与对象捕捉追踪

一般而言，无论用户怎样调整捕捉间隔，圆、圆弧等图形对象上的大部分点均不会直接落在捕捉上。此时若想选择这些对象上的某些点，如直线中点、端点、圆心、象限点等，必须利用下面介绍的对象捕捉方法。

（1）对象捕捉概述

AutoCAD 向用户提供了一组称为对象捕捉的工具，帮助用户使用对象捕捉。为了明白对象捕捉，用户必须记住直线有中点和端点，圆有中心和象限点。当用户制图的时候，经常要把直线连接到这些点上。

AutoCAD 的对象捕捉是选择图形连接点的几何过滤器，它辅助用户选取指定点（如交点、垂足等）。例如，想用两条直线的交点，则可设置对象捕捉为交点模式，拾取靠近交点的一个点，系统自动捕捉直线的准确交点。

（2）对象捕捉模式详解

选择"工具"→"绘图设置"命令，弹出"草图设置"对话框。选择"对象捕捉"选项卡，从中选中某捕捉选项的复选框，即可以该模式捕捉对象。捕捉对象可同时选中多个捕捉选项，如图 2-1-31 所示。例如，选中"中点"复选框，在绘图时按下"对象捕捉"按钮，即可对某一对象的中点进行捕捉，如图 2-1-32 所示。

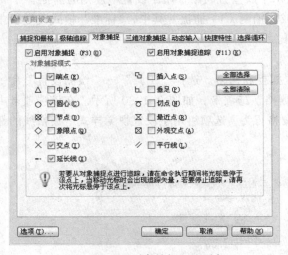

图 2-1-31　"对象捕捉"选项卡

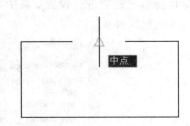

图 2-1-32　对中点进行捕捉

下面简要介绍各捕捉模式的特点：

① 端点：用于捕捉直线、圆弧或多段线线段离拾取点最近的端点，以及离拾取点最近的填充直线、填充多边形或 3D 面的封闭角点。

② 中点：用于捕捉直线、多段线线段或圆弧的中点。

③ 圆心：用于捕捉圆弧、圆或椭圆的中心。

④ 节点：用于捕捉点对象，包括尺寸的定义点。

⑤ 象限点：用于捕捉圆弧、圆或椭圆上 0°、90°、180° 或 270° 处的点。

⑥ 交点：用于捕捉直线、圆弧、圆、多段线和另一直线、多段线、圆弧或圆的任何组合的最近的交点。如果第一次拾取时选择了一个对象，AutoCAD 提示输入第二个对象，捕捉的是两个对象真实的或延伸的交点。该捕捉模式不能和捕捉外观交点模式同时有效。

⑦ 延长线：用于捕捉延伸点。即当光标移出对象的端点时，系统将显示沿对象轨迹延伸出来的虚拟点。

⑧ 插入点：用于捕捉插入图形文件中的文字、属性和符号(块或形)的原点。

⑨ 垂足：用于捕捉直线、圆弧、圆、椭圆或多段线上一点(对于用户拾取的对象)，该点从最后一点到用户拾取的对象形成一条正交(垂直)线。结果点不一定在对象上。

⑩ 切点：用于捕捉与圆、椭圆或圆弧相切的切点，该点从最后一点到拾取的圆、椭圆或圆弧形成一条切线。

⑪ 最近点：用于捕捉对象上最近的点，一般是端点、垂点或交点。

⑫ 外观交点：该选项与捕捉交点相同，只是它还可以捕捉 3D 空间中两个对象的视图交点(这两个对象实际上不一定相交，但看上去相交)。在 2D 空间中，捕捉外观交点和捕捉交点模式是等效的。

⑬ 平行线：用于捕捉与选定点平行的点。

4. 使用对象自动追踪

当同时打开对象捕捉和对象捕捉追踪后，如果光标靠近某个捕捉点，系统将在该捕捉点与光标当前位置之间拉出一条辅助线，并说明该辅助线与 X 轴正向之间的夹角。沿着该辅助线拖动光标，即可精确定位点，这种技术被称为对象自动追踪。

对象自动追踪包含两种追踪选项：极轴追踪和对象追踪。用户可以通过单击状态栏中的"极轴追踪"或"对象捕捉追踪"按钮，将其打开或关闭。对象捕捉追踪应与对象捕捉配合使用。也就是说，从对象的捕捉点开始追踪之前，必须首先设置对象捕捉。

（1）极轴追踪与捕捉

使用极轴追踪时，对齐路径由相对于起点和端点的极轴角定义，如图 2-1-33 所示。要打开或关闭极轴追踪，可单击状态栏上的"极轴"按钮或按【F10】键。

（2）设置极轴角

所谓极轴角是指极轴与 X 轴或前面绘制对象的夹角。设置极轴角可在"草图设置"对话框的"极轴追踪"选项卡中完成，如图 2-1-34 所示。

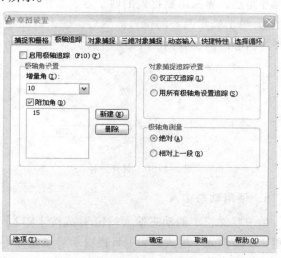

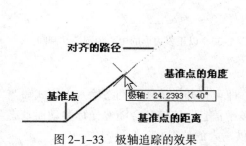

图 2-1-33 极轴追踪的效果   图 2-1-34 "草图设置"（极轴追踪）对话框

在该选项卡中，与极轴追踪相关设置项的意义如下：

①"启用极轴追踪"复选框：通过选中或取消该复选框，可打开或关闭极轴追踪模式。

② "增量角"下拉列表框：该下拉列表框，用于选择极轴角的递增角度。默认情况下，增量角为 90°。因此，系统只能沿 X 轴或 Y 轴方向进行追踪。如果将增量角设置为 10°，则用户在确定起点后，可沿 0°、10°、20°、30° 等方向进行追踪。

③ "附加角"复选框：通过设置附加角，可沿某些特殊方向进行追踪。例如，希望沿 15° 方向进行追踪，则可在选中"附加角"复选框后，单击"新建"按钮，添加 15 作为附加角，如图 2-1-34 所示。

④ "极轴角测量"区域：定义极轴角测量的方式后，选中"绝对"单选按钮，表示以当前 UCS 的 X 轴为基准计算极轴角；如果选中"相对上一段"单选按钮，表示以最后创建的对象为基准计算极轴角。

（3）对象追踪

对象追踪在使用前要设置并使用捕捉，主要用于显示追踪到的捕捉模式。要设置对象追踪的方向，可在"草图设置"对话框的"极轴追踪"选项卡中，选中"对象捕捉追踪设置"栏的"仅正交追踪"或"用所有极轴角设置追踪"单选按钮。

例如，用户已经绘制了一个正六边形，现在希望绘制一个以该正多边形的中心为圆心的圆，便可使用以下步骤进行。

① 单击状态栏中的"对象捕捉"和"对象捕捉追踪"按钮，打开对象捕捉和对象追踪。再设置对象捕捉模式为"端点"和"中点"模式。

② 单击"绘图"面板中的"圆"按钮 ，将光标移动到正多边形上边线中点的位置，此时，该点作为临时追踪点，如图 2-1-35 所示。

图 2-1-35　获取临时追踪点

③ 将光标移动到正多边形左侧的端点，然后向右拖动光标到中间的位置。此时，自动找到对齐路径，显示出捕捉到的两个点，如图 2-1-36 所示。

④ 单击确定圆心的位置。然后，输入圆的半径按空格键确认，即可绘制出以正多边形的中心为圆心的圆，如图 2-1-37 所示。

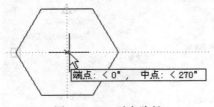

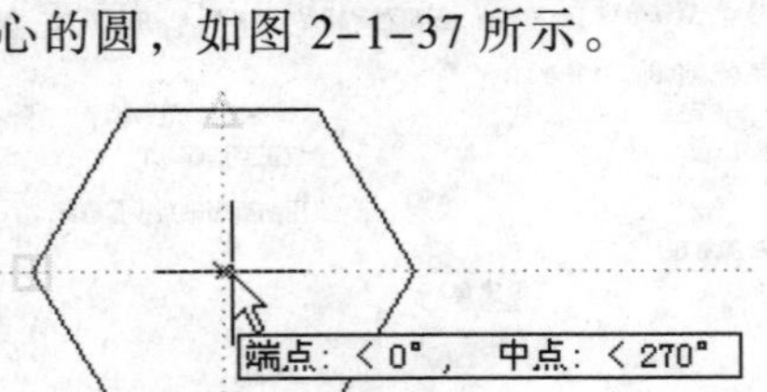

图 2-1-36　对齐路径

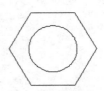

图 2-1-37　以正多边形的中心为圆心绘制圆

5．使用动态输入

单击状态栏中的动态输入按钮 或按【F12】键，即可打开或关闭"动态输入"模式。当启用"动态输入"模式时，工具栏提示将在光标附近显示信息，该信息会随着光标移动而动态更新。当某条命令为活动时，工具栏提示将为用户提供输入的位置。

设置启用"动态输入"时每个组件所显示的内容，可在"草图设置"对话框的"动态输入"选项卡中完成，如图 2-1-38 所示。

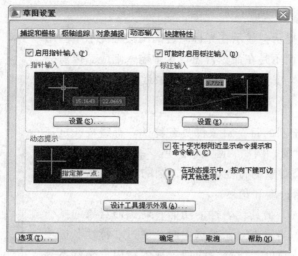

图 2-1-38 "动态输入"选项卡

"动态输入"有 3 个组件：指针输入、标注输入和动态提示。

操作提示：

透视图不支持"动态输入"。动态输入不会取代命令行窗口。在绘制复杂图形时，建议用户将该功能关闭。

（1）指针输入功能

当启用指针输入且有命令在执行时，十字光标的位置将在光标附近的工具栏提示中显示为坐标。可以在工具栏提示中输入坐标值，而不用在命令行中输入，如图 2-1-39 所示。

第二个点和后续点的默认设置为相对极坐标，不需要输入@符号。如果需要使用绝对坐标，需使用"#"为前缀。例如，要将对象移到原点，在提示输入第二个点时，输入#0,0 即可。

（2）标注输入功能

启用标注输入后，当命令提示输入第二点时，工具栏提示将显示距离和角度值。在工具栏提示中的值将随着光标的移动而改变。按【Tab】键可以移动到要更改的值。标注输入可用于 ARC、CIRCLE、ELLIPSE、LINE 和 PLINE 等命令。

标注输入工具栏提示会显示以下信息，如图 2-1-40 所示。

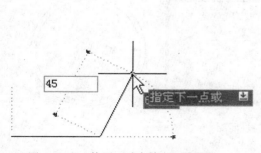

图 2-1-39 使用"动态输入"绘图

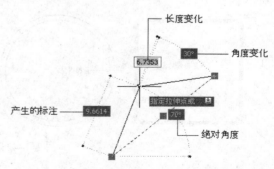

图 2-1-40 标注输入工具栏的提示信息

（3）动态提示

启用动态提示时，提示会显示在光标附近的工具栏提示中。用户可以在工具栏提示（而不是在命令行窗口）中输入响应。按箭头键可以查看和选择选项。按上箭头键可以显示最近的输入。

6．对象特性

图 2-1-41　"特性"选项板

在 AutoCAD 中，绘制的每个对象都具有特性。有些特性是基本特性，适用于多数对象，例如，图层、颜色、线型和打印样式。有些特性是专用于某个对象的特性，例如，圆的特性包括半径和面积，直线的特性包括长度和角度。

"特性"是 AutoCAD 最具代表性的功能，对图形对象的操作更接近 Windows 标准。当没有对象被选中时，通过"特性"选项板可以更改当前图层、颜色、线宽、线型、视图和用户坐标系等设置，如图 2-1-41 所示；当选中了图形对象时，使用该选项板可以修改对象的普通特性及其固有的特性。

（1）使用"特性"选项板

在 AutoCAD 2012 中，不仅提供了图形对象的几何特性编辑和修改命令，还提供了修改图形对象自身特性的命令——对象"特性"选项板。利用"特性"选项板可以设置包括图层、颜色、线型、线型比例、高度、厚度、文字样式和标注样式等图形对象的特性，甚至还可以修改图形对象的夹点图标。

"特性"选项板用于列出选定对象或对象集特性的当前设置，如图 2-1-41 所示。可以修改任何对象的特性。选择多个对象时"特性"选项板只显示选择集中所有对象的公共特性；如果未选择对象，"特性"选项板只显示当前图层的基本特性、图层附着的打印样式表的名称、查看特性以及关于 UCS 的信息。

（2）使用"特性匹配"

使用"特性匹配"命令🖼️，可以将一个对象的某些或所有特性复制到其他对象。可以复制的特性类型包括（但不仅限于）：颜色、图层、线型、线型比例、线宽、打印样式和三维厚度。默认情况下，所有可应用的特性都自动地从选定的第一个对象复制到其他对象，如图 2-1-42 所示。

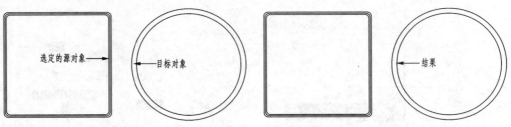

图 2-1-42　使用特性匹配

7. 修改图层状态

（1）打开和关闭图层：如果图层上的对象较多而干扰了绘图过程，则应暂时关闭该图层，使图层上的对象不显示。单击"打开/关闭"按钮，即可实现图层的打开和关闭，其打开状态为 💡、关闭状态为 💡（见图 2-1-14）。当图层打开时，图层上的对象可见，并且可以打印；当图层关闭时，图层上的对象不可见，并且不可以打印。

（2）冻结/解冻图层：可以因同样的理由冻结图层，同样被冻结的图层是不可见的，解冻的图层是可见的。单击"冻结/解冻"按钮，控制图层对象的显示状态，其解冻状态为 ☀、冻结状态为 ❄（见图 2-1-14）。冻结图层可以加快"缩放""平移"和许多其他操作的运行速度、增强对象选择的性能，并减少复杂图形的重生成时间，这也是和"关闭"状态的根本区别。

（3）锁定/解锁图层：如果对某一图层上的对象不再进行编辑，可锁定该图层。其解锁状态为 🔓、锁定状态为 🔒（见图 2-1-14）。被锁定图层中的对象将不能选择或编辑，但仍可以显示并作为参考对象进行对象捕捉等操作。

（4）打印图层：若不希望打印某图层，则可将该图层设置为不可打印。其打印的标志为 🖨、不可打印的标志为 🖨（见图 2-1-14）。

思考与练习 2-1

1. 回答题

（1）国家规定的图纸规格有哪些？
（2）国家规定的图框格式与标题栏有哪些要求？

2. 上机操作题

参照本节所学的知识，绘制如图 2-1-43 所示的"国家标准标题栏"。在绘制本案例时，应先绘制出矩形外框，再将其分解后。根据标注的尺寸偏移出其他线段，最后输入文字即可，尺寸只作为参考，无须标注尺寸。

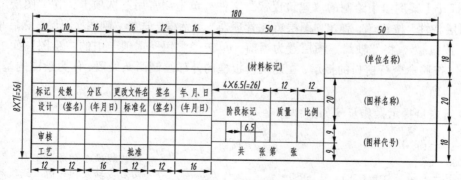

图 2-1-43　国家标准标题栏

2.2 【案例 2】绘制室内平面图

案例效果

本例将绘制如图 2-2-1 所示的"室内平面图"。在绘制本例时，应先绘制出轴线，作为定位线，再按照标注的尺寸偏移出其他线段，最后进行修剪即可。通过对本例的学习和实践，掌握直线对象的使用和建筑平面图的绘制技巧及表示方法。绘制本例时无须标注尺寸，标注尺寸的方法将在后面学习。

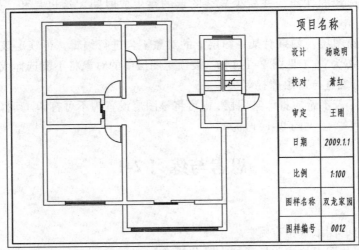

图 2-2-1　室内平面图

操作步骤

1. 绘制墙体

① 打开【案例 1】绘制的"建筑模板"文件，单击"常用"选项卡，在"图层"面板上单击"图层特性"按钮，弹出"图层特性管理器"对话框，选择"轴线"图层，然后单击"置为当前"按钮，将"轴线"图层置为当前。单击"常用"选项卡中的"绘图"面板上的直线按钮，按照命令行窗口的提示，在建筑模板框的外部绘制两条线段，作为绘图的基准线段，如图 2-2-2 所示。

命令行窗口提示操作步骤如下：

```
命令：<正交 开>
命令：LINE↵
指定第一点：                              （单击线段 1 的起点）
指定下一点或 [放弃(U)]：11950↵           （向右拖动鼠标并输入线段的长度）
指定下一点或 [放弃(U)]：↵                （按空格键）
命令：LINE↵
指定第一点：                              （单击线段 1 的起点）
指定下一点或 [放弃(U)]：11150↵           （向上拖动鼠标并输入线段的长度）
指定下一点或 [放弃(U)]：↵                （按空格键）
```

命令：LTSCALE ↵　　　　　　　　　　　　　　　（输入线型比例命令）
输入新线型比例因子 <1.0000>：10 ↵　　　　　　　（输入比例）
正在重生成模型。
② 单击"修改"面板中的偏移按钮，按照命令行窗口的提示，将线段 1 向上偏移出 6 条线段；将线段 2 向右偏移出 6 条线段，如图 2-2-3 所示。

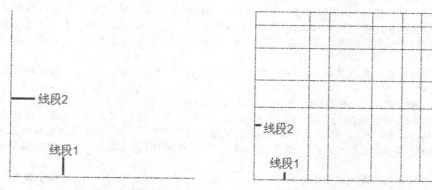

图 2-2-2　绘制基准线段　　　　　　　　　　图 2-2-3　偏移线段

命令行窗口提示操作步骤如下：
命令：_OFFSET ↵
当前设置：删除源=否　图层=源　OFFSETGAPTYPE=0
指定偏移距离或 [通过(T)/删除(E)/图层(L)] <通过>：4800 ↵　　　（输入偏移值）
选择要偏移的对象，或 [退出(E)/放弃(U)] <退出>：　　　　　　　（单击线段1）
指定要偏移的那一侧上的点，或 [退出(E)/多个(M)/放弃(U)] <退出>：（在线段1上方单击）
选择要偏移的对象，或 [退出(E)/放弃(U)] <退出>：↵（按空格键）
命令：_OFFSET ↵
当前设置：删除源=否　图层=源　OFFSETGAPTYPE=0
指定偏移距离或 [通过(T)/删除(E)/图层(L)] <4800>：1800 ↵　　　（输入偏移值）
选择要偏移的对象，或 [退出(E)/放弃(U)] <退出>：　　　　（单击刚偏移出的线段）
指定要偏移的那一侧上的点，或 [退出(E)/多个(M)/放弃(U)] <退出>：（在刚偏移出的线段上方单击）
选择要偏移的对象，或 [退出(E)/放弃(U)] <退出>：↵　　　　　（按空格键）
命令：_OFFSET ↵
当前设置：删除源=否　图层=源　OFFSETGAPTYPE=0
指定偏移距离或 [通过(T)/删除(E)/图层(L)] <1800>：2150 ↵　　　（输入偏移值）
选择要偏移的对象，或 [退出(E)/放弃(U)] <退出>：　　　　（单击刚偏移出的线段）
指定要偏移的那一侧上的点，或 [退出(E)/多个(M)/放弃(U)] <退出>：（在刚偏移出的线段上方单击）
选择要偏移的对象，或 [退出(E)/放弃(U)] <退出>：↵　　　　　（按空格键）
命令：_offset ↵
当前设置：删除源=否　图层=源　OFFSETGAPTYPE=0
指定偏移距离或 [通过(T)/删除(E)/图层(L)] <2150>：1500 ↵　　　（输入偏移值）
选择要偏移的对象，或 [退出(E)/放弃(U)] <退出>：　　　　（.单击刚偏移出的线段）
指定要偏移的那一侧上的点，或 [退出(E)/多个(M)/放弃(U)] <退出>：（在刚偏移出的线段上方单击）
选择要偏移的对象，或 [退出(E)/放弃(U)] <退出>：↵　　　　　（按空格键）
命令：_OFFSET ↵
当前设置：删除源=否　图层=源　OFFSETGAPTYPE=0
指定偏移距离或 [通过(T)/删除(E)/图层(L)] <1500>：900 ↵　　　　（输入偏移值）

　　选择要偏移的对象，或 [退出(E)/放弃(U)] <退出>:　　　　　　　　（单击刚偏移出的线段）
　　指定要偏移的那一侧上的点，或 [退出(E)/多个(M)/放弃(U)] <退出>:　（在刚偏移出的线段
上方单击）
　　选择要偏移的对象，或 [退出(E)/放弃(U)] <退出>:↵　　　　　　　　（按空格键）
　　命令: _OFFSET↵
　　当前设置: 删除源=否　图层=源　OFFSETGAPTYPE=0
　　指定偏移距离或 [通过(T)/删除(E)/图层(L)] <900>: 3500↵　　　　　（输入偏移值）
　　选择要偏移的对象，或 [退出(E)/放弃(U)] <退出>:　　　　　　　　（单击线段 2）
　　指定要偏移的那一侧上的点，或 [退出(E)/多个(M)/放弃(U)] <退出>:　（在刚偏移出的线段
右方单击）
　　选择要偏移的对象，或 [退出(E)/放弃(U)] <退出>:↵　　　　　　　　（按空格键）
　　命令: _OFFSET↵
　　当前设置: 删除源=否　图层=源　OFFSETGAPTYPE=0
　　指定偏移距离或 [通过(T)/删除(E)/图层(L)] <3500>: 1250↵　　　　　（输入偏移值）
　　选择要偏移的对象，或 [退出(E)/放弃(U)] <退出>:　　　　　　　　（单击刚偏移出的线段）
　　指定要偏移的那一侧上的点，或 [退出(E)/多个(M)/放弃(U)] <退出>:　（在刚偏移出的线段
右方单击）
　　选择要偏移的对象，或 [退出(E)/放弃(U)] <退出>:↵　　　　　　　　（按空格键）
　　命令: _OFFSET↵
　　当前设置: 删除源=否　图层=源　OFFSETGAPTYPE=0
　　指定偏移距离或 [通过(T)/删除(E)/图层(L)] <1250>: 2800↵　　　　　（输入偏移值）
　　选择要偏移的对象，或 [退出(E)/放弃(U)] <退出>:　　　　　　　　（单击刚偏移出的线段）
　　指定要偏移的那一侧上的点，或 [退出(E)/多个(M)/放弃(U)] <退出>:　（在刚偏移出的线段
右方单击）
　　选择要偏移的对象，或 [退出(E)/放弃(U)] <退出>:↵　　　　　　　　（按空格键）
　　命令: _OFFSET↵
　　当前设置: 删除源=否　图层=源　OFFSETGAPTYPE=0
　　指定偏移距离或 [通过(T)/删除(E)/图层(L)] <2800>: 1930↵　　　　　（输入偏移值）
　　选择要偏移的对象，或 [退出(E)/放弃(U)] <退出>:　　　　　　　　（单击刚偏移出的线段）
　　指定要偏移的那一侧上的点，或 [退出(E)/多个(M)/放弃(U)] <退出>:　（在刚偏移出的线段
右方单击）
　　选择要偏移的对象，或 [退出(E)/放弃(U)] <退出>:↵　　　　　　　　（按空格键）
　　命令: _OFFSET↵
　　当前设置: 删除源=否　图层=源　OFFSETGAPTYPE=0
　　指定偏移距离或 [通过(T)/删除(E)/图层(L)] <1930>: 1235↵　　　　　（输入偏移值）
　　选择要偏移的对象，或 [退出(E)/放弃(U)] <退出>:　　　　　　　　（单击刚偏移出的线段）
　　指定要偏移的那一侧上的点，或 [退出(E)/多个(M)/放弃(U)] <退出>:　（在刚偏移出的线段
右方单击）
　　选择要偏移的对象，或 [退出(E)/放弃(U)] <退出>:↵　　　　　　　　（按空格键）
　　命令: _OFFSET↵
　　当前设置: 删除源=否　图层=源　OFFSETGAPTYPE=0
　　指定偏移距离或 [通过(T)/删除(E)/图层(L)] <1235>: 1235↵　　　　　（输入偏移值）
　　选择要偏移的对象，或 [退出(E)/放弃(U)] <退出>:　　　　　　　　（单击刚偏移出的线段）
　　指定要偏移的那一侧上的点，或 [退出(E)/多个(M)/放弃(U)] <退出>:　（在刚偏移出的线段
右方单击）
　　选择要偏移的对象，或 [退出(E)/放弃(U)] <退出>:↵　　　　　　　　（按空格键）

　　③ 单击"图层"面板上 的"图层特性"按钮🖳，弹出"图层特性管理器"对话框，如图 2-2-4 所示。选择"墙体"图层，然后单击"置为当前"按钮✔，将"墙体"图层置为当前。此时，"墙体"前的状态图标由▱变为✔，单击"图层特性管理器"对话框左侧的"自动隐藏"按钮◄►，隐藏"图层特性管理器"对话框。

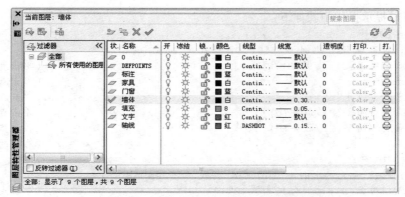

图 2-2-4 "图层特性管理器"对话框

④ 选择菜单栏中的"绘图"→"多线"命令，按照命令行窗口的提示，绘制如图 2-2-5 所示的多线图形，绘制的多线为一条完整的线段。

命令行窗口提示操作步骤如下：

命令：MLINE↵
当前设置：对正 = 上，比例 = 20.00，样式 = STANDARD
指定起点或 [对正(J)/比例(S)/样式(ST)]：s↵   （输入比例选项）
输入多线比例 <200.00>：240↵   （输入比例值）
当前设置：对正 = 上，比例 = 240.00，样式 = STANDARD
指定起点或 [对正(J)/比例(S)/样式(ST)]：j↵   （输入对正选项）
输入对正类型 [上(T)/无(Z)/下(B)] <上>：z↵   （输入对正类型）
当前设置：对正 = 无，比例 = 240.00，样式 = STANDARD
指定起点或 [对正(J)/比例(S)/样式(ST)]：   （单击点 1）
指定下一点：   （单击点 2）
指定下一点或 [放弃(U)]：   （单击点 3）
指定下一点或 [闭合(C)/放弃(U)]：   （单击点 4）
指定下一点或 [闭合(C)/放弃(U)]：   （单击点 5）
指定下一点或 [闭合(C)/放弃(U)]：   （单击点 6）
指定下一点或 [闭合(C)/放弃(U)]：   （单击点 7）
指定下一点或 [闭合(C)/放弃(U)]：   （单击点 8）
指定下一点或 [闭合(C)/放弃(U)]：   （单击点 9）
指定下一点或 [闭合(C)/放弃(U)]：   （单击点 10）
指定下一点或 [闭合(C)/放弃(U)]：c↵   （绘制闭合的多线）

⑤ 选择菜单栏中的"绘图"→"多线"命令，按照命令行窗口的提示，再绘制其余的墙线，完成墙线的绘制，如图 2-2-6 所示。

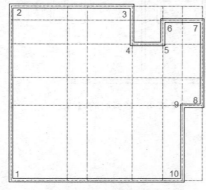

图 2-2-5　绘制多线

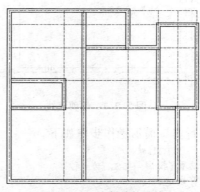

图 2-2-6　绘制其他墙线

命令行窗口提示操作步骤如下：

命令：_MLINE ↵
当前设置：对正 = 无，比例 = 240.00，样式 = STANDARD
指定起点或 [对正(J)/比例(S)/样式(ST)]：　　　　　　　　（单击点）
指定下一点：　　　　　　　　　　　　　　　　　　　　　（单击点）
指定下一点或 [放弃(U)]：　　　　　　　　　　　　　　　（单击点）
指定下一点或 [闭合(C)/放弃(U)]：　　　　　　　　　　　（单击点）
指定下一点或 [闭合(C)/放弃(U)]：↵　　　　　　　　　　（按空格键）
……　　　　　　　　　　　　　　　　　　　　　　　　　（相同的操作步骤略）
命令：_MLINE ↵
当前设置：对正 = 无，比例 = 240.00，样式 = STANDARD
指定起点或 [对正(J)/比例(S)/样式(ST)]：　　　　　　　　（单击点）
指定下一点：　　　　　　　　　　　　　　　　　　　　　（单击点）
指定下一点或 [放弃(U)]：　　　　　　　　　　　　　　　（单击点）
指定下一点或 [闭合(C)/放弃(U)]：↵　　　　　　　　　　（按空格键）

⑥ 单击功能区选项板中的"常用"选项卡，然后单击"修改"面板上的"分解"按钮 ，依次将所画的墙线全部选中，按空格键确认。

命令行窗口提示操作步骤如下。

命令：_EXPLODE ↵
选择对象：找到 1 个　　　　　　　　　　　　　　　　　（单击墙线）
选择对象：找到 1 个，总计 2 个　　　　　　　　　　　　（单击墙线）
选择对象：找到 1 个，总计 3 个　　　　　　　　　　　　（单击墙线）
选择对象：找到 1 个，总计 4 个　　　　　　　　　　　　（单击墙线）
选择对象：找到 1 个，总计 5 个　　　　　　　　　　　　（单击墙线）
选择对象：↵　　　　　　　　　　　　　　　　　　　　　（按空格键）

⑦ 单击功能区选项板中的"常用"选项卡，然后单击"修改"面板上的"修剪"按钮 ，在绘图区从右下角向左上角拖动将图形全部选中；按空格键确认。将局部放大，修剪多余的线段，如图 2-2-7 所示。然后单击或框选其余需要修剪的线段，将多余的线修剪掉。单击"图层"面板上 的 "图层特性"按钮 ，弹出"图层特性管理器"对话框，单击轴线层的图标 ，将轴线层关闭，完成后的效果如图 2-2-8 所示。

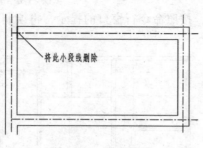

图 2-2-7　修剪墙线

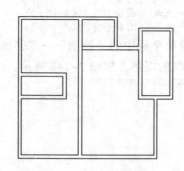

图 2-2-8　修剪后的墙线

命令行窗口提示操作步骤如下。

命令：_TRIM ↵
当前设置：投影=UCS，边=无
选择剪切边...
选择对象或 <全部选择>：指定对角点：找到 47 个　　　　（选择所有对象）

选择对象：↵　　　　　　　　　　　　　　　　　　　　　（按空格键）

选择要修剪的对象，或按住【Shift】键选择要延伸的对象，或
[栏选(F)/窗交(C)/投影(P)/边(E)/删除(R)/放弃(U)]：　（单击或框选需要修剪的线段）

选择要修剪的对象，或按住【Shift】键选择要延伸的对象，或
[栏选(F)/窗交(C)/投影(P)/边(E)/删除(R)/放弃(U)]：　（单击或框选需要修剪的线段）
……　　　　　　　　　　　　　　　　　　　　　　　　（相同的操作步骤略）

选择要修剪的对象，或按住【Shift】键选择要延伸的对象，或
[栏选(F)/窗交(C)/投影(P)/边(E)/删除(R)/放弃(U)]：↵　（按空格键）

2．绘制窗洞和门洞

① 单击"修改"面板中的"偏移"按钮 ⬚，按照命令行窗口的提示，将线段 1 向右偏移出两条线段，如图 2-2-9 所示。

命令行窗口提示操作步骤如下：
命令：_OFFSET↵
当前设置：删除源=否　图层=源　OFFSETGAPTYPE=0
指定偏移距离或 [通过(T)/删除(E)/图层(L)] <1235>：1055↵　　　（输入偏移值）
选择要偏移的对象，或 [退出(E)/放弃(U)] <退出>：　　　　　（单击线段 1）
指定要偏移的那一侧上的点，或 [退出(E)/多个(M)/放弃(U)] <退出>：（在线段 1 的右侧单击）
命令：_OFFSET↵
当前设置：删除源=否　图层=源　OFFSETGAPTYPE=0
指定偏移距离或 [通过(T)/删除(E)/图层(L)] <1055>：2400↵　　　（输入偏移值）
选择要偏移的对象，或 [退出(E)/放弃(U)] <退出>：　　　　　（单击刚偏移出的线段 2）
指定要偏移的那一侧上的点，或 [退出(E)/多个(M)/放弃(U)] <退出>：（在刚偏移出的线段 2
的右侧单击）
选择要偏移的对象，或 [退出(E)/放弃(U)] <退出>：↵　　　　　（按空格键）

② 单击"修改"面板中修剪命令右侧的下三角按钮，在下拉列表中单击延伸命令 ⟋，将刚偏移出的线段 2 和线段 3 进行延伸，然后将多余的线段进行修剪处理，完成后的效果如图 2-2-10 所示。按同样的方法完成其他窗洞的绘制，其中卧室窗洞的宽度为 2 400 mm，厨房窗洞及楼道内窗洞的宽度均为 1 200 mm，如图 2-2-11 所示。

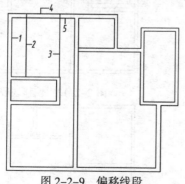

图 2-2-9　偏移线段

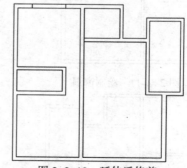

图 2-2-10　延伸后修剪

命令行窗口提示操作步骤如下：
命令：_EXTEND↵
当前设置：投影=UCS，边=无
选择边界的边…
选择对象或 <全部选择>：　找到 1 个　　　　　　　　　　　（单击线段 4）
选择对象：找到 1 个，总计 2 个　　　　　　　　　　　　　（单击线段 2）
选择对象：找到 1 个，总计 3 个　　　　　　　　　　　　　（单击线段 3）

选择对象：↵	（按空格键）
选择要延伸的对象，或按住【Shift】键选择要修剪的对象，或	
[栏选(F)/窗交(C)/投影(P)/边(E)/放弃(U)]:	（单击线段2）
选择要延伸的对象，或按住【Shift】键选择要修剪的对象，或	
[栏选(F)/窗交(C)/投影(P)/边(E)/放弃(U)]:	（单击线段3）
选择要延伸的对象，或按住【Shift】键选择要修剪的对象，或	
[栏选(F)/窗交(C)/投影(P)/边(E)/放弃(U)]: ↵	（按空格键）
命令：_TRIM↵	
当前设置:投影=UCS, 边=无	
选择剪切边...	
选择对象或 <全部选择>: 找到 1 个	（单击线段5）
选择对象: 找到 1 个, 总计 2 个	（单击线段2）
选择对象: 找到 1 个, 总计 3 个	（单击线段3）
选择对象：↵	（按空格键）
选择要修剪的对象，或按住【Shift】键选择要延伸的对象，或	
[栏选(F)/窗交(C)/投影(P)/边(E)/删除(R)/放弃(U)]:	（单击线段2）
选择要修剪的对象，或按住【Shift】键选择要延伸的对象，或	
[栏选(F)/窗交(C)/投影(P)/边(E)/删除(R)/放弃(U)]:	（单击线段3）
选择要修剪的对象，或按住【Shift】键选择要延伸的对象，或	
[栏选(F)/窗交(C)/投影(P)/边(E)/删除(R)/放弃(U)]: ↵	（按空格键）
	（相同的操作步骤略）

③ 单击"修改"面板中的"偏移"按钮，按照命令行窗口的提示，将线段 0 向上偏移出两条线段，如图 2-2-12 所示。再单击或框选需要延伸的线段，将线段 1 和线段 2 进行延伸，再修剪掉多余的线段，完成卫生间门洞的绘制，如图 2-2-13 所示。按照同样的方法绘制进户门洞的宽度为 900 mm，厨房门洞的宽度为 700 mm，过道门洞的宽度为 1 400 mm，阳台门洞的宽度为 2 400 mm，完成的效果如图 2-2-14 所示。

图 2-2-11　绘制窗洞

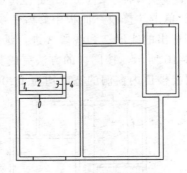

图 2-2-12　偏移线段

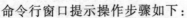

图 2-2-13　绘制一个门洞

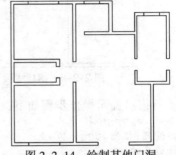

图 2-2-14　绘制其他门洞

命令行窗口提示操作步骤如下：

命令：_OFFSET ↵
当前设置：删除源=否　图层=源　OFFSETGAPTYPE=0
指定偏移距离或 [通过(T)/删除(E)/图层(L)] <1200>： 330↵　　　　　　（输入偏移值）
选择要偏移的对象，或 [退出(E)/放弃(U)] <退出>：　　　　　　　　　（单击线段 0）
指定要偏移的那一侧上的点，或 [退出(E)/多个(M)/放弃(U)] <退出>：　（在线段 0 上方单击）
选择要偏移的对象，或 [退出(E)/放弃(U)] <退出>：↵　　　　　　　　（按空格键）
命令：_OFFSET ↵
当前设置：删除源=否　图层=源　OFFSETGAPTYPE=0
指定偏移距离或 [通过(T)/删除(E)/图层(L)] <330>： 900↵　　　　　　（输入偏移值）
选择要偏移的对象，或 [退出(E)/放弃(U)] <退出>：　　　　　　　　　（单击线段 1）
指定要偏移的那一侧上的点，或 [退出(E)/多个(M)/放弃(U)] <退出>：　（在线段 1 上方单击）
选择要偏移的对象，或 [退出(E)/放弃(U)] <退出>：↵　　　　　　　　（按空格键）
命令：_EXTEND ↵
当前设置：投影=UCS，边=无
选择边界的边...
选择对象或 <全部选择>： 找到 1 个　　　　　　　　　　　　　　　（单击线段 1）
选择对象：找到 1 个，总计 2 个　　　　　　　　　　　　　　　　　（单击线段 2）
选择对象：找到 1 个，总计 3 个　　　　　　　　　　　　　　　　　（单击线段 4）
选择对象：↵　　　　　　　　　　　　　　　　　　　　　　　　　　　（按空格键）
选择要延伸的对象，或按住【Shift】键选择要修剪的对象，或
[栏选(F)/窗交(C)/投影(P)/边(E)/放弃(U)]：　　　　　　　　　　　（单击线段 1）
选择要延伸的对象，或按住【Shift】键选择要修剪的对象，或
[栏选(F)/窗交(C)/投影(P)/边(E)/放弃(U)]：　　　　　　　　　　　（单击线段 2）
选择要延伸的对象，或按住【Shift】键选择要修剪的对象，或
[栏选(F)/窗交(C)/投影(P)/边(E)/放弃(U)]：↵　　　　　　　　　　（按空格键）
命令：_TRIM ↵
当前设置：投影=UCS，边=无
选择剪切边...
选择对象或 <全部选择>： 找到 1 个　　　　　　　　　　　　　　　（单击线段 1）
选择对象：找到 1 个，总计 2 个　　　　　　　　　　　　　　　　　（单击线段 2）
选择对象：找到 1 个，总计 3 个　　　　　　　　　　　　　　　　　（单击线段 3）
选择对象：找到 1 个，总计 4 个　　　　　　　　　　　　　　　　　（单击线段 4）
选择对象：↵　　　　　　　　　　　　　　　　　　　　　　　　　　　（按空格键）
选择要修剪的对象，或按住【Shift】键选择要延伸的对象，或
[栏选(F)/窗交(C)/投影(P)/边(E)/删除(R)/放弃(U)]：　　　　　　　（单击线段 1）
选择要修剪的对象，或按住【Shift】键选择要延伸的对象，或
[栏选(F)/窗交(C)/投影(P)/边(E)/删除(R)/放弃(U)]：　　　　　　　（单击线段 2）
选择要修剪的对象，或按住【Shift】键选择要延伸的对象，或
[栏选(F)/窗交(C)/投影(P)/边(E)/删除(R)/放弃(U)]：　　　　　　　（单击线段 3）
选择要修剪的对象，或按住【Shift】键选择要延伸的对象，或
[栏选(F)/窗交(C)/投影(P)/边(E)/删除(R)/放弃(U)]：　　　　　　　（单击线段 4）
选择要修剪的对象，或按住【Shift】键选择要延伸的对象，或
[栏选(F)/窗交(C)/投影(P)/边(E)/删除(R)/放弃(U)]：↵　　　　　　（按空格键）
……　　　　　　　　　　　　　　　　　　　　　　　　　　　　　　（相同的操作步骤略）
选择要修剪的对象，或按住【Shift】键选择要延伸的对象，或
[栏选(F)/窗交(C)/投影(P)/边(E)/删除(R)/放弃(U)]：　　　　　　　（单击线段）
选择要修剪的对象，或按住【Shift】键选择要延伸的对象，或
[栏选(F)/窗交(C)/投影(P)/边(E)/删除(R)/放弃(U)]：　　　　　　　（单击线段）
选择要修剪的对象，或按住【Shift】键选择要延伸的对象，或
[栏选(F)/窗交(C)/投影(P)/边(E)/删除(R)/放弃(U)]：↵　　　　　　（按空格键）

3. 绘制门窗

（1）绘制窗户

① 将图层切换到"门窗"层，以窗洞的中点为端点绘制线段 1，选择"绘图"→"直线"命令，将鼠标移动到线段中点上时，如图 2-2-15 所示，单击并向右拖动捕捉另一个中点，如图 2-2-16 所示。然后单击完成线段 1 的绘制，将线段 1 分别向上、向下偏移 60 毫米，完成窗户的绘制，如图 2-2-17 所示。

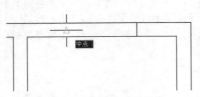

图 2-2-15　捕捉中点

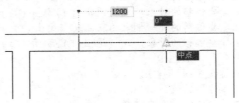

图 2-2-16　捕捉另一个中点

命令行窗口提示操作步骤如下：

```
命令：_LINE ↵
指定第一点：                                                （捕捉窗洞的中点）
指定下一点或 [放弃(U)]：                                    （捕捉窗洞的另一个中点）
指定下一点或 [放弃(U)]：↵                                   （按空格键）
命令：_OFFSET ↵
当前设置：删除源=否　图层=源　OFFSETGAPTYPE=0
指定偏移距离或 [通过(T)/删除(E)/图层(L)] <60>：  60 ↵      （输入偏移值）
选择要偏移的对象，或 [退出(E)/放弃(U)] <退出>：            （单击线段 1）
指定要偏移的那一侧上的点，或 [退出(E)/多个(M)/放弃(U)] <退出>：（在线段 1 的上方单击）
选择要偏移的对象，或 [退出(E)/放弃(U)] <退出>：↵           （按空格键）
命令：_OFFSET ↵
当前设置：删除源=否　图层=源　OFFSETGAPTYPE=0
指定偏移距离或 [通过(T)/删除(E)/图层(L)] <60>：60 ↵        （输入偏移值）
选择要偏移的对象，或 [退出(E)/放弃(U)] <退出>：            （单击线段 1）
指定要偏移的那一侧上的点，或 [退出(E)/多个(M)/放弃(U)] <退出>：（在线段 1 的下方单击）
选择要偏移的对象，或 [退出(E)/放弃(U)] <退出>：↵           （按空格键）
```

② 按照上述方法完成其他窗户的绘制，效果如图 2-2-18 所示。

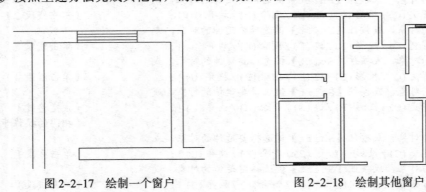

图 2-2-17　绘制一个窗户　　　　　图 2-2-18　绘制其他窗户

（2）绘制推拉门和阳台墙

绘制推拉门和阳台，需要新建一个多线样式。其中涉及"多线样式"对话框、"创建新的多线样式"对话框等的设置。详细方法如下：

① 选择菜单栏的"格式"→"多线样式"命令，弹出"多线样式"对话框，如图 2-2-19 所示。在该对话框中单击"新建"按钮，弹出"创建新的多线样式"对话框。

② 在"创建新的多线样式"对话框中设置"新样式名"为"推拉门"，如图 2-2-20 所示。然后，单击"继续"按钮，关闭该对话框并弹出"新建多线样式：推拉门"对话框。

③ 在"新建多线样式：推拉门"对话框的"封口"区域，选中"直线"后面的 2 个复选框，表示起点和端点的封口方式为直线。

图 2-2-19 "多线样式"对话框

图 2-2-20 "创建新的多线样式"对话框

④ 在"图元"区域单击 2 次"添加"按钮，添加 2 条线段。然后，选中第 1 条线段，设置其与中心的"偏移"距离为 60 mm，"颜色"为 Bylayer（随层）；选中第 2 条线段，设置其与中心的"偏移"距离为 20 mm，"颜色"为 Bylayer（随层）；选中第 3 条线段，设置其与中心的"偏移"距离为 –20 mm、"颜色"为 Bylayer（随层）；选中第 4 条线段，设置其与中心的"偏移"距离为 –60 mm、"颜色"为 Bylayer（随层），此时的"新建多线样式：推拉门"对话框如图 2-2-21 所示。然后，单击"确定"按钮，返回"多线样式"对话框。

图 2-2-21 "新建多线样式：推拉门"对话框

⑤ 在"多线样式"对话框中选中"推拉门"选项，单击"保存"按钮，弹出"保存多线样式"对话框。在该对话框中设置保存的"文件名"为"推拉门"，"文件类型"为"*.mln"，如图 2-2-22 所示。然后，单击"保存"按钮，即可返回"多线样式"对话框，并将设置好的多线样式保存下来，方便以后调用。

⑥ 在"多线样式"对话框中，选中"推拉门"选项，单击"置为当前"按钮，将"窗口"样式设置为当前使用的效果。然后，单击"确定"按钮，关闭该对话框，完成多线样式的设置。

图 2-2-22　"保存多线样式"对话框

⑦ 选择菜单栏中的→"绘图"→"多线"命令，按照命令行窗口的提示，绘制如图 2-2-23 所示的多线图形，作为阳台的推拉门，其他的推拉门按照同样的方法绘制。

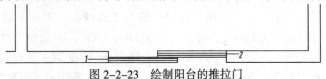

图 2-2-23　绘制阳台的推拉门

命令行窗口提示操作步骤如下：
命令：_MLINE ↵
当前设置：对正 = 无，比例 = 240.00，样式 = 推拉门
指定起点或 [对正(J)/比例(S)/样式(ST)]：s ↵　　　　　　（输入比例选项）
输入多线比例 <240.00>：1 ↵　　　　　　　　　　　　　（输入比例值）
当前设置：对正 = 无，比例 = 1.00，样式 = 推拉门
指定起点或 [对正(J)/比例(S)/样式(ST)]：　　　　　　　（单击点 1）
指定下一点：1400 ↵　　　　　　　　　　（向右拖动鼠标，输入线段长度）
指定下一点或 [放弃(U)]：↵　　　　　　　　　　　　　（按空格键）
命令：_MLINE ↵
当前设置：对正 = 无，比例 = 240.00，样式 = 推拉门
指定起点或 [对正(J)/比例(S)/样式(ST)]：s ↵　　　　　　（输入比例选项）
输入多线比例 <240.00>：1 ↵　　　　　　　　　　　　　（输入比例值）
当前设置：对正 = 无，比例 = 1.00，样式 = 推拉门
指定起点或 [对正(J)/比例(S)/样式(ST)]：　　　　　　　（单击点 2）
指定下一点：1400 ↵　　　　　　　　　　（向左拖动鼠标，输入线段长度）
指定下一点或 [放弃(U)]：↵　　　　　　　　　　　　　（按空格键）
……　　　　　　　　　　　　　　　　　　　　（相同的操作步骤略）
⑧ 将图层切换至"墙体"层，使用偏移、直线、延伸、圆角等命令，按照命令行窗口的

提示，绘制出阳台墙，如图 2-2-24 所示。

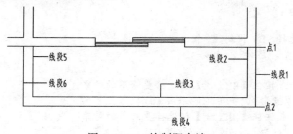

图 2-2-24 绘制阳台墙

命令行窗口提示操作步骤如下：

命令：_OFFSET↵

当前设置：删除源=否　图层=源　OFFSETGAPTYPE=0

指定偏移距离或 [通过(T)/删除(E)/图层(L)] <240>：1400↵ （输入偏移值）

选择要偏移的对象，或 [退出(E)/放弃(U)] <退出>： （单击图形最下方的线段）

指定要偏移的那一侧上的点，或 [退出(E)/多个(M)/放弃(U)] <退出>：（在图形最下方的线段的下方单击）

选择要偏移的对象，或 [退出(E)/放弃(U)] <退出>：↵ （按空格键）

命令：_OFFSET↵

当前设置：删除源=否　图层=源　OFFSETGAPTYPE=0

指定偏移距离或 [通过(T)/删除(E)/图层(L)] <1400>：240↵ （输入偏移值）

选择要偏移的对象，或 [退出(E)/放弃(U)] <退出>： （单击刚偏移出的线段）

指定要偏移的那一侧上的点，或 [退出(E)/多个(M)/放弃(U)] <退出>：（在刚偏移出的线段下方单击）

选择要偏移的对象，或 [退出(E)/放弃(U)] <退出>：↵ （按空格键）

命令：_LINE ↵

指定第一点： （单击图形右下角的点1）

指定下一点或 [放弃(U)]： （单击点2）

指定下一点或 [放弃(U)]：↵ （按空格键）

命令：_OFFSET↵

当前设置：删除源=否　图层=源　OFFSETGAPTYPE=0

指定偏移距离或 [通过(T)/删除(E)/图层(L)] <240>：240↵ （输入偏移值）

选择要偏移的对象，或 [退出(E)/放弃(U)] <退出>： （单击刚画的线段）

指定要偏移的那一侧上的点，或 [退出(E)/多个(M)/放弃(U)] <退出>：（在刚画的线段左方单击）

选择要偏移的对象，或 [退出(E)/放弃(U)] <退出>：↵ （按空格键）

命令：_OFFSET↵

当前设置：删除源=否　图层=源　OFFSETGAPTYPE=0

指定偏移距离或 [通过(T)/删除(E)/图层(L)] <240>：5725↵ （输入偏移值）

选择要偏移的对象，或 [退出(E)/放弃(U)] <退出>： （单击刚偏移出的线段）

指定要偏移的那一侧上的点，或 [退出(E)/多个(M)/放弃(U)] <退出>：（在刚偏移出的线段左方单击）

选择要偏移的对象，或 [退出(E)/放弃(U)] <退出>：↵ （按空格键）

命令：_OFFSET↵

当前设置：删除源=否　图层=源　OFFSETGAPTYPE=0

指定偏移距离或 [通过(T)/删除(E)/图层(L)] <5725>：240↵ （输入偏移值）

选择要偏移的对象，或 [退出(E)/放弃(U)] <退出>： （单击刚偏移出的线段）

指定要偏移的那一侧上的点，或 [退出(E)/多个(M)/放弃(U)] <退出>：（在刚偏移出的线段左方单击）

选择要偏移的对象，或 [退出(E)/放弃(U)] <退出>：↵ （按空格键）

```
命令：_EXTEND↵
当前设置：投影=UCS，边=无
选择边界的边...
选择对象或 <全部选择>: 找到 1 个                              （单击线段 1）
选择对象: 找到 1 个，总计 2 个                                 （单击线段 4）
选择对象: ↵                                                    （按空格键）
选择要延伸的对象，或按住【Shift】键选择要修剪的对象，或
[栏选(F)/窗交(C)/投影(P)/边(E)/放弃(U)]:                        （单击线段 4）
选择要延伸的对象，或按住【Shift】键选择要修剪的对象，或
[栏选(F)/窗交(C)/投影(P)/边(E)/放弃(U)]: ↵                      （按空格键）
命令：_EXTEND↵
当前设置：投影=UCS，边=无
选择边界的边...
选择对象或 <全部选择>: 找到 1 个                              （单击线段 2）
选择对象: 找到 1 个，总计 2 个                                 （单击线段 3）
选择对象: ↵                                                    （按空格键）
选择要延伸的对象，或按住【Shift】键选择要修剪的对象，或
[栏选(F)/窗交(C)/投影(P)/边(E)/放弃(U)]:                        （单击线段 3）
选择要延伸的对象，或按住【Shift】键选择要修剪的对象，或
[栏选(F)/窗交(C)/投影(P)/边(E)/放弃(U)]: ↵                      （按空格键）
命令：_FILLET↵
当前设置：模式 = 修剪，半径 = 0
选择第一个对象或 [放弃(U)/多段线(P)/半径(R)/修剪(T)/多个(M)]:   （单击线段 5）
选择第二个对象，或按住 Shift 键选择对象以应用角点或 [半径(R)]:  （单击线段 3）
命令：_FILLET↵
当前设置：模式 = 修剪，半径 = 0
选择第一个对象或 [放弃(U)/多段线(P)/半径(R)/修剪(T)/多个(M)]:   （单击线段 6）
选择第二个对象，或按住【Shift】键选择对象以应用角点或 [半径(R)]:  （单击线段 4）
命令：_FILLET↵
当前设置：模式 = 修剪，半径 = 0
选择第一个对象或 [放弃(U)/多段线(P)/半径(R)/修剪(T)/多个(M)]:   （单击线段 2）
选择第二个对象，或按住【Shift】键选择对象以应用角点或 [半径(R)]:  （单击线段 3）
命令：_FILLET↵
当前设置：模式 = 修剪，半径 = 0
选择第一个对象或 [放弃(U)/多段线(P)/半径(R)/修剪(T)/多个(M)]:   （单击线段 1）
选择第二个对象，或按住【Shift】键选择对象以应用角点或 [半径(R)]:  （单击线段 4）
```

⑨ 按照前面介绍的方法，在"门窗"层绘制阳台的窗户，如图 2-2-25 所示。

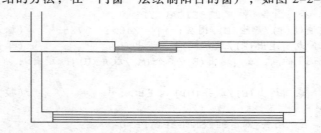

图 2-2-25　绘制阳台的窗户

（3）绘制门

① 单击"常用"选项卡中"绘图"面板上的"矩形"命令，以进户门洞的中点为顶点绘

制一个长 900 mm，宽 50 mm 的矩形，如图 2-2-26 所示。

　　② 单击"常用"选项卡中"绘图"面板上的"圆"命令，以矩形的顶点为圆心，绘制一个半径为 900 mm 的圆，如图 2-2-27 所示。

　　命令行窗口提示操作步骤如下：

　　命令：_RECTANG↵

　　指定第一个角点或 [倒角(C)/标高(E)/圆角(F)/厚度(T)/宽度(W)]：　　　（捕捉门洞的中点）

　　指定另一个角点或 [面积(A)/尺寸(D)/旋转(R)]：@-900,-50↵　　　（输入另一个角点的相对坐标，即矩形的长、宽值）

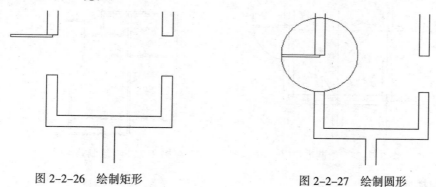

　　　　图 2-2-26　绘制矩形　　　　　　　　　　　　图 2-2-27　绘制圆形

　　命令行窗口提示操作步骤如下：

　　命令：C↵

　　CIRCLE 指定圆的圆心或 [三点(3P)/两点(2P)/切点、切点、半径(T)]：（单击矩形的顶点）

　　指定圆的半径或 [直径(D)]：900↵

　　　　　　　　　　　　　　　　　　　　　　　　　　　（输入圆的半径）

　　③ 单击"常用"选项卡中"绘图"面板上的"直线"命令，以门洞的中点为端点，绘制一条线段，通过"修改"面板中的"修剪"命令修剪掉多余的线，即可完成进户门的绘制，单击"图层特性"按钮，弹出"图层特性管理器"对话框，在"图层特性管理器"对话框中单击"轴线"层的"开"按钮💡，显示轴线，利用"镜像"命令绘制另一个进户门，如图 2-2-28 所示。

　　命令行窗口提示操作步骤如下：

　　命令：LINE↵

　　指定第一点：　　　　　　　　　　　　　　　　　　　（单击门洞的中点）

　　指定下一点或 [放弃(U)]：　　　　　　　　　　　　　（单击门洞的中点）

　　指定下一点或 [放弃(U)]：↵　　　　　　　　　　　　（按空格键）

　　命令：_TRIM↵

　　当前设置：投影=UCS，边=无

　　选择剪切边...

　　选择对象或 <全部选择>：找到 1 个　　　　　　　　　（单击圆）

　　选择对象：找到 1 个，总计 2 个　　　　　　　　　　（单击矩形）

　　选择对象：指定对角点：找到 1 个，总计 3 个　　　　（单击矩形）

　　选择对象：↵　　　　　　　　　　　　　　　　　　　（按空格键）

　　选择要修剪的对象，或按住【Shift】键选择要延伸的对象，或

　　[栏选(F)/窗交(C)/投影(P)/边(E)/删除(R)/放弃(U)]：　　（单击矩形上方的弧线）

　　选择要修剪的对象，或按住【Shift】键选择要延伸的对象，或

　　[栏选(F)/窗交(C)/投影(P)/边(E)/删除(R)/放弃(U)]：　　（单击线段左侧的弧线）

　　选择要修剪的对象，或按住【Shift】键选择要延伸的对象，或

　　[栏选(F)/窗交(C)/投影(P)/边(E)/删除(R)/放弃(U)]：↵　（按空格键）

命令：_MIRROR
选择对象：找到 1 个　　　　　　　　　　　　　　　（单击弧线）
选择对象：找到 1 个，总计 2 个　　　　　　　　　（单击矩形）
选择对象：找到 1 个，总计 3 个　　　　　　　　　（单击线段）
选择对象：　指定镜像线的第一点：　　　　　　　（单击点 1）
指定镜像线的第二点：　　　　　　　　　　　　　（单击点 2）
要删除源对象吗？[是(Y)/否(N)] <N>：↵　　　　　（按空格键，默认情况下是保留源
对象）

④ 按照同样的方法，绘制其他门，效果如图 2-2-29 所示。

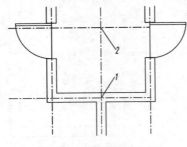
图 2-2-28　绘制进户门

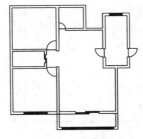
图 2-2-29　绘制其他门

4．绘制楼梯

① 单击"绘图"面板上的直线按钮 ╱，按照命令行窗口的提示，在图形的右侧绘制 2 条线段，作为楼梯的基准线和中心线，如图 2-2-30 所示。

命令行窗口提示操作步骤如下：
命令：LINE↵
指定第一点：　　　　　　　　　　　　　　　　　（单击点 1）
指定下一点或 [放弃(U)]：1000↵　　　　　　　　（向右拖动鼠标，输入线段的长度）
指定下一点或 [放弃(U)]：1800↵　　　　　　　　（向下拖动鼠标，输入线段的长度）
指定下一点或 [闭合(C)/放弃(U)]：↵　　　　　　（按空格键）
命令：_OFFSET↵
当前设置：删除源=否　图层=源　OFFSETGAPTYPE=0
指定偏移距离或 [通过(T)/删除(E)/图层(L)] <15>：115↵　　　（输入偏移值）
选择要偏移的对象，或 [退出(E)/放弃(U)] <退出>：↵　　　　（单击线段 2）
指定要偏移的那一侧上的点，或 [退出(E)/多个(M)/放弃(U)] <退出>：（在线段 2 的右侧单击）

② 单击"修改"面板上的阵列按钮 ▦，按照命令行窗口的提示，绘制行数为 7、列数为 1、行间距为 300 的楼梯，如图 2-2-31 所示。

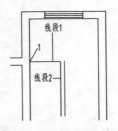
图 2-2-30　绘制直线

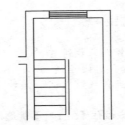
图 2-2-31　阵列后的图形

命令行窗口提示操作步骤如下：

命令：_ ARRAYRECT ↵
选择对象：找到 1 个 　　　　　　　　　　　　　　　　（单击线段 1）
选择对象： 　　　　　　　　　　　　　　　　　　　　（按空格键）
类型 = 矩形 关联 = 是
为项目数指定对角点或 [基点(B)/角度(A)/计数(C)] <计数>：a 　（输入角度选项）
指定行轴角度 <0>：-180 　　　　　　　　　　　　　　（输入角度值）
为项目数指定对角点或 [基点(B)/角度(A)/计数(C)] <计数>：c 　（输入计数选项）
输入行数或 [表达式(E)] <4>：7 　　　　　　　　　　　（输入行数）
输入列数或 [表达式(E)] <4>：1 　　　　　　　　　　　（输入列数）
指定对角点以间隔项目或 [间距(S)] <间距>：s 　　　　　（输入间距选项）
指定行之间的距离或 [表达式(E)] <1>：300 　　　　　　（输入行距值）
按【Enter】键接受或 [关联(AS)/基点(B)/行(R)/列(C)/层(L)/退出(X)] <退出>： （按空格键）

③ 单击"修改"面板中的"镜像"按钮 ⚎，按照命令行窗口的提示，先选择左侧的楼梯图形，再依次单击点 1 和点 2 作为镜像的轴线，将图形向右镜像并复制出另一半，完成后的效果如图 2-2-32 所示。

命令行窗口提示操作步骤如下：
命令：_MIRROR ↵
选择对象：找到 1 个 　　　　　　　　　　　　　　　　（选择需要镜像的图形）
选择对象：找到 1 个，总计 2 个 　　　　　　　　　　　（选择需要镜像的图形）
选择对象：↵ 　　　　　　　　　　　　　　　　　　　　（按空格键）
指定镜像线的第一点： 　　　　　　　　　　　　　　　　（单击点 1）
指定镜像线的第二点： 　　　　　　　　　　　　　　　　（单击点 2）
要删除源对象吗？[是(Y)/否(N)] <N>：↵ 　　　　　　　（按空格键）

④ 单击"绘图"面板中的直线按钮 ✎，在右侧的楼梯上绘制一条折线线段，作为楼梯的上行标识，如图 2-2-33 所示。然后，单击状态栏中的"线宽"按钮，显示出线的宽度，完成整个图形的绘制。

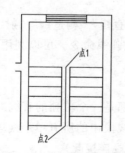

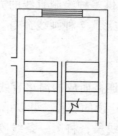

图 2-2-32 镜像楼梯图形 　　　图 2-2-33 绘制上行标识

命令行窗口提示操作步骤如下：
命令：_LINE ↵
指定第一点： 　　　　　　　　　　　　　　　　　　　　（单击点）
指定下一点或[放弃(U)]： 　　　　　　　　　　　　　　（单击点）
指定下一点或[放弃(U)]： 　　　　　　　　　　　　　　（单击点）
指定下一点或[放弃(U)]：↵ 　　　　　　　　　　　　　（按空格键）

相关知识

1．建筑绘图基本原则

① 建筑绘图的长度单位为 mm，标高的单位为 m。

② 建筑绘图的长、宽应以 300 为模数，高度以 100 为模数。

③ 外墙的宽度一般为 240 mm 或 360 mm，非承重墙为 120 mm。

④ 一般楼梯间宽度为 2 400 mm 或 2 700 mm。台阶高度一般为 150 mm，宽为 300 mm，扶手的高度为 900 mm。

⑤ 阳台栏杆高为 1 100 mm，窗台高为 900 mm。

⑥ 窗宽一般为 300 的整倍数，房间门宽一般为 900 mm，入口防盗门宽为 1 000 mm，卫生间和厨房门宽为 650~700 mm。

2．建筑平面图

① 建筑平面图是反映建筑内部合作功能、建筑内外空间关系、交通联系、建筑设备、室内装饰布置、空间流线组织及建筑结构形式等最直观的手段，它是立面、剖面及三维模型和透视图的基础。

② 建筑空间的划分绝大部分是用墙体来组织的，在砖混结构体系中，墙体更是承重体系，在高层建筑中，剪力墙不但要承重，还要抵抗水平推力。墙体设计是根据平面功能和轴网来布置的，它的主要任务是对总体设计的单体模型外轮廓进行调整和具体化，绘出建筑的外围护墙、补充绘制内部墙体。

③ 在一般情况下，绘制建筑平面图都从轴线开始，因为轴线是控制建筑物尺寸和模数的基本手段，而墙体则是在轴线确定后，以轴线尺寸为依据生成的。

3．绘制直线对象

在 AutoCAD 中，提供多种绘制直线的方法，分别是"直线""构造线""射线""多线""多段线""矩形"和"多边形"7 种画线命令。熟练掌握这些画线命令，可以利用其不同的特性，快速绘制出理想的图纸。

（1）绘制直线

在一个由多条线段连接而成的简单直线中，每条线段都是一个单独的直线对象。使用 LINE 命令，可以创建一系列连续的线段。可以单独编辑一系列线段中的所有单个线段而不影响其他线段。可以闭合一系列线段，将第一条线段和最后一条线段连接起来。

绘制直线要精确定义每条直线端点的位置，可以使用以下方法：

① 使用绝对坐标或相对坐标输入端点的坐标值。

② 指定相对于现有对象的对象捕捉。例如，可以将圆心指定为直线的端点。

③ 打开"捕捉模式"并捕捉到一个位置。

其他方法也可以精确创建直线。最快捷的方法是从现有的直线进行偏移，然后修剪或延伸到所需的长度。

（2）绘制射线对象

　　向一个或两个方向无限延伸的直线，分别称为射线和构造线。在 AutoCAD 中射线和构造线主要用于绘制辅助参考线。

　　射线是三维空间中起始于指定点并且无限延伸的直线。与在两个方向上延伸的构造线不同，射线仅在一个方向上延伸。选择菜单栏的"绘图"→"射线"命令或在命令行输入 RAY 命令，用户只需要指定射线的起点与通过点即可绘制一条射线。

（3）绘制构造线对象

　　构造线就是从中点往两端无限延伸的直线。使用该命令可绘制角平分线，而且无须知道角的角度值，能准确、快速地平分角，以达到精确定位的效果。

　　构造线的画法有多种，单击"绘图"下拉面板中的"构造线"按钮／或在命令行输入 XLINE 命令，如果直接在绘图区单击，则可通过指定任意 2 点创建构造线；如果在命令行输入 H、V、A、B、O 等选项，则可按照提示绘制水平、垂直、倾斜角度、二等分、偏移等形式的构造线，如图 2-2-34 所示。

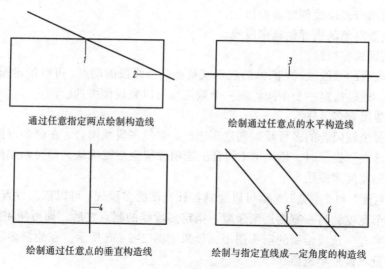

图 2-2-34　构造线的画法

命令行窗口提示操作步骤如下：

命令：_XLINE↵
指定点或 [水平(H)/垂直(V)/角度(A)/二等分(B)/偏移(O)]：　　　　（单击点 1）
指定通过点：　　　　　　　　　　　　　　　　　　　　　　　　（单击点 2）
指定通过点：↵　　　　　　　　　　　　　　　　　　　　　　　（按空格键）
命令：_XLINE↵
指定点或 [水平(H)/垂直(V)/角度(A)/二等分(B)/偏移(O)]：H↵　　（输入水平选项）
指定通过点：　　　　　　　　　　　　　　　　　　　　　　　　（单击点 3）
指定通过点：↵　　　　　　　　　　　　　　　　　　　　　　　（按空格键）
命令：_XLINE↵
指定点或 [水平(H)/垂直(V)/角度(A)/二等分(B)/偏移(O)]：V↵　　（输入垂直选项）
指定通过点：　　　　　　　　　　　　　　　　　　　　　　　　（单击点 4）
指定通过点：↵
命令：_XLINE↵
指定点或 [水平(H)/垂直(V)/角度(A)/二等分(B)/偏移(O)]：A↵　　（输入角度选项）

输入构造线的角度 (0) 或[参照(R)]:40↵	（输入角度值）
指定通过点：	（单击点 5）
指定通过点：	（单击点 6）
指定通过点：↵	（按空格键）

4．绘制多段线

在 Auto CAD 中绘制的多段线，无论有多少个点（段），均为一个整体，不能对其中的某一段进行单独编辑。多段线常用于绘制各种构件、外轮廓和三维实体等。多段线是单个对象创建的相互连接的序列线段。可以创建直线段、弧线段或两者的组合线段。多段线提供单个直线所不具备的编辑功能。例如，可以调整多段线的宽度和曲率。创建多段线之后，可以使用 PEDIT 命令对其进行编辑，或者使用 EXPLODE 命令将其转换成单独的直线段和弧线段。如图 2-2-35 所示，直线段为变宽度的线，圆弧为等宽度的线。

（1）多段线的特性

① 使用 SPLINE 命令将样条拟合多段线转换为真正的样条曲线。

② 使用闭合多段线创建多边形。

③ 从重叠对象的边界创建多段线。

④ 创建圆弧多段线。

绘制多段线的弧线段时，圆弧的起点就是前一条线段的端点。可以指定圆弧的角度、圆心、方向或半径。通过指定一个中间点和一个端点也可以完成圆弧的绘制。

（2）创建闭合多段线

可以通过绘制闭合的多段线来创建多边形。要使多段线闭合，在命令行提示"指定对象最后一条边的起点"提示时，输入 C（闭合）选项并按空格键确认，即可绘制闭合的多段线。

（3）创建宽度多段线

使用"宽度"和"半宽"选项可以绘制各种宽度的多段线。可以依次设置每条线段的宽度，使它们从一个宽度到另一宽度逐渐递减。指定多段线的起点之后，即可使用这些选项。

利用"半宽"选项绘制的箭头图形，效果如图 2-2-36 所示。在绘制多段线的过程中，每一段都可以重新设置半宽值。

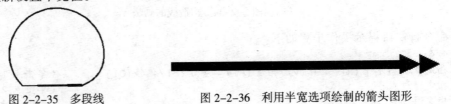

图 2-2-35　多段线　　　　　　　　图 2-2-36　利用半宽选项绘制的箭头图形

命令行窗口提示操作步骤如下：

命令：<正交 开>	
命令：_PLINE↵	
指定起点：	（在绘图窗口中的任意处单击）
当前线宽为 2.0000	
指定下一个点或 [圆弧(A)/半宽(H)/长度(L)/放弃(U)/宽度(W)]：h↵	（输入半宽选项）
指定起点半宽 <1.0000>：2↵	（输入线宽值）
指定端点半宽 <2.0000>：2↵	（输入线宽值）

指定下一个点或 ［圆弧(A)/半宽(H)/长度(L)/放弃(U)/宽度(W)］：120↵　（向右拖动鼠标并输入线段的长度）

指定下一点或 ［圆弧(A)/闭合(C)/半宽(H)/长度(L)/放弃(U)/宽度(W)］：h↵（输入半宽选项）

指定起点半宽 <2.0000>: 5↵　　　　　　　　　　　　　　（输入线宽值）

指定端点半宽 <5.0000>: 0↵　　　　　　　　　　　　　　（输入线宽值）

指定下一点或 ［圆弧(A)/闭合(C)/半宽(H)/长度(L)/放弃(U)/宽度(W)］：10↵（向右拖动鼠标并输入第一个箭头的长度）

指定下一点或 ［圆弧(A)/闭合(C)/半宽(H)/长度(L)/放弃(U)/宽度(W)］：h↵（输入半宽选项）

指定起点半宽 <0.0000>: 5↵　　　　　　　　　　　　　　（输入线宽值）

指定端点半宽 <5.0000>: 0↵　　　　　　　　　　　　　　（输入线宽值）

指定下一点或 ［圆弧(A)/闭合(C)/半宽(H)/长度(L)/放弃(U)/宽度(W)］：10↵（向右拖动鼠标并输入第二个箭头的长度）

指定下一点或 ［圆弧(A)/闭合(C)/半宽(H)/长度(L)/放弃(U)/宽度(W)］：↵（按空格键）

（4）从对象的边界创建多段线

可以从闭合区域重叠对象的边界创建多段线。使用边界方式创建的多段线是一个独立的对象，与用来创建它的对象不同。可以按照编辑其他多段线的方法对它进行编辑。

（5）创建圆弧多段线

利用"圆弧"选项绘制如图 2-2-37 所示的图形。绘制多段线的弧线段时，圆弧的起点就是前一条线段的端点。可以指定圆弧的角度、圆心、方向或半径。通过指定一个中间点和一个端点也可以完成圆弧的绘制。在绘制多段线的过程中，如上一段是圆弧，将绘制出与此圆弧相切的线段或圆弧。

图 2-2-37　创建圆弧多段线

命令行窗口提示操作步骤如下：

命令： _PLINE↵

指定起点：

当前线宽为 2.0000

指定下一个点或 ［圆弧(A)/半宽(H)/长度(L)/放弃(U)/宽度(W)］：H↵　　（输入半宽选项）

指定起点半宽 <1.0000>: 1↵　　　　　　　　　　　　　　（输入半宽值）

指定端点半宽 <1.0000>: 1↵　　　　　　　　　　　　　　（输入半宽值）

指定下一个点或 ［圆弧(A)/半宽(H)/长度(L)/放弃(U)/宽度(W)］：50↵　（向上拖动鼠标并输入线段的长度）

指定下一点或 ［圆弧(A)/闭合(C)/半宽(H)/长度(L)/放弃(U)/宽度(W)］：A↵（输入圆弧选项）

指定圆弧的端点或

［角度(A)/圆心(CE)/闭合(CL)/方向(D)/半宽(H)/直线(L)/半径(R)/第二个点(S)/放弃(U)/宽度(W)］：40↵　　　　　　　　　　　（向右拖动鼠标并输入圆弧的半径值）

指定圆弧的端点或

［角度(A)/圆心(CE)/闭合(CL)/方向(D)/半宽(H)/直线(L)/半径(R)/第二个点(S)/放弃(U)/宽度(W)］：L↵

（输入直线选项）

指定下一点或 ［圆弧(A)/闭合(C)/半宽(H)/长度(L)/放弃(U)/宽度(W)］：30↵（向下拖动鼠标并输入线段的长度）

指定下一点或 ［圆弧(A)/闭合(C)/半宽(H)/长度(L)/放弃(U)/宽度(W)］：A↵（输入圆弧选项）

指定圆弧的端点或［角度(A)/圆心(CE)/闭合(CL)/方向(D)/半宽(H)/直线(L)/半径(R)/第二个点(S)/放弃(U)/宽度(W)］：40↵

（向右拖动鼠标并输入圆弧的半径值）

指定圆弧的端点或［角度(A)/圆心(CE)/闭合(CL)/方向(D)/半宽(H)/直线(L)/半径(R)/第二个点(S)/放弃(U)/宽度(W)］：↵

（按空格键）

5．绘制矩形与正多边形

在 AutoCAD 中矩形的画法很简单，仅需要提供其两个
对角点的坐标即可。如果用户在绘制矩形之前，通过输入
C、E、F、T 或 W 选项，还可以绘制倒角、圆角和带有线
宽的圆角矩形。

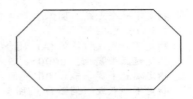

图 2-2-38　绘制倒角矩形

（1）绘制倒角矩形

单击"绘图"面板中的矩形按钮□，按照命令行窗口的提示，绘制一个倒角矩形，如图 2-2-38
所示。

命令行窗口提示操作步骤如下：

命令: _RECTANG↵
指定第一个角点或 [倒角(C)/标高(E)/圆角(F)/厚度(T)/宽度(W)]: C↵　　　　　（输入倒角选项）
指定矩形的第一个倒角距离 <0.0000>: 10↵　　　　　　　　　　　　　　　　（输入倒角距离）
指定矩形的第二个倒角距离 <10.0000>: 10↵　　　　　　　　　　　　　　　（输入倒角距离）
指定第一个角点或 [倒角(C)/标高(E)/圆角(F)/厚度(T)/宽度(W)]:　　　　　（单击任意点）
指定另一个角点或 [面积(A)/尺寸(D)/旋转(R)]: @60,30↵　　　　　　　　　（输入长、宽值）

（2）绘制带有线宽的圆角矩形

单击"绘图"面板中的矩形按钮□，按照命令行窗
口的提示，绘制一个带有线宽的圆角矩形，如图 2-2-39
所示。

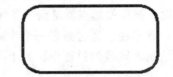

图 2-2-39　绘制带有线宽的圆角矩形

命令行窗口提示操作步骤如下：

命令: _RECTANG↵
指定第一个角点或 [倒角(C)/标高(E)/圆角(F)/厚度(T)/宽度(W)]: F↵　　　　（输入圆角选项）
指定矩形的圆角半径 <0.0000>: 8↵
　　　　　　　　　　　　　　　　　　　　　　　　　　　　　　　　　（输入圆角半径值）
指定第一个角点或 [倒角(C)/标高(E)/圆角(F)/厚度(T)/宽度(W)]: W↵　　　　（输入宽度选项）
指定矩形的线宽 <0.0000>: 1↵　　　　　　　　　　　　　　　　　　　　　（输入线宽值）
指定第一个角点或 [倒角(C)/标高(E)/圆角(F)/厚度(T)/宽度(W)]:　　　　　（单击任意点）
指定另一个角点或 [面积(A)/尺寸(D)/旋转(R)]: @60,30↵　　　　　　　　　（输入长、宽值）

（3）绘制正多边形

正多边形是具有 3～1 024 条等长边的闭合多段线。创建正多边形是绘制正方形、等边三
角形、正八边形等的简单方法。用户可通过与假想的圆内接或外切的方法，以及通过指定正多
边形某一边的端点的方法绘制正多边形。

可以使用多种方法创建正多边形：

① 如果已知正多边形中心与每条边（内接）端点之间的距离，则可以指定其半径。

② 如果已知正多边形中心与每条边（外切）中点之间的距离，则指定其半径。

③ 指定边的长度和放置边的位置。

6．绘制多线

① 多线包含 1～16 条平行线，这些平行线称为元素。通过指定每个元素距多线原点预想
的偏移量，可以确定元素的位置。可以创建和保存多线样式，或者使用包含两个元素的默认样
式。还可以设置每个元素的颜色、线型，以及显示或隐藏多线的接头。接头是那些出现在多线
元素每个顶点处的线段。

多线可以使用多种端点封口，例如直线或圆弧。最多可以为一个多线样式添加 16 个元素。如果创建或修改一个元素，使它具有负偏移，它将出现在"多线样式"对话框的图像控件的原点下方。

② 使用现有的多线样式绘制多线时，可以使用包含两个元素的默认样式，也可以指定一个以前创建的样式。默认样式是最近使用的多线样式。如果未使用过 MLINE 命令，也可以是 STANDARD 样式。开始绘制之前，可以修改多线的对正和比例。对正用来确定多线是绘制在光标的上端还是下端，或者确定多线的原点是否和光标中心对齐。默认设置是下端（上对正）。比例用来控制多线的全局宽度（使用当前单位）。

多线比例不影响线型比例。如果要修改多线比例，可能需要对线型比例做相应的修改，以防止点画线的尺寸不正确。

③ 多线命令可以同时绘制出多条平行线，每条线的特性可以不同，其线宽、偏移量、比例、样式和端点都可以进行设置。多线在默认状态下为双线，如图 2-2-40 所示。

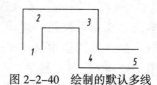

图 2-2-40 绘制的默认多线

命令行窗口提示操作步骤如下：

```
命令：_MLINE ↵
当前设置：对正 = 上，比例 = 20.00，样式 = STANDARD
指定起点或 [对正(J)/比例(S)/样式(ST)]:                    （单击点1）
指定下一点：                                            （单击点2）
指定下一点或 [放弃(U)]:                                 （单击点3）
指定下一点或 [闭合(C)/放弃(U)]:                         （单击点4）
指定下一点或 [闭合(C)/放弃(U)]:                         （单击点5）
指定下一点或 [闭合(C)/放弃(U)]: ↵                       （按空格键）
```

7. 编辑多线样式

在建筑设计中，通常使用多线命令，快速绘制出理想的图形。在使用多线命令之前，应首先设置多线样式。

① 选择菜单栏中的"格式"→"多线样式"命令，弹出"多线样式"对话框，如图 2-2-41 所示。在该对话框中单击"新建"按钮，弹出"创建新的多线样式"对话框。

② 在"创建新的多线样式"对话框中设置"新样式名"为"三线"，然后，单击"继续"按钮，关闭该对话框并弹出"新建多线样式：三线"对话框，如图 2-2-42 所示。

图 2-2-41 "多线样式"对话框

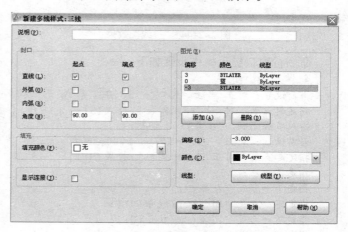

图 2-2-42 "新建多线样式：三线"对话框

③ 在"新建多线样式：三线"对话框的"封口"区域，选中"直线"后面的 2 个复选框，表示起点和端点的封口方式为直线。

④ 在"图元"区域单击 "添加"按钮，添加 1 条线段。然后，选中上面的线段，设置其与中心线的"偏移"距离为 3 毫米，"颜色"为黑色；选中中间的线段，设置其与中心线的"偏移"距离为 0 毫米，"颜色"为蓝色；选中下面的线段，设置其与中心线的"偏移"距离为-3 毫米、"颜色"为黑色；此时的"新建多线样式：三线"对话框如图 2-2-42 所示。

⑤ 在"图元"区域选中第 2 条线段，单击"线型"按钮，弹出"选择线型"对话框。在该对话框中选中 Continuous 线型，如图 2-2-43 所示。然后，单击"确定"按钮，关闭该对话框并返回到"新建多线样式：三线"对话框。

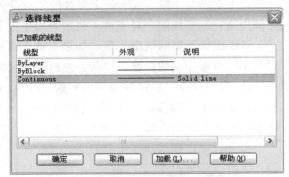

图 2-2-43 选择线型"对话框

⑥ 在"新建多线样式：三线"对话框中单击"确定"按钮，关闭该对话框并返回到"多线样式"对话框，此时的"多线样式"对话框中显示出当前设置的"三线"效果，如图 2-2-44 所示。

⑦ 在"多线样式"对话框中选中"三线"选项，单击"置为当前"按钮，将"三线"样式设置为当前使用的效果。然后，关闭该对话框，完成多线样式的设置。

⑧ 选择"绘图"→"多线"命令，按照命令行窗口的提示，绘制如图 2-2-45 所示的多线图形。

图 2-2-44 "三线"效果

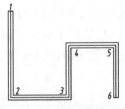

图 2-2-45 绘制多线图形

命令行窗口提示操作步骤如下：

```
命令: _MLINE↵
当前设置: 对正 = 上, 比例 = 20.00, 样式 = 三线
指定起点或 [对正(J)/比例(S)/样式(ST)]: S↵          （输入比例选项）
输入多线比例 <20.00>: 1↵                            （输入比例值）
当前设置: 对正 = 上, 比例 = 1.00, 样式 = 三线
指定起点或 [对正(J)/比例(S)/样式(ST)]:              （单击点 1）
指定下一点:                                          （单击点 2）
指定下一点或 [放弃(U)]:                              （单击点 3）
指定下一点或 [闭合(C)/放弃(U)]:                      （单击点 4）
指定下一点或 [闭合(C)/放弃(U)]:                      （单击点 5）
指定下一点或 [闭合(C)/放弃(U)]:↵                     （按空格键）
```

思考与练习 2-2

1．问答题

（1）简述建筑绘图的基本原则。

（2）简述建筑平面图的特点。

2．上机操作题

参照本课所学的知识，根据标注的尺寸，绘制如图 2-2-46 所示的"三室两厅一卫"平面图。

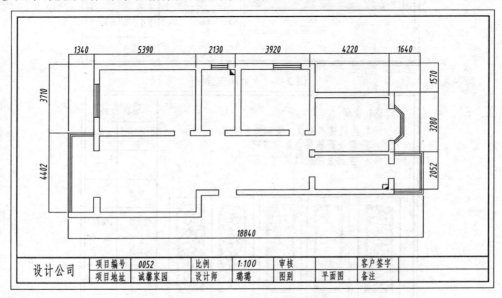

图 2-2-46 "三室两厅一卫"平面图

设计公司	项目编号	0052	比例	1:100	审核		客户签字	
	项目地址	诚馨家园	设计师	璐璐	图别	平面图	备注	

2.3 【案例 3】装饰设计明细图

案例效果

本例将在【案例 2】室内平面图的基础上，绘制一组"装饰设计明细图"，其中包括如图 2-3-1 所示的"平面布置图"、图 2-3-2 所示的"房门设计图"和图 2-3-3 所示的"主卧室柜门设计图"。在进行建筑装修设计时，首先要考虑整个装修的平面布置，它体现了设计者的一个总体思路，以及对空间布置和材料属性的驾驭能力。在建筑装饰设计中，除了需要绘制出最基本的平面图，还需要根据需要绘制出一些地面、家具等的明细图，并标示出该装饰设计的一些主要参数及材料属性。

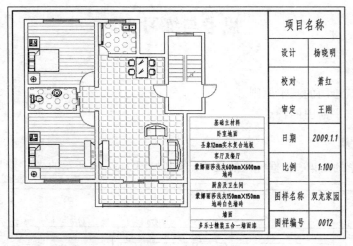

图 2-3-1　平面布置图

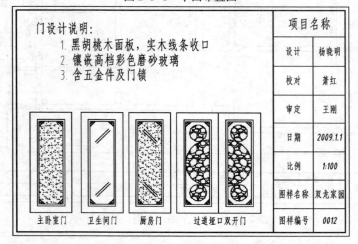

图 2-3-2　房门设计图

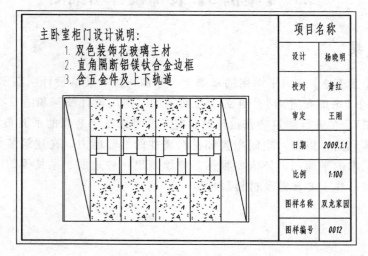

图 2-3-3　主卧室柜门设计图

通过对本例的学习和实践，掌握曲线对象的绘制方法、图形的显示控制等方法和技巧，以及"装饰设计明细图"的绘制及表示方法。在绘制本例时无须标注尺寸，其尺寸标注方法在以后的章节中将学到。

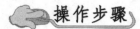 操作步骤

1．绘制平面布置图

绘制平面家具的方法比较简单，一般是由直线和圆弧等基本的图形元素组成。家具在平面布置中的使用频率很高，常常重复使用或仅仅调整其尺寸，对于这种经常重复使用的图元，可以将其定义为外部图块，以便随时调用。

① 绘制如图 2-3-4 所示的餐桌。

② 将绘制好的餐桌定义为外部图块，方便在以后的绘图过程中调用。在命令行窗口输入 WBLOCK 命令，弹出"写块"对话框，如图 2-3-5 所示。在该对话框的"源"区域中选中"整个图形"单选按钮；在"文件名和路径"文本框中指定外部图块存储的路径和名称，此时的"餐桌块"对话框如图 2-3-5 所示。然后，单击"确定"按钮，将选择的图形定义为图块，并保存在指定的文件夹中。

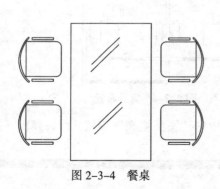

图 2-3-4　餐桌

图 2-3-5　"写块"对话框

③ 将图层切换到"家具"层，单击"插入"选项卡中"块"面板上的"插入"按钮，弹出"插入"对话框。在该对话框中单击"浏览"按钮，弹出"选择图形文件"对话框。在该对话框中选择"餐桌块"文件，单击"打开"按钮，关闭该对话框并返回"插入"对话框，如图 2-3-6 所示。

④ 在"插入"对话框中设置缩放的比例和旋转的角度，如图 2-3-6 所示，单击"确定"按钮。然后，在绘图区合适位置单击，即可插入"餐桌块"图形，如图 2-3-7 所示。

图 2-3-6   "插入"对话框

操作提示：

座便器、洗衣机、床、浴盆等对象，在 AutoCAD 2012 的"设计中心"中都有定义好的图块，用户无须再定义，只须打开调用即可。

⑤ 单击"插入"选项卡中"块"面板中的插入按钮 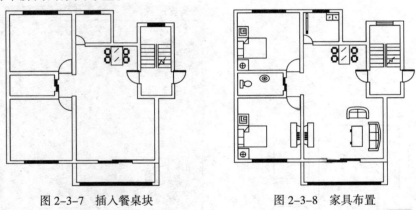，按照图 2-3-8 所示插入需要的图形，完成各个房间的家具布置。

图 2-3-7   插入餐桌块   图 2-3-8   家具布置

⑥ 将图层切换到"填充"层，单击"绘图"面板中的"图案填充"按钮 ⊞，弹出"图形填充创建"选项卡，如图 2-3-9 所示。

图 2-3-9   "图案填充创建"选项卡

⑦ 在"图形填充创建"选项卡的"边界"面板中单击"拾取点"按钮，然后在绘图区客厅和阳台的空白区域单击选择填充区域，在"图案"面板中选择 ANGLE 选项，作为木地板图案，然后在"特性"面板中设置"图案填充比例"为 30，然后按空格键为客厅和阳台填充地板图案，如图 2-3-10 所示。

命令行窗口提示操作步骤如下：

```
命令: _HATCH ↵
拾取内部点或 [选择对象(S) / 设置(T)]:  正在选择所有对象...
正在选择所有可见对象...
正在分析所选数据...
正在分析内部孤岛...
拾取内部点或 [选择对象(S) / 设置(T)]: ↵
```

⑧ 使用相同的方法为其他房间填充如图 2-3-11 所示的图案。

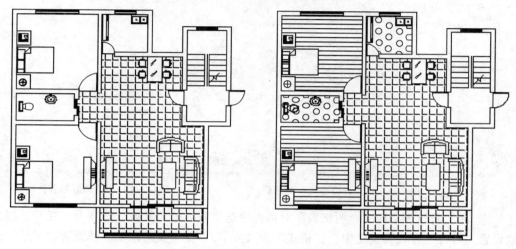

图 2-3-10 为客厅和阳台填充地板图案   图 2-3-11 为其他房间填充地板图案

2. 绘制明细表

① 单击"注释"选项卡中"表格"面板中的"表格"按钮▦，弹出"插入表格"对话框。在该对话框的"列和行设置"区域，设置"列数"为 1、"列宽"为 5000、"数据行数"为 7、"行高"为 120，如图 2-3-12 所示。然后，单击"表格样式"区域的"启动'表格样式'对话框"按钮▤，弹出"表格样式"对话框。

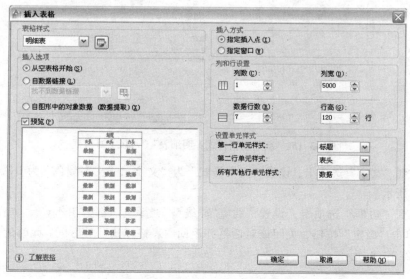

图 2-3-12 "插入表格"对话框

② 在"表格样式"对话框中单击"新建"按钮（见图 2-3-13），弹出"创建新的表格样式"对话框。

③ 在"创建新的表格样式"对话框中，设置"新样式名"为"明细表"，"基础样式"为 Standard，如图 2-3-14 所示。然后，单击"继续"按钮，弹出"新建表格样式：明细表"对话框。

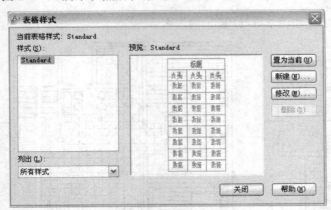
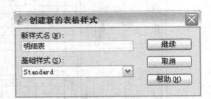

图 2-3-13　"表格样式"对话框　　　　图 2-3-14　"创建新的表格样式"对话框

④ 在"新建表格样式：明细表"对话框中选择右侧的"常规"选项卡，在其"特性"区域设置"对齐"方式为"正中"，"格式"为"文字"；在"页边距"区域设置"水平"边距为5，"垂直"边距为 5，如图 2-3-15 所示。

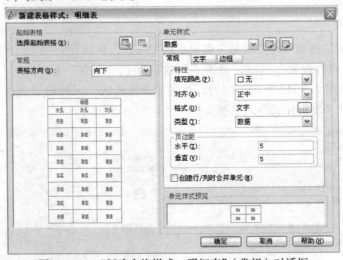

图 2-3-15　"新建表格样式：明细表"（常规）对话框

⑤ 切换到"文字"选项卡，设置"文字样式"为"文字"，"文字颜色"为 Bylayer（随层），如图 2-3-16 所示。

⑥ 切换到"边框"选项卡，设置"线宽""线型""颜色"都为 Bylayer，如图 2-3-17 所示。然后，单击"确定"按钮，关闭该对话框并返回"表格样式"对话框。此时的"表格样式"对话框如图 2-3-18 所示。

图 2-3-16　"新建表格样式：明细表"（文字）对话框

图 2-3-17　"新建表格样式：明细表"（边框）对话框

图 2-3-18　"表格样式"对话框

⑦ 在"表格样式"对话框中单击"置为当前"和"关闭"按钮，关闭该对话框并返回"插入表格"对话框，单击"确定"按钮完成表格设置。

⑧ 在绘图区单击，即可确定插入表格的位置。此时，弹出"文字编辑器"选项卡，如图 2-3-19 所示。在"多行文字"面板中输入文字"基础主材料"，设置文字样式和文字大小，然后单击"关闭文字编辑器"按钮，即可为该单元格输入文字。

图 2-3-19 "文字编辑器"选项卡

⑨ 依次双击各个单元格，完成明细表的绘制，如图 2-3-20 所示。至此，平面布置图绘制完成。

3. 绘制房门设计图

在建筑装饰设计中，除了需要绘制出最基本的平面图，还需根据需要绘制出一些地面、家具等的明细图，并标示出该装饰设计的一些主要参数及材料属性。本例在"平面布置图"的基础上，绘制其一些主要装饰构件的明细图。

① 使用"绘图"面板中的"矩形"命令 ▭，绘制一个 805 mm ×1 995 mm 的矩形，作为门的外框。然后，单击"修改"面板中的偏移按钮 ⬚，按照命令行窗口的提示，将矩形向内偏移并复制 2 个，完成后的效果如图 2-3-21 所示。

图 2-3-20 明细表

命令行提示操作步骤如下：
```
命令：_RECTANG↵
指定第一个角点或 [倒角(C)/标高(E)/圆角(F)/厚度(T)/宽度(W)]:        （单击点）
指定另一个角点或 [面积(A)/尺寸(D)/旋转(R)]: @805,1995↵          （输入长宽值）
命令：_OFFSET↵
当前设置：删除源=否  图层=源  OFFSETGAPTYPE=0
指定偏移距离或 [通过(T)/删除(E)/图层(L)] <通过>: 140↵           （输入偏移值）
选择要偏移的对象，或 [退出(E)/放弃(U)] <退出>:                  （单击矩形）
指定要偏移的那一侧上的点，或 [退出(E)/多个(M)/放弃(U)] <退出>:   （向矩形内拖动）
选择要偏移的对象，或 [退出(E)/放弃(U)] <退出>:↵                 （确认）
命令：_OFFSET↵
当前设置：删除源=否  图层=源  OFFSETGAPTYPE=0
指定偏移距离或 [通过(T)/删除(E)/图层(L)] <140>: 35↵             （输入偏移值）
选择要偏移的对象，或 [退出(E)/放弃(U)] <退出>:                  （单击矩形）
指定要偏移的那一侧上的点，或 [退出(E)/多个(M)/放弃(U)] <退出>:   （向矩形内拖动）
选择要偏移的对象，或 [退出(E)/放弃(U)] <退出>:↵                 （确认）
```

② 使用"绘图"面板中的"直线"命令 ╱，在图框的一角绘制 4 条线段，作为门的装饰图案，其他位置的线段采用镜像命令可得，效果如图 2-3-22 所示。

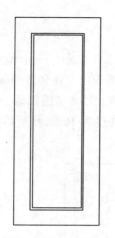

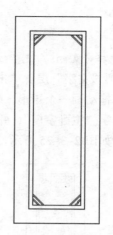

图 2-3-21　绘制门　　　　　　　　图 2-3-22　绘制装饰图案

命令行提示操作步骤如下：
命令：LINE ↵
指定第一点：　　　　　　　　　　　　　　　　　　　　　　　　（单击点）
指定下一点或 [放弃(U)]：　　　　　　　　　　　　　　　　　　（单击点）
指定下一点或 [放弃(U)]：↵　　　　　　　　　　　　　　　　　（确认）
……　　　　　　　　　　　　　　　　　　　　　　　　　　　　（相同的操作步骤略）
命令：<对象捕捉 开>
命令：_MIRROR ↵
选择对象：找到 1 个　　　　　　　　　　　　　　　　　　　　（选择线段）
选择对象：找到 1 个，总计 2 个　　　　　　　　　　　　　　（选择线段）
选择对象：找到 1 个，总计 3 个　　　　　　　　　　　　　　（选择线段）
选择对象：找到 1 个，总计 4 个　　　　　　　　　　　　　　（选择线段）
选择对象：↵　　　　　　　　　　　　　　　　　　　　　　　　（确认）
选择对象：　指定镜像线的第一点：　　　　　　　　　　　　　（选择矩形一边的中点）
指定镜像线的第二点：　　　　　　　　　　　　　　　　　　　（选择矩形对边的中点）
要删除源对象吗？[是(Y)/否(N)] <N>：↵　　　　　　　　　　（确认）
……　　　　　　　　　　　　　　　　　　　　　　　　　　　　（相同的操作步骤略）

③ 单击"绘图"面板中的"图案填充"按钮，弹出"图形填充创建"选项卡，如图 2-3-23 所示。

图 2-3-23　"图案填充创建"选项卡

④ 在"图形填充创建"选项卡的"边界"面板中单击"拾取点"按钮，在绘图区单击刚绘制的矩形内部选择填充区域，在"图案"面板中选择 AR-SAND 选项，然后在"特性"面板中设置"图案填充比例"为 1，最后按空格键，填充图案如图 2-3-24 所示。单击"关闭图案填充创建"按钮，关闭"图案填充创建"选项卡。

命令行窗口提示操作步骤如下。
命令：_HATCH ↵
拾取内部点或 [选择对象(S)/ 设置(T)]：　正在选择所有对象…

```
正在选择所有可见对象...
正在分析所选数据...
正在分析内部孤岛...
拾取内部点或 [选择对象(S)/ 设置(T)]：↵                    （确认选择）
```

⑤ 将图层切换到"文字"层，单击"常用"选项卡中"注释"面板中的"文字"按钮，在门的正下方单击并拖动画一个矩形，并再次单击，弹出"文字编辑器"选项卡及文字编辑区，在文字编辑区输入文字"主卧室门"，并设置文字的高度为100，然后单击"关闭文字编辑器"按钮，完成后的效果如图 2-3-25 所示。

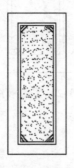 

图 2-3-24　图案填充　　　　　图 2-3-25　输入文字

⑥ 单击"修改"面板中的"复制"按钮，将主卧室门复制 3 个。

命令行提示操作步骤如下：

```
命令：_COPY↵
选择对象：指定对角点：找到 22 个                    （将门选中）
选择对象：↵                                      （确认）
当前设置：复制模式 = 多个
指定基点或 [位移(D)/模式(O)] <位移>：              （单击点）
指定第二个点或[阵列(A)] <使用第一个点作为位移>：     （单击点）
指定第二个点或 [阵列(A)/退出(E)/放弃(U)] <退出>：    （单击点）
指定第二个点或 [阵列(A)/退出(E)/放弃(U)] <退出>：    （单击点）
指定第二个点或 [阵列(A)/退出(E)/放弃(U)] <退出>：↵    （确认）
```

⑦ 在复制的文字"主卧室门"上双击，弹出如图 2-3-26 所示的文字编辑区，将文字修改为"卫生间门"，其他分别修改为"厨房门"和"过道垭口双开门之一"。然后在命令行输入命令 ERASE，根据命令行的提示，将"卫生间门"和"过道垭口双开门之一"中的填充图案删除，完成的效果如图 2-3-27 所示。

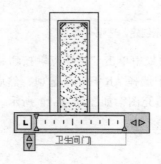 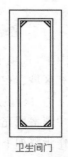

图 2-3-26　复制主卧室门　　　　　图 2-3-27　修改文字与图形

命令行提示操作步骤如下：

命令：ERASE ↵

选择对象：找到 1 个　　　　　　　　　　　　　　　　　（选择需要删除的对象）

选择对象：↵　　　　　　　　　　　　　　　　　　　　（确认）

已删除图案填充边界关联性 ↵　　　　　　　　　　　　　（确认）

⑧ 单击"绘图"面板中的直线按钮 ╱ 和"圆"按钮 ⊙，绘制出"卫生间门""厨房门"和"过道垭口双开门之一"的装饰图案。然后单击图案填充按钮 ▨，为"过道垭口双开门之一""厨房门"和"卫生间门"填充相应的图案，再采用镜像命令画出过道垭口的另一扇门，完成后的房门设计图如图 2-3-2 所示。

命令行提示操作步骤如下：

命令：_LINE ↵

指定第一点：　　　　　　　　　　　　　　　　　　　（单击线段的端点）

指定下一点或 [放弃(U)]：　　　　　　　　　　　　　（单击线段的另一端点）

指定下一点或 [放弃(U)]：↵　　　　　　　　　　　　（确认）

命令：_OFFSET ↵

当前设置：删除源=否　图层=源　OFFSETGAPTYPE=0

指定偏移距离或 [通过(T)/删除(E)/图层(L)] <20>：35 ↵　（输入偏移值）

选择要偏移的对象，或 [退出(E)/放弃(U)] <退出>：　　（选择刚画的线段）

指定要偏移的那一侧上的点，或 [退出(E)/多个(M)/放弃(U)] <退出>：（在线段的下方某处单击）

选择要偏移的对象，或 [退出(E)/放弃(U)] <退出>：↵　（确认）

命令：_COPY ↵

选择对象：指定对角点：找到 2 个　　　　　　　　　　（选择两条线段）

选择对象：↵　　　　　　　　　　　　　　　　　　　（确认）

当前设置：复制模式 = 多个

指定基点或 [位移(D)/模式(O)] <位移>：　　　　　　　（单击点）

指定第二个点或 [阵列(A)] <使用第一个点作为位移>：：　（单击点）

指定第二个点或 [阵列(A)/退出(E)/放弃(U)] <退出>：↵　（确认）

……　　　　　　　　　　　　　　　　　　　　　　（相同的操作步骤略）

命令：_CIRCLE ↵

指定圆的圆心或 [三点(3P)/两点(2P)/切点、切点、半径(T)]：（单击点）

指定圆的半径或 [直径(D)]：160 ↵　　　　　　　　　　（输入圆的半径）

命令：_MIRROR ↵

选择对象：找到 1 个　　　　　　　　　　　　　　　　（选择刚画的圆）

选择对象：↵　　　　　　　　　　　　　　　　　　　（确认）

指定镜像线的第一点：　　　　　　　　　　　　　　　（指定矩形的竖直边的中点）

指定镜像线的第二点：　　　　　　　　　　　　　　　（指定矩形的另一竖直边的中点）

要删除源对象吗？ [是(Y)/否(N)] <N>：↵　　　　　　（确认）

命令：_CIRCLE ↵

指定圆的圆心或 [三点(3P)/两点(2P)/切点、切点、半径(T)]：（单击矩形竖直边的中点）

指定圆的半径或 [直径(D)] <160>：456 ↵　　　　　　　（输入圆的半径）

命令：_TRIM ↵

当前设置：投影=UCS，边=无

选择剪切边...

选择对象或 <全部选择>：找到 1 个　　　　　　　　　（单击最小的矩形）

选择对象：找到 1 个，总计 2 个　　　　　　　　　　（单击圆形）

选择对象：　　　　　　　　　　　　　　　　　　　　（确认）

选择要修剪的对象，或按住【Shift】键选择要延伸的对象，或

[栏选(F)/窗交(C)/投影(P)/边(E)/删除(R)/放弃(U)]:　　　（单击右侧的圆弧）
选择要修剪的对象，或按住 Shift 键选择要延伸的对象，或
[栏选(F)/窗交(C)/投影(P)/边(E)/删除(R)/放弃(U)]:↵　（确认）
命令：_MIRROR↵
选择对象：指定对角点：找到 24 个　　　　　　　（选中过道门）
选择对象：↵　　　　　　　　　　　　　　　　　（确认）
指定镜像线的第一点：　　　　　　　　　　　　　（选择门的右上角）
指定镜像线的第二点：　　　　　　　　　　　　　（选择门的右下角）
要删除源对象吗？[是(Y)/否(N)]　<N>:↵　　　　（确认）

4．绘制主卧室柜门设计图

① 单击"绘图"面板中的"直线"按钮 ，按照命令行窗口的提示，绘制 2 条线段作为基准线，如图 2-3-28 所示。

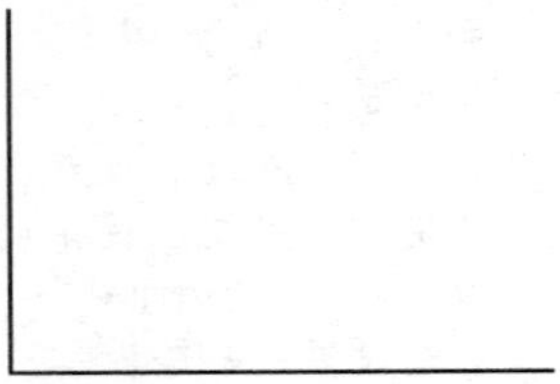

命令行提示操作步骤如下：
命令：LINE↵
指定第一点：　　　　　　　　　　（单击点）
指定下一点或[放弃(U)]:3550↵（向右拖动鼠标,输入线段的长度）
指定下一点或[放弃(U)]:↵　　　（确认）
命令：LINE↵
指定第一点：
指定下一点或[放弃(U)]:2450↵
指定下一点或[放弃(U)]:↵

图 2-3-28　绘制线段

（单击点）
（向上拖动鼠标，输入线段的长度）
（确认）

② 单击"修改"面板中的"偏移"按钮 ，按照命令行窗口的提示，将水平线段向上偏移出 4 条，将垂直线段向右偏移出 8 条线段，如图 2-3-29 所示。

命令行提示操作步骤如下：
命令：_OFFSET↵
当前设置：删除源=否　图层=源　OFFSETGAPTYPE=0
指定偏移距离或 [通过(T)]/删除(E)/图层
(L)]<140>:915↵　　　　　（输入偏移值）
选择要偏移的对象，或[退出(E)/放弃(U)]<退出>:
　　　　　　　　　　（单击水平线段）

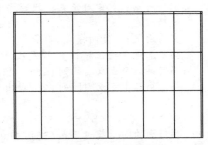

图 2-3-29　偏移线段

指定要偏移的那一侧上的点，或[退出(E)/多个(M)/放弃(U)]<退出>　（向上拖动）
选择要偏移的对象，或[退出(E)/放弃(U)]<退出>:↵　　　　　　（确认）
命令：_OFFSET↵
当前设置：删除源=否　图层=源　OFFSETGAPTYPE=0
指定偏移距离或[通过(T)]/删除(E)/图层(L)]<915>:750↵　　　　（输入偏移值）
选择要偏移的对象，或[退出(E)/放弃(U)]<退出>:　　　　　　　（单击刚偏移出的线段）
指定要偏移的那一侧上的点，或[退出(E)/多个(M)/放弃(U)]<退出>　（向上拖动）
选择要偏移的对象，或[退出(E)/放弃(U)]<退出>:　　　　　　　（单击刚偏移出的线段）
指定要偏移的那一侧上的点，或[退出(E)/多个(M)/放弃(U)]<退出>　（向上拖动）
选择要偏移的对象，或[退出(E)/放弃(U)]<退出>:↵　　　　　　　（确认）
命令：_OFFSET↵
当前设置：删除源=否　图层=源　OFFSETGAPTYPE=0
指定偏移距离或[通过(T)]/删除(E)/图层(L)]<750>:35↵　　　　　（输入偏移值）
选择要偏移的对象，或[退出(E)/放弃(U)]<退出>:　　　　　　　（单击刚偏移出的线段）
指定要偏移的那一侧上的点，或[退出(E)/多个(M)/放弃(U)]<退出>　（向上拖动）
选择要偏移的对象，或[退出(E)/放弃(U)]<退出>:　　　　　　　（单击左侧的垂直线段）

指定要偏移的那一侧上的点，或[退出(E)/多个(M)/放弃(U)]<退出>　　（向右拖动）
选择要偏移的对象，或[退出(E)/放弃(U)]<退出>：↵　　　　　　　（确认）
命令：_OFFSET↵
当前设置：删除源=否　图层=源　OFFSETGAPTYPE=0
指定偏移距离或[通过(T)]/删除(E)/图层(L)<35>：490↵　　　　　（输入偏移值）
选择要偏移的对象，或[退出(E)/放弃(U)]<退出>：　　　　　　　（单击刚偏移出的线段）
指定要偏移的那一侧上的点，或[退出(E)/多个(M)/放弃(U)]<退出>　（向右拖动）
选择要偏移的对象，或[退出(E)/放弃(U)]<退出>：↵　　　　　　　（确认）
命令：_OFFSET↵
当前设置：删除源=否　图层=源　OFFSETGAPTYPE=0
指定偏移距离或[通过(T)]/删除(E)/图层(L)<490>：590↵　　　　（输入偏移值）
选择要偏移的对象，或[退出(E)/放弃(U)]<退出>：　　　　　　　（单击刚偏移出的线段）
指定要偏移的那一侧上的点，或[退出(E)/多个(M)/放弃(U)]<退出>　（向右拖动）
选择要偏移的对象，或[退出(E)/放弃(U)]<退出>：↵　　　　　　　（确认）
命令：_OFFSET↵
当前设置：删除源=否　图层=源　OFFSETGAPTYPE=0
指定偏移距离或[通过(T)]/删除(E)/图层(L)<590>：660↵　　　　（输入偏移值）
选择要偏移的对象，或[退出(E)/放弃(U)]<退出>：　　　　　　　（单击刚偏移出的线段）
指定要偏移的那一侧上的点，或[退出(E)/多个(M)/放弃(U)]<退出>　（向右拖动）
选择要偏移的对象，或[退出(E)/放弃(U)]<退出>：　　　　　　　（单击刚偏移出的线段）
指定要偏移的那一侧上的点，或[退出(E)/多个(M)/放弃(U)]<退出>　（向右拖动）
选择要偏移的对象，或[退出(E)/放弃(U)]<退出>：↵　　　　　　　（确认）
命令：_OFFSET↵
当前设置：删除源=否　图层=源　OFFSETGAPTYPE=0
指定偏移距离或[通过(T)]/删除(E)/图层(L)<660>：590↵　　　　（输入偏移值）
选择要偏移的对象，或[退出(E)/放弃(U)]<退出>：　　　　　　　（单击刚偏移出的线段）
指定要偏移的那一侧上的点，或[退出(E)/多个(M)/放弃(U)]<退出>　（向右拖动）
选择要偏移的对象，或[退出(E)/放弃(U)]<退出>：↵　　　　　　　（确认）
命令：_OFFSET↵
当前设置：删除源=否　图层=源　OFFSETGAPTYPE=0
指定偏移距离或[通过(T)]/删除(E)/图层(L)<590>：490↵　　　　（输入偏移值）
选择要偏移的对象，或[退出(E)/放弃(U)]<退出>：　　　　　　　（单击刚偏移出的线段）
指定要偏移的那一侧上的点，或[退出(E)/多个(M)/放弃(U)]<退出>　（向右拖动）
选择要偏移的对象，或[退出(E)/放弃(U)]<退出>：↵　　　　　　　（确认）
命令：_OFFSET↵
当前设置：删除源=否　图层=源　OFFSETGAPTYPE=0
指定偏移距离或[通过(T)]/删除(E)/图层(L)<490>：35↵　　　　　（输入偏移值）
选择要偏移的对象，或[退出(E)/放弃(U)]<退出>：　　　　　　　（单击刚偏移出的线段）
指定要偏移的那一侧上的点，或[退出(E)/多个(M)/放弃(U)]<退出>　（向右拖动）
选择要偏移的对象，或[退出(E)/放弃(U)]<退出>：↵　　　　　　　（确认）

③ 单击"修改"面板中的"修剪"按钮 -/-，在绘图区从右下角向左上角拖动，将图形全
部选中，按空格键确认。再框选或单击需要修剪的线段，将多余的线段修剪掉，完成后的效果
如图 2-3-30 所示。

命令行提示操作步骤如下：

命令：_TRIM↵
当前设置：投影=UCS，边=无
选择剪切边...
选择对象或 <全部选择>：指定对角点：找到 14 个　　　　　　　（将图形全部选中）

选择对象：↵　　　　　　　　　　　　　　　　　　　　（确认选择）
选择要修剪的对象，或按住【Shift】键选择要延伸的对象，或
[栏选(F)/窗交(C)/投影(P)/边(E)/删除(R)/放弃(U)]：　　（框选或单击要修剪的对象）
选择要修剪的对象，或按住【Shift】键选择要延伸的对象，或
[栏选(F)/窗交(C)/投影(P)/边(E)/删除(R)/放弃(U)]：　　（框选或单击要修剪的对象）
选择要修剪的对象，或按住【Shift】键选择要延伸的对象，或
[栏选(F)/窗交(C)/投影(P)/边(E)/删除(R)/放弃(U)]：　　（框选或单击要修剪的对象）
　　　　　　　　　　　　　　　　　　　　　　　　　　（相同的操作步骤略）
……
选择要修剪的对象，或按住【Shift】键选择要延伸的对象，或
[栏选(F)/窗交(C)/投影(P)/边(E)/删除(R)/放弃(U)]：↵　　（确认）

④ 单击"绘图"面板中的"直线"按钮 ／，打开"端点"捕捉模式，在左、右两侧的柜门上各绘制 1 条斜线，完成后的效果如图 2-3-31 所示。

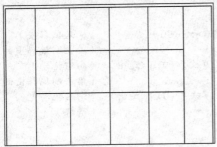

图 2-3-30　完成卧室柜门的线修剪

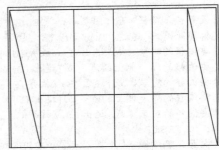

图 2-3-31　绘制线段

命令行提示操作步骤如下：
命令：LINE ↵
指定第一点：　　　　　　　　　　　（单击点）
指定下一点或 [放弃(U)]：　　　　　（单击点）
指定下一点或 [放弃(U)]：↵　　　　（确认）
　　　　　　　　　　　　　　　　　（相同操作略）
……

⑤ 单击"绘图"面板中的"图案填充"按钮 ，弹出"图案填充创建"选项卡，如图 2-3-32 所示。

图 2-3-32　"图案填充创建"选项卡

⑥ 在"图案填充创建"选项卡的"边界"面板中单击"拾取点"按钮，在绘图区单击刚绘制的矩形内部选择填充区域，在"图案"面板中选择 AR-RSHKE 选项，然后在"特性"面板中设置"图案填充比例"为 2，最后按空格键，填充图案如图 2-3-33 所示。单击"关闭图案填充创建"按钮，关闭"图形填充创建"选项卡。

命令行窗口提示操作步骤如下：
命令：_HATCH↵
拾取内部点或[选择对象(S)/设置(T)]：正在选择所有对象...
正在选择所有可见对象...

正在分析所选数据 ...
正在分析内部孤岛 ...
拾取内部点或[选择对象(S)/设置(T)]:
正在分析内部孤岛 ...
拾取内部点或[选择对象(S)/设置(T)]:
正在分析内部孤岛 ...
拾取内部点或[选择对象(S)/设置(T)]:
正在分析内部孤岛 ...
拾取内部点或[选择对象(S)/设置(T)]:↵　　　　　　　　　（确认选择）

⑦ 再次使用"图案填充"命令，为柜门填充 AR-CONC 图案，作为花玻璃。设置其"图案填充比例"为 2，完成所有填充后的效果如图 2-3-34 所示。

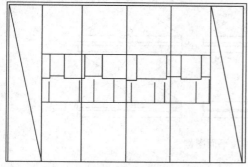
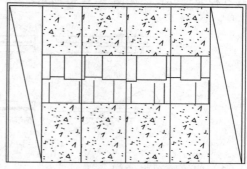

图 2-3-33　将图案填充在选择的对象中　　　　图 2-3-34　完成所有填充的效果

⑧ 将图层切换到"文字"层，单击"绘图"面板中的"文字"按钮 A 或在命令行窗口输入 MTEXT 命令。然后，在图形的右侧绘制一个矩形，作为文字输入的区域。此时，弹出"文字编辑器"选项卡及文字编辑区，如图 2-3-35 所示。

命令行窗口提示操作步骤如下：
命令:_MTEXT↵
当前文字样式："文字"　文字高度：5　注释性：否
指定第一角点：　　　　　　　　　　　　　　　　　　　　　　（在绘图区单击）
指定对角点或[高度(H)/对正(J)/行距(L)/旋转(R)/样式(S)/宽度(W)/栏(C)]：（拖动绘制一个矩形）

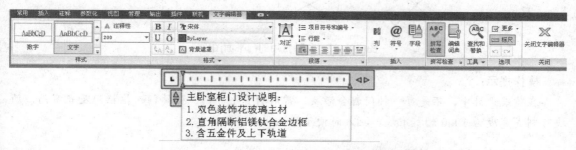

图 2-3-35　"文字编辑器"选项卡及文字编辑区

⑨ 在"样式"面板中设置文字样式为"文字"、文字大小为 200。在文字编辑区输入主卧室柜门设计说明（见图 2-3-3）。然后，单击"确定"按钮，完成整个图形的绘制。

相关知识

1. 门窗和轴网

（1）建筑绘图中的窗

在绘图环境设置中，最好为门窗的绘制专门设置一个图层并命名为"门窗"层。在制作门窗块时，就打开该图层进行编辑。门窗块最好做成外部图块并存于一个专门的图库目录。

所绘制的标准窗块的插入点一般可定于标准块左端竖线中心，插入时便于定位。

窗块共分 11 种：单层固定窗、单层外开上悬窗、单层中悬窗、单层内开下悬窗、单层外开平面窗、立转窗、单层内开平窗、单层内外开平开窗、左右推拉窗、上推窗、百叶窗。它们共有 6 种表现方式，如图 2-3-36 所示。

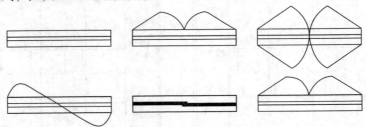

图 2-3-36　各种窗平面图例

（2）建筑绘图中的门

按照 GBJ104—1987《建筑制图标准》进行分类，门共有 13 种：单扇（平开或弹簧）门、双扇（平开或单面弹簧）门、对开折叠门、墙外单扇推拉门、墙外双扇拉门、墙内双扇推拉门、单扇双面弹簧门、单扇内外开层门（包括平开或单面弹簧）、双扇内外双层站（包括平开或单面弹簧）、转门、折叠上翻门、卷门和提升门。其中几种常用的门如图 2-3-37 所示。

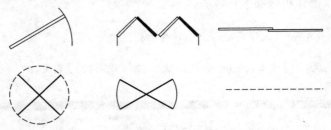

图 2-3-37　几种常用的门平面图例

操作提示：

在建筑设计中，不是每一种门都会涉及，常用的有平开门、弹簧门、推拉门及卷帘门，门块可制成宽度为 1000 的标准块，插入时便于输入比例。

（3）建筑绘图中的轴网

建筑的平面设计绘图一般从定位轴线开始，建筑的轴线主要用于确定建筑的结构体系，是建筑定位最根本的依据，也是建筑测量的决定因素。建筑施工的每一个部件都是以轴线为基准定位的，确定了轴线，也就决定了建筑测量的承重体系和非承重体系；决定了建筑的开间及进深；决定了楼板、柱网、墙体的布置形式。因此，轴线一般以柱网或主要墙体为基准布置。

轴线按平面形式分为 3 种：正交轴网、斜交轴网和圆弧轴网。其绘制方法分别如下：

① 正交轴网的绘制：正交轴网是指以水平轴线与垂直方各轴线之间的夹角为直角的轴线网络，其一般绘制方法是用 LINE（直线）命令绘制第一条水平轴线与垂直轴线；再用 OFFSET（偏移）命令或阵列生成其他轴线。

正交轴网有两种：一种是正交正放，如图 2-3-38 所示；另一种正交斜放，如图 2-3-39 所示。其绘制方法与正交正放轴网相似，只是在正交正放轴网绘制完成后应用 ROTATE（旋转）命令将其旋转合适的角度，如轴网具有对称性或单元性，可在作为对称部分或单元轴网后用 MIRROR（镜像）或 COPY（复制）命令绘制相同的轴网，这样可大大减少工作量，充分发挥 CAD 的绘图优势。

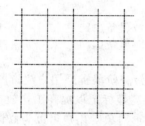 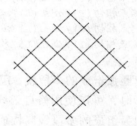

图 2-3-38　正交正放轴网　　　　图 2-3-39　正交斜放轴网

② 斜交轴网的绘制：在建筑设中，由于用地的特殊性或者建筑设计的复杂性，也经常遇到斜交轴网，如图 2-3-40 所示。所谓斜交轴网是指同一方各轴线平行，但轴线与轴线之间非垂直角度的轴网，其绘制方法与正交轴网基本相同，只是绘制时要控制轴线之间的夹角，轴线的引线亦应同时偏移相应的角度，而且轴线之间的夹角还应在图纸中标注清楚。

③ 圆弧轴网的绘制：对于圆弧建筑，其结构体系和柱网布置也常常与该圆弧一致，如图 2-3-41 所示。其轴网的绘制方法是以圆心为基准，绘制一条轴线后用 ARRAY（阵列）命令环形阵列径向轴线，然后用 CIRCLE（圆）或 ARC（圆弧）命令绘制环形轴线，因此，这类轴线的绘制首先是圆心的定义要精确。

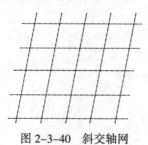

图 2-3-40　斜交轴网　　　　　图 2-3-41　圆弧轴网

2．绘制样条曲线和修订云线

（1）绘制样条曲线

AutoCAD 使用一种称为非均匀有理 B 样条曲线（NURBS）的特别样条曲线类型。NURBS 曲线在控制点之间产生一条光滑的曲线。样条曲线可用于创建形状不规则的曲线，例如为地理信息系统（GIS）应用或汽车设计绘制轮廓线。

样条曲线使用拟合点或控制点进行定义。默认情况下，拟合点与样条曲线重合，而控制点定义控制框。控制框提供了一种便捷的方法，用来设置样条曲线的形状。

可通过指定点来创建样条曲线，也可封闭样条曲线，以便使起点和端点重合。按照命令行窗口的提示，绘制的样条曲线如图 2-3-42 所示。

命令行窗口提示操作步骤如下：

```
命令：_SPLINE
当前设置：方式=拟合    节点=弦
指定第一个点或 [方式(M)/节点(K)/对象(O)]：_M
输入样条曲线创建方式 [拟合(F)/控制点(CV)] <拟合>：_FIT        （选择使用拟合点）
当前设置：方式=拟合    节点=弦
指定第一个点或 [方式(M)/节点(K)/对象(O)]：                （单击点 1）
输入下一个点或 [起点切向(T)/公差(L)]：                     （单击点 2）
输入下一个点或 [端点相切(T)/公差(L)/放弃(U)]：             （单击点 3）
输入下一个点或 [端点相切(T)/公差(L)/放弃(U)/闭合(C)]：      （单击点 4）
输入下一个点或 [端点相切(T)/公差(L)/放弃(U)/闭合(C)]：↵     （确认）
```

（2）绘制修订云线

修订云线是由连续圆弧组成的多段线，用于在检查阶段提醒用户注意图形的某个部分，在检查或用红线圈阅图形时，可以使用修订云线功能亮显标记以提高工作效率。"修订云线"按钮 用于创建由连续圆弧组成的多段线以构成云线形对象。用户可以为修订云线选择"普通"或"画笔"选项。如果选择"画笔"选项，修订云线看起来像是用画笔绘制的。

可以从头开始创建修订云线，也可以将对象（例如圆、椭圆、多段线或样条曲线）转换为修订云线。单击"修订云线"按钮 ，按照命令行窗口的提示，绘制画笔样式的修订云线，如图 2-3-43 所示。

图 2-3-42　创建样条曲线　　　　　　　　　图 2-3-43　绘制的画笔样式修订云线

命令行窗口提示操作步骤如下：

```
命令：_REVCLOUD↵
最小弧长:15    最大弧长:15    样式:普通
指定起点或[弧长(A)/对象(O)/样式(S)]<对象>:A↵           （输入弧长选项）
指定最小弧长<15>:30↵                                   （输入最小弧长值）
指定最大弧长<30>:45↵                                   （输入最大弧长值）
指定起点或[弧长(A)/对象(O)/样式(S)]<对象>:S↵           （输入样式选项）
选择圆弧样式[普通(N)/手绘(C)]<普通>:C↵                 （输入手绘选项）
圆弧样式=手绘
指定起点或[弧长(A)/对象(O)/样式(S)]<对象>:              （单击任意点）
沿云线路径引导十字光标...                               （拖动绘制）
修订云线完成。↵                                        （确认）
```

3．绘制圆与圆弧

（1）绘制圆

绘制圆的方法有多种，AutoCAD 2012 提供的默认方法是用指定圆心和半径的方法绘制圆。绘制圆也可以用指定圆心和直径、用两点定义直径、用三点定义圆周等方法来创建圆。另外，还可以根据与其他已知圆的相切关系来绘制圆。

单击"绘图"面板中"圆"按钮中的选项，即可以选择相应的方式绘制圆，绘制的各种圆的效果如图 2-3-44 所示。

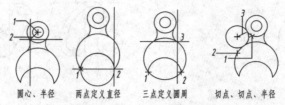

圆心、半径　　两点定义直径　　三点定义圆周　　切点、切点、半径

图 2-3-44　绘制的各种圆的效果

绘制与其他对象相切的圆：

切点是一个对象与另一个对象接触而不相交的点。要创建与其他对象相切的圆，须先选定该对象，然后指定圆的半径。在图 2-3-45 中，加粗的圆是正在绘制的圆，点 1 和点 2 用来选择相切的对象。

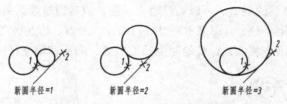

新圆半径=1　　　　　新圆半径=2　　　　　新圆半径=3

图 2-3-45　绘制与其他对象相切的圆

（2）绘制圆弧

在 AutoCAD 中绘制的圆弧具有顺时针和逆时针的特性，默认情况下，总是按逆时针方向绘制圆弧。如果在通过指定夹角绘制圆弧时，将夹角设置为负值可按顺时针方向绘制圆弧。

"圆弧"命令除了可以以指定"起点""端点""距离"的方式绘制图形外，AutoCAD 还提供了多种创建方式，以供用户选择。

① 通过指定三点绘制圆弧。在如图 2-3-46 所示的图中，圆弧的起点捕捉到直线的端点。在该示例中，圆弧的第二点捕捉到中间的圆。

② 通过指定起点、圆心、端点绘制圆弧。如果已知起点、中心点和端点，可以通过首先指定起点或中心点来绘制圆弧。中心点是指圆弧所在圆的圆心，如图 2-3-47 所示。

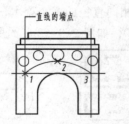

图 2-3-46　指定三点绘制圆弧

起点、圆心、端点

圆心、起点、端点

图 2-3-47　指定起点、圆心、端点绘制圆弧

③ 通过指定起点、圆心、角度绘制圆弧。如果存在可以捕捉到的起点和圆心点，并且已知包含角度，即可使用"起点、圆心、角度"（见图 2-3-48）或"圆心、起点、角度"选项绘制圆弧。

包含的角度决定圆弧的端点。如果已知两个端点但不能捕捉到圆心，即可使用"起点、端点、角度"选项绘制圆弧，如图 2-3-49 示。

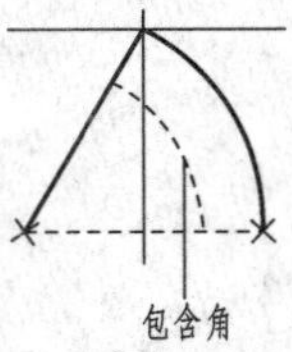

图 2-3-48　起点、圆心、角度绘制圆弧

起点、圆心、角度　　　圆心、起点、角度　　　起点、端点、角度

图 2-3-49　指定起点、端点、角度绘制圆弧

④ 通过指定起点、圆心、长度绘制圆弧。如果存在可以捕捉到的起点和中心点，并且已知弦长，即可使用"起点、圆心、长度"或"圆心、起点、长度"选项绘制圆弧，如图 2-3-50 所示。其中，弧的弦长决定包含角度。

⑤ 通过指定起点、端点、方向或半径绘制圆弧。如果存在起点和端点，即可使用"起点、端点、方向"或"起点、端点、半径"选项绘制圆弧，如图 2-3-51 所示。其中左图是通过指定"起点、端点和半径"绘制的圆弧。可以通过输入长度，或者通过顺时针或逆时针移动定点位并单击确定一段距离来指定半径；右图显示的是通过指定"起点、端点和方向"使用定点位绘制的圆弧。向起点和端点的上方移动光标将绘制上凸的圆弧，向下移动光标将绘制上凹的圆弧。

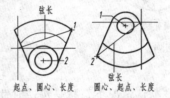

起点、圆心、长度　　　圆心、起点、长度

图 2-3-50　指定起点、圆心、长度绘制圆弧

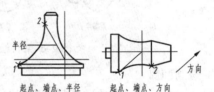

起点、端点、半径　　　起点、端点、方向

图 2-3-51　指定起点、端点、方向或半径绘制圆弧

⑥ 绘制邻接圆弧和直线：绘制圆弧后，在"指定第一点"提示下，通过启动 LINE 命令并按空格键，只需要指定线长，即可立刻绘制一端与圆弧相切的直线；反之，完成直线绘制之后，在"指定起点"提示下，通过使用 ARC 命令并按空格键确认，只需要指定圆弧的端点，即可绘制一端与直线相切的圆弧，如图 2-3-52 所示。

（3）绘制圆环

圆环是填充环或实体填充圆，即带有宽度的闭合多段线。要创建圆环，先指定它的内外直径和圆心，再通过指定不同的中心点，可以继续创建具有相同直径的多个副本，如图 2-3-53 左图所示；如果要创建实体填充圆，需要将内径值指定为 0，如图 2-3-53 右图所示。

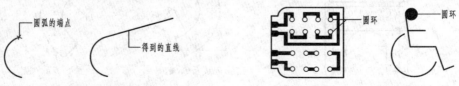

图 2-3-52　绘制邻接圆弧和直线　　　　　图 2-3-53　绘制圆环

4．创建表格

表格是在行和列中包含数据的对象。表格是由单元构成的矩形矩阵，这些单元中包含注释

（主要是文字，但也有块）。可以在表格中插入简单的公式，用于计算总计、计数和平均值，以及定义简单的算术表达式。创建表格对象时，首先创建一个空表格，然后在表格的单元中添加内容。创建表格的方法如下：

① 单击"注释"选项卡的"表格"面板中的"表格"按钮，弹出"插入表格"对话框。在该对话框的"插入方式"区域，设置表格插入的方法；在"列和行设置"区域，设置"列数"为 5、"列宽"为 2000、"数据行数"为 7、"行高"为 120，如图 2-3-54 所示。单击"启动表格样式"按钮，弹出"表格样式"对话框。

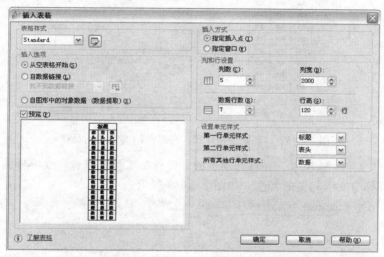

图 2-3-54　"插入表格"对话框

② 在"表格样式"对话框中单击"新建"按钮（见图 2-3-55），又弹出"创建新的表格样式"对话框。

③ 在"创建新的表格样式"对话框中，设置"新样式名"为"明细表"，"基础样式"为 Standard，如图 2-3-56 所示。然后，单击"继续"按钮，弹出"新建表格样式：明细表"对话框。

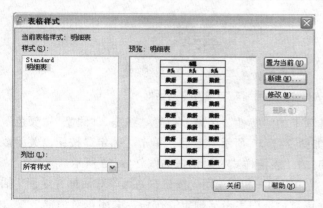

图 2-3-55　"表格样式"对话框

图 2-3-56　"创建新的表格样式"对话框

④ 在"新建表格样式：明细表"对话框中，切换到"常规"选项卡。在该选项卡的"特性"区域，设置单元格"填充颜色""对齐"方式、使用的文本"格式"；在"页边距"区域设

置"水平"和"垂直"边距等内容，如图 2-3-57 所示。

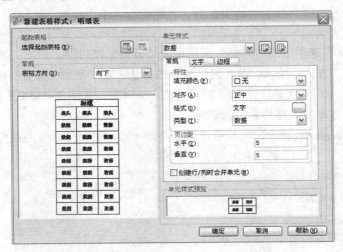

图 2-3-57 "新建表格样式：明细表"（常规）对话框

⑤ 切换到"文字"选项卡，在该选项卡的"特性"区域，设置"文字样式""文字颜色"和"文字角度"等与文本相关的特性，如图 2-3-58 所示。

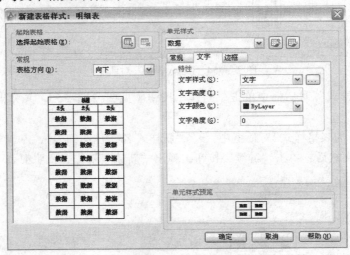

图 2-3-58 "新建表格样式：明细表"（文字）对话框

⑥ 切换到"边框"选项卡，在该选项卡的"特性"区域，设置"线宽""线型""颜色"和"间距"等与边框相关的各种特性，如图 2-3-59 所示。然后，单击"确定"按钮，关闭该对话框并返回"表格样式"对话框。此时的"表格样式"对话框如图 2-3-55 所示。

⑦ 在"表格样式"对话框中单击"置为当前"和"关闭"按钮，关闭该对话框并返回"插入表格"对话框，如图 2-3-54 所示。在该对话框中单击"确定"按钮，关闭该对话框。

⑧ 单击绘图区，即可确定插入表格的位置。此时，弹出"文字编辑器"选项卡及文字编辑区。在"样式"面板中设置文字样式和文字大小。再单击"关闭文字编辑器"按钮，即可为该单元格输入文字。

图 2-3-59　"新建表格样式：明细表"（边框）对话框

命令行窗口提示操作步骤如下：

命令：_TABLE ↵

指定插入点：　　　　　　（单击图框右上角的点）

5．计算表格内的数据

表格创建完成后，用户可以单击该表格上的任意网格线以选中表格，然后通过使用"特性"面板或夹点来修改该表格。还可以在表格中插入公式进行计算。

① 要在选定的单元格中插入公式，可右击此单元格，在弹出的快捷菜单中选择"插入点"→"公式"→"求和"命令，如图 2-3-60 所示。也可以双击单元格打开文字编辑器，然后输入要计算的公式。在图 2-3-61 中，求和公式用于计算单元格 A2～A4 之和。

图 2-3-60　快捷菜单

	A	B	C
1	Sum Table		
2	10		
3	20		
4	30		
5	=Sum(A2:A4)		
6			

计算

Sum Table	
10	
20	
30	
60	

结果

图 2-3-61　计算和

② 对于算术表达式，等号（=）使单元格可以使用以下运算符，根据表格中其他单元格的内容来计算数值表达式：+、-、/、*、^和=。在图 2-3-62 中，乘积公式用于计算单元格 A2～

A4 的乘积。

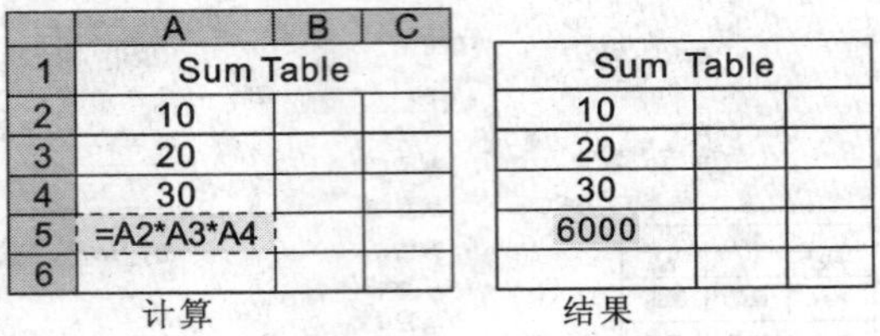

	A	B	C
1	Sum Table		
2	10		
3	20		
4	30		
5	=A2*A3*A4		
6			

计算

Sum Table
10
20
30
6000

结果

图 2-3-62　计算乘积

6．创建与使用外部图块

块是由一个或多个图形实体组成的、以一个名称命名的图形单元，也可以是绘制在几个图层上不同特性对象的组合。块可以在同一图形或其他图形中重复使用对象。要定义一个图块，首先要绘制好组成图块的图形实体，然后再对其进行定义。图块分为内部图块和外部图块两类。因此，图块定义又分为内部图块定义和外部图块定义。

（1）图块简介

内部图块是指只能在定义该图块图形的内部使用，不能应用于其他图形的一个 CAD 内部文件。通常在绘制较复杂的图形时，会用到内部图块。单击"插入"选项卡中"块"面板中的"插入"按钮 ，可以定义内部图块。在定义内部图块时，需要指定图块的名称、插入点及插入单位等。

使用 WBLOCK（创建外部图块）命令，可以将所选实体以图形文件的形式保存在计算机中，即外部图块。用该命令形成的图形文件与其他图形文件一样可以打开、编辑和插入。在建筑制图中，使用外部图块也较为广泛，读者可预先将所要使用的图形绘制出来，然后用 WBLOCK 命令将其定义为外部图块，从而在实际绘图时，快速地插入到图形中。

在建筑绘图中，一些常用件（如门、窗、洁具等）是使用频率较高的图形，常常重复使用或仅仅调整其尺寸。对于这种经常重复使用的图元，可以将其定义为外部图块，以便随时调用。由于内部图块的定义方法与外部图块的完全相同，所以这里只讲解外部图块的定义方法。

（2）创建与使用图块

在命令行输入 WBLOCK（定义外部图块）命令，弹出"写块"对话框，如图 2-3-63 所示。在该对话框的"源"区域中选中"对象"单选按钮，以选择对象的方式指定外部图块；在"基点"区域中单击"拾取点"按钮 ，在绘图区单击点 1 作为基点，返回"写块"对话框；在"对象"区域中单击"选择对象"按钮 ，在绘图区选择作为外部图块的门，如图 2-3-64 所示。按空格键返回"写块"对话框；在"文件名和路径"文本框中指定外部图块存储的路径和名称，此时的"写块"对话框如图 2-3-63 所示。然后，单击"确定"按钮，将选择的图形定义为图块，并保存在指定的文件夹中。

图 2-3-63　"写块"对话框

单击"插入"选项卡中"块"面板中的"插入"按钮 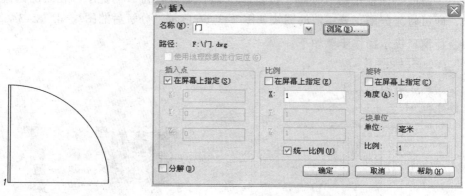，弹出"插入"对话框。在该对话框中单击"浏览"按钮，弹出"选择图形文件"对话框。在该对话框中选择"门"块文件，单击"打开"按钮，关闭该对话框并返回"插入"对话框，如图 2-3-65 所示。

图 2-3-64 需要定义的图块   图 2-3-65 "插入"对话框

在"插入"对话框中设置比例的值和旋转的角度，单击"确定"按钮。然后，在绘图区单击，即可插入"门"图块。

命令行窗口提示操作步骤如下：

命令：_INSERT ↵

指定插入点或 [基点(B)/比例(S)/旋转(R)]：   (单击点)

（3）图块的特性

在建立一个块时，组成块的实体特性将随块定义一起存储，当在其他图形中插入块时，这些特性也随着一起插入。

① 0 层上图块的特性：0 层上"随层"块的特性随其插入层特性的改变而改变。如果组成块的实体是在 0 层上绘制的并且用"随层"设置特性，则该块无论插入哪一层，其特性都采用当前层的设置。

② 指定颜色和线型的图块特性：如果组成块的实体具有指定的颜色和线型，则块的特性也是固定的，在插入时不受当前图形设置的影响。

③"随块"图块特性："随块"图块的特性是随不同的绘图环境而变化的。如果组成块的实体采用"随块"设置，则块在插入前没有任何层、颜色、线型、线宽设置，被视为黑色连续线。当块插入当前图形中时，块的特性按当前绘图环境的层、颜色、线型和线宽设置。

（4）"随层"图块特性

如果由某个"随层"设置的实体组成一个内部图块，这个层的颜色和线型等特性将设置并储存在块中，以后不管在哪一层插入都保持这些特性。如果在当前图形中插入一个具有"随层"设置的外部图块，当外部图块所在层在当前图形中未定义时，则 AutoCAD 自动建立该层放置块，块的特性与块定义时一致；如果当前图形中存在与之同名而特性不同的层，当前图形中该层的特性将覆盖块原有的特性。

7．图块的编辑

图块是由一个或多个实体组成的特殊实体，可以用"移动""旋转"等命令对图块进行整体编辑，但不能使用"修剪""偏移"等命令对其进行编辑。

使用"分解"命令可以将图块分解成若干个基本组成对象。该命令可以用于对图块、三维线框、实体、多线或面域等的分解。

使用"修改"面板中的"分解"按钮 ，按照命令行窗口的提示，在绘图区选择要分解的对象，即可将其分解。分解前的图块如图 2-3-66 所示，分解后的图块如图 2-3-67 所示。

命令行窗口提示操作步骤如下：

命令：_EXPLODE ↵
选择对象：
指定对角点:找到 1 个 ↵
选择对象：↵

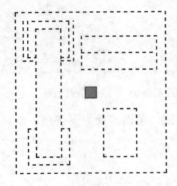

图 2-3-66　分解前的图块

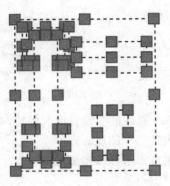

图 2-3-67　分解后的图块

若一个图块被多次重复插入在一幅图形文件中，当对这些已插入的块进行整体修改时，用块的重新定义即可一次性更新所有已插入的块而不用单独修改。重新定义块的方法一般是将一个插入块分解后加以修改编辑，再用 BLOCK 命令重新定义为同名的块，将原有的块覆盖，图形中引用的相同块将全部自动更正。这种方法用于修改不大的图块。

8. 图块的属性

一个图形、符号除自身的几何形状外往往还包含很多相关的文字说明、参数等信息，在 AutoCAD 中用属性来设置图块的附加信息，具体的信息内容则称为属性值。属性必须依赖于块而存在，没有块就没有属性。

① 单击"插入"选项卡中"块"面板中的"定义属性"按钮或在命令行输入 ATTDEF 命令，弹出"属性定义"对话框。在该对话框的"标记"文本框中输入 SS，指定属性显示标记；在"提示"文本框中输入"门"，指定属性的提示信息；在"默认"文本框中输入 1900，指定属性的默认值，如图 2-3-68 所示。

② 在"属性定义"对话框的"模式"区域，选中"锁定位置"复选框，在"插入点"区域，选中"在屏幕上指定"复选框，在"文字设置"区域设置属性文字的对正方式、文字样式、高度和旋转角度。然后，单击"确定"按钮完成属性定义，如图 2-3-69 所示。

命令行窗口提示操作步骤如下：

命令：_ATTDEF ↵
指定起点：　　　　　　　　　　　　　　　　　　　　　　（在适当位置单击）

图 2-3-68　"属性定义"对话框

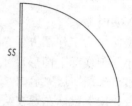

图 2-3-69　定义后的对象

③ 定义好属性后,双击属性文字或在命令行窗口输入 DDEDIT(文字编辑)命令,即可弹出"编辑属性定义"对话框,在该对话框中可以修改属性的显示标记、提示内容及默认属性值。将"标记"文本框中的文字更改为"厨房门",此时的"编辑属性定义"对话框如图 2-3-70 所示。

图 2-3-70　"编辑属性定义"对话框

④ 选择"修改"→"对象"→"文字"→"编辑"命令或在命令行输入 DDEDIT 命令,选择要修改的属性的图块,即可修改属性。

命令行窗口提示操作步骤如下:

命令:_DDEDIT↵
选择注释对象或[放弃(U)]:↵　　　　　　　　　　　　　　　　　　　　　　　(选择要修改的属性)
在弹出的"编辑属性定义"对话框中,修改属性,然后单击"确定"按钮
选择注释对象或[放弃(U)]:↵　　　　　　　　　　　　　　　　　　　　　　　(按空格键结束操作)

⑤ 完成了图块属性的定义及编辑后,即可在实际作图中插入带属性的图块,其插入方法与前面介绍的插入内部或外部图块的方法相同,不同的是完成插入点、插入比例等设置后,系统会多了一个属性提示。

⑥ 单击"插入"选项卡中"块"面板中的"插入"按钮, 弹出"插入"对话框。在该对话框的"名称"栏中选择"门",并设置比例值和旋转的角度,再单击"确定"按钮,如图 2-3-71 所示。然后在绘图区插入带属性的"门"图块。

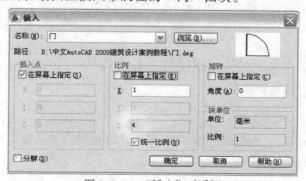

图 2-3-71　"插入"对话框

命令行窗口提示操作步骤如下：
命令：_insert↵
指定插入点或 [基点(B)/比例(S)/旋转(R)]：
输入属性值
门 <厨房门>：↵

9．缩放图形

（1）实时缩放

在绘图中为了作图方便，经常要对画面进行缩放。ZOOM 命令用于将绘图区域内的图形放大或缩小，但实际上图形尺寸并没有改变，就如同通过放大镜观看图形一样。

单击"视图"选项卡中"二维导航"面板中的"范围"按钮，在下拉列表中选择实时缩放命令，按下鼠标左键在绘图区拖动，即可将绘图区域内的图形放大或缩小，将图形缩放到合适的比例后再按空格键确认缩放操作并退出该命令。

命令行提示操作步骤如下：
命令：ZOOM↵
指定窗口的角点，输入比例因子 (nX 或 nXP)，或者[全部(A)/中心(C)/动态(D)/范围(E)/上一个(P)/比例(S)/窗口(W)/对象(O)] <实时>：　　　　　　　（按住鼠标垂直拖动缩放）
按【Esc】或【Enter】键退出，或单击右键显示快捷菜单。↵　　（确认操作）

（2）窗口缩放

窗口缩放通过定义一个矩形框来显示选定的图形区域。单击"视图"选项卡中"二维导航"面板中的"范围"按钮，在下拉列表中选择窗口命令，此时，命令行窗口默认为"窗口"缩放方式。命令行窗口提示指定矩形的对角点，在绘图区绘制一个矩形框，即可将该矩形框内的图形放大显示。

（3）按比例缩放

如果要按精确的比例缩放图形，可单击"视图"选项卡中"二维导航"面板中的"范围"按钮，在下拉列表中选择比例命令，然后使用以下 3 种方法缩放显示比例。

① 相对于图形界限：此时可直接输入一个不带任何后缀的比例值。

② 相对于当前视图：此时需要在输入的比例值后加上 X。例如，输入 2X，表示将当前视图放大 1 倍；输入 0.5X，表示将当前视图缩小 1 半。

③ 相对于图纸单位：此时需要在输入的比例值后加上 XP。

思考与练习 2-3

1．问答题

（1）建筑设计中的门有多少种，分别是什么？

（2）简述正交轴网的绘制要求。

2．上机操作题

参照本章所学的知识，绘制如图 2-3-72 所示的"装饰设计平面布置图"和如图 2-3-73 所示的"主卧室柜设计图"。

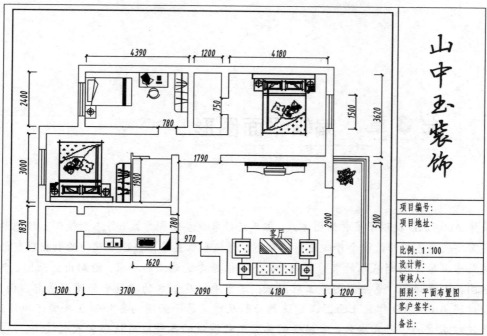

图 2-3-72 装饰设计平面布置图

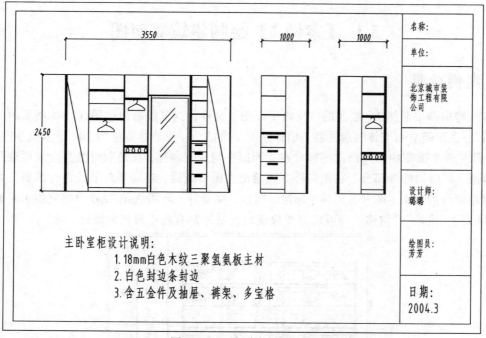

图 2-3-73 主卧室柜设计图

第 3 章　编辑平面图形

虽然 AutoCAD 提供了多种绘图方式，但单纯依靠这些绘图方式，并不能绘制出理想的图形，所以还需要使用各种修改命令修改图形的大小、形状和位置等，快速准确地绘制出理想的图形。

建筑专业除了绘制基本的装修图纸外，还可根据建筑施工的要求，绘制出立面图、剖面图、给排水图、大样详图、总平面图等工程图纸。本章中将从基本的建筑平面图形讲起，由简及繁地逐步讲述 AutoCAD 建筑立面图、建筑剖面图及建筑总平面图的各知识点及实际操作过程。

通过对本章的学习和实践，掌握绘制典型工程图纸的各种应用技巧和表现技法，以及设计过程；熟练应用 AutoCAD 2012 各种修改图形对象的方法及技巧。

3.1 【案例4】绘制建筑立面图

案例效果

本例将根据【案例2】绘制的"室内平面图"文件，为其绘制出如图 3-1-1 所示的"建筑立面图"。在绘制立面墙体时应注意，墙体是有宽度的，一般外墙宽度为 240 毫米或 360 毫米。另外，凡是在平面图中向外凸出的部分在立面图中均应有表述，在绘制时尤其应该注意凸出外柱、雨棚、装饰构件等部分。在用各种方法绘出立面墙线后，还需要对墙线进行编辑，如墙线和其他轮廓线的接头、断开、延伸、删除、圆角、移动等。利用 AutoCAD 中的复制工具如"复制""阵列""镜像""偏移"等可以方便快速地大量复制有规律排列的墙线。

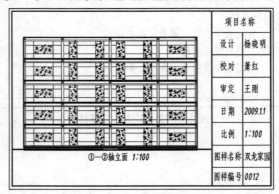

图 3-1-1　建筑立面图

通过对本例的学习和实践，掌握夹点编辑图形、对象捕捉与追踪绘制图形、多段线等命令的使用和绘图技巧，以及"建筑立面图"的绘制和表示方法。在绘制本例时无须标注尺寸，其尺寸标注方法将在后面进行介绍。

操作步骤

1. 绘制外墙立面

① 打开【案例 2】绘制的"室内平面图"文件，将轴线隐藏，将所有的图形转换到"0"层。单击"常用"选项卡中"图层"面板中的"匹配"按钮，然后将整个图形选中，按空格键确认，然后在命令行中输入 N，弹出"更改到图层"对话框，如图 3-1-2 所示。在"更改到图层"对话框中选中"0"层，单击"确定"按钮，即可将所有的图形转换到"0"层，在实际操作中所有线的颜色将都变为黑色，完成后的效果如图 3-1-3 所示。

命令行窗口提示操作步骤如下：

命令：_LAYMCH ↵
选择要更改的对象：
选择对象：指定对角点：找到 135 个   （选中整个图形）
选择对象：↵   （确认）
选择目标图层上的对象或 [名称(N)]：N ↵ （输入名称）
135 个对象更改到图层"0"   （当前图层）

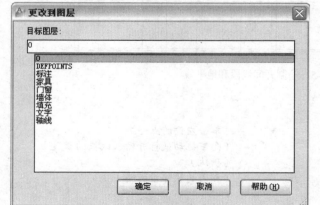

图 3-1-2 "更改到图层"对话框

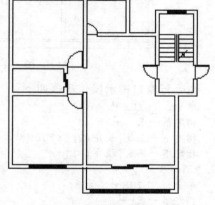

图 3-1-3 将图形转换到"0"层

② 单击"修改"面板中的"镜像"按钮，按照命令行窗口的提示，将图形向右镜像并复制出另一半，然后单击"修改"面板中的"修剪"按钮将需要修剪的线段修剪掉，完成后的效果如图 3-1-4 所示。

命令行窗口提示操作步骤如下：

命令：_MIRROR ↵
选择对象：
指定对角点：找到 136 个   （选择整个图）
选择对象：↵   （确认）
指定镜像线的第一点：   （单击点 1）
指定镜像线的第二点：   （单击点 2）
要删除源对象吗？[是(Y)/否(N)]<N>：↵ （确认）

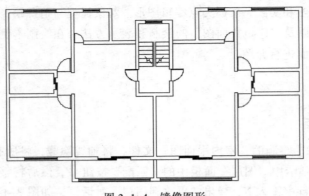

图 3-1-4　镜像图形

　　③ 打开"对象捕捉"模式和"对象捕捉追踪"模式。使用"绘图"面板中的"直线"命令 ✎，以平面图为基准，按照命令行窗口的提示，绘制 24 条线段，作为一层的开间线段和地平线，完成后的效果如图 3-1-5 所示。

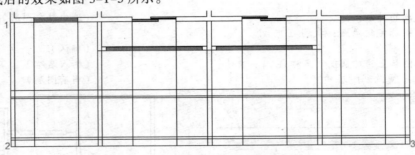

图 3-1-5　绘制开间线段和地平线

命令行窗口提示操作步骤如下：

命令：_LINE ↵
指定第一点：　　　　　　　　　　　　　　（单击左侧的点 1）
指定下一点或[放弃(U)]：7000 ↵　　　　　（向下拖动鼠标并输入线段的长度）
指定下一点或[放弃(U)]：↵　　　　　　　　（确认）
……　　　　　　　　　　　　　　　　　　（相同的操作步骤略）
命令：_LINE ↵
指定第一点：↵　　　　　　　　　　　　　　（单击点）
指定下一点或[放弃(U)]：7000 ↵　　　　　（向下拖动鼠标并输入线段的长度）
指定下一点或[放弃(U)]：↵　　　　　　　　（确认）
命令：_LINE ↵
指定第一点：↵　　　　　　　　　　　　　　（单击点 2）
指定下一点或[放弃(U)]：　　　　　　　　　（单击点 3）
指定下一点或[放弃(U)]：↵　　　　　　　　（确认）
命令：_LINE ↵
指定第一点：360 ↵　　　　　　　　　　　　（指向点 1，向上拖动鼠标输入起点值）
指定下一点或[放弃(U)]：21670 ↵　　　　　（向右拖动鼠标并输入线段的长度）
指定下一点或[放弃(U)]：↵　　　　　　　　（确认）
命令：_LINE ↵
指定第一点：480 ↵　　　　　　　　　　　　（指向点 1，向上拖动鼠标输入起点值）
指定下一点或[放弃(U)]：21670 ↵　　　　　（向右拖动鼠标并输入线段的长度）
指定下一点或[放弃(U)]：↵　　　　　　　　（确认）

```
命令：_LINE ↵
指定第一点：2680 ↵                          （指向点 1，向上拖动鼠标输入起点值）
指定下一点或[放弃(U)]：21670 ↵              （向右拖动鼠标并输入线段的长度）
指定下一点或[放弃(U)]：↵                     （确认）
命令：_LINE ↵
指定第一点：2800 ↵                          （指向点 1，向上拖动鼠标输入起点值）
指定下一点或[放弃(U)]：21670 ↵              （向右拖动鼠标并输入线段的长度）
指定下一点或[放弃(U)]：↵                     （确认）
命令：_LINE ↵
指定第一点：3160 ↵                          （指向点 1，向上拖动鼠标输入起点值）
指定下一点或[放弃(U)]：21670 ↵              （向右拖动鼠标并输入线段的长度）
指定下一点或[放弃(U)]：↵                     （确认）
```

④　单击"绘图"面板中的"矩形"按钮 □ 和"直线"按钮 ／，按照命令行窗口的提示，绘制矩形和线段。再单击"修改"面板中的"复制"按钮 ％，将刚绘制的图形复制到如图 3-1-6 所示的位置，作为外墙的装饰。

命令行窗口提示操作步骤如下：

```
命令：_RECTANG ↵
指定第一个角点或 [倒角(C)/标高(E)/圆角(F)/厚度(T)/宽度(W)]：        （单击任意点）
指定另一个角点或 [面积(A)/尺寸(D)/旋转(R)]：@240,360 ↵           （输入长宽值）
命令：_LINE ↵
指定第一点：                                    （单击矩形左上角的点）
指定下一点或[放弃(U)]：                          （单击矩形右下角的点）
指定下一点或[放弃(U)]：↵                         （确认）
命令：_LINE ↵
指定第一点：                                    （单击矩形左下角的点）
指定下一点或[放弃(U)]：                          （单击矩形右上角的点）
指定下一点或[放弃(U)]：↵                         （确认）
命令：_COPY ↵
选择对象：指定对角点：找到 3 个                    （选择刚绘制矩形）
选择对象：↵                                     （确认）
当前设置：  复制模式 = 多个
指定基点或 [位移(D)/模式(O)] <位移>：             （单击左上角的点）
指定第二个点或[阵列(A)]<使用第一个点作为位移>：     （单击点）
指定第二个点或[阵列(A)/退出(E)/放弃(U)]<退出>：    （单击点）
指定第二个点或[阵列(A)/退出(E)/放弃(U)]<退出>：    （单击点）
指定第二个点或[阵列(A)/退出(E)/放弃(U)]<退出>：    （单击点）
指定第二个点或[阵列(A)/退出(E)/放弃(U)]<退出>：    （单击点）
指定第二个点或[阵列(A)/退出(E)/放弃(U)]<退出>：↵   （确认）
```

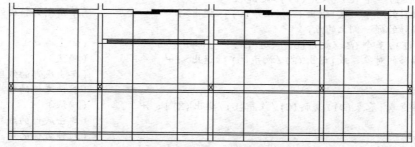

图 3-1-6　绘制装饰图形

⑤ 单击"修改"面板中的"修剪"按钮-/--，在绘图区从右下角向左上角拖动将图形全部选中，按空格键确认。再框选或单击需要修剪的线段，将多余的线段修剪掉，其效果如图 3-1-7 所示。

命令行窗口提示操作步骤如下：

命令：_TRIM↙
当前设置：投影=UCS，边=无
选择剪切边…
选择对象或 <全部选择>：
指定对角点：找到 39 个
选择对象：↙
选择要修剪的对象，或按住【Shift】键选择要延伸的对象，
或[栏选(F)/窗交(C)/投影(P)/边(E)/删除(R)/放弃(U)]：　　（框选或单击需要修剪的线段）
选择要修剪的对象，或按住【Shift】键选择要延伸的对象，
或[栏选(F)/窗交(C)/投影(P)/边(E)/删除(R)/放弃(U)]：　　（框选或单击需要修剪的线段）
……　　　　　　　　　　　　　　　　　　　　　　　　　　（相同的操作步骤略）
选择要修剪的对象，或按住【Shift】键选择要延伸的对象，
或[栏选(F)/窗交(C)/投影(P)/边(E)/删除(R)/放弃(U)]：↙　（确认）

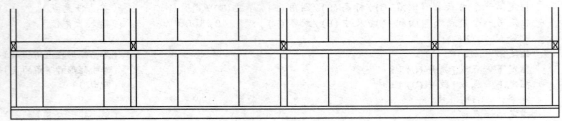

图 3-1-7　修剪线段

⑥ 单击"修改"面板中的"偏移"按钮凸，按照命令行窗口的提示，将底部的线段向上偏移出 2 条，作为地基图形。再使用夹点编辑命令，将底部的线段向两侧拉长，如图 3-1-8 所示。

命令行窗口提示操作步骤如下：

命令：_OFFSET↙
当前设置：　删除源=否　图层=源　OFFSETGAPTYPE=0
指定偏移距离或[通过(T)/删除(E)/图层(L)]<8>：120↙　　（输入偏移值）
选择要偏移的对象，或[退出(E)/放弃(U)]<退出>：　　　　（单击底部的水平线段）
指定要偏移的那一侧上的点，
或[退出(E)/多个(M)/放弃(U)]<退出>：　　　　　　　　　（向上拖动）
选择要偏移的对象，或[退出(E)/放弃(U)]<退出>：　　　　（单击刚偏移出的线段）
指定要偏移的那一侧上的点，
或[退出(E)/多个(M)/放弃(U)]<退出>：　　　　　　　　　（向上拖动）
选择要偏移的对象，或[退出(E)/放弃(U)]<退出>：↙　　　（确认）
命令：　　　　　　　　　　　　　　　　　　　　　　　　（单击底部的线段）
拉伸　　　　　　　　　　　　　　　　　　　　　　　　（拉伸左侧的端点）
指定拉伸点或[基点(B)/复制(C)/放弃(U)/退出(X)]：↙　　（确认）
命令：　　　　　　　　　　　　　　　　　　　　　　　　（单击底部的线段）
拉伸　　　　　　　　　　　　　　　　　　　　　　　　（拉伸右侧的端点）
指定拉伸点或[基点(B)/复制(C)/放弃(U)/退出(X)]：↙　　（确认）

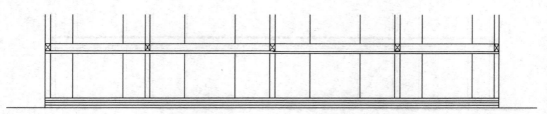

图 3-1-8　偏移和拉长线段

⑦ 在命令状态下选择如图 3-1-9 所示的线段，将其转换到"墙体"层。单击"常用"选项卡中"图层"面板中的"匹配"按钮，将图 3-1-9 所示的线段选中，按空格键确认，然后在命令行中输入 N，弹出"更改到图层"对话框，如图 3-1-10 所示。在"更改到图层"对话框中选中"墙体"层，单击"确定"按钮，即可将所有的图形转换到"墙体"层，再单击状态栏中的"线宽"按钮，显示出线的宽度，如图 3-1-11 所示。

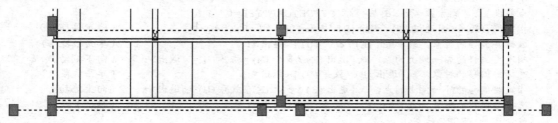

图 3-1-9　选择线段

命令行窗口提示操作步骤如下：

命令：_LAYMCH↵

选择要更改的对象：　　　　　　　　　　　　　　　　　　　　　　（选中所需线段）

选择对象：指定对角点，找到 6 个

选择对象：↵　　　　　　　　　　　　　　　　　　　　　　　　　　（确认）

选择目标图层上的对象或 [名称(N)]：N↵　　　　　　　　　　　　　（输入名称）

6 个对象更改到图层"墙体"

命令：<线宽>　　　　　　　　　　　　　　　　　　　　　　　　　　（显示线宽）

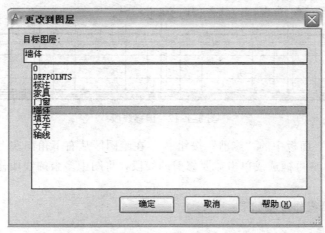

图 3-1-10　"更改到图层"对话框

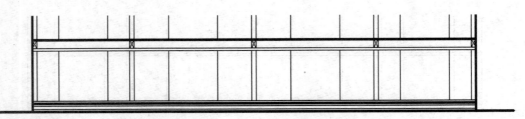

图 3-1-11　切换到"墙体"层

2. 绘制门窗

① 单击"修改"面板中的"偏移"按钮⚼，按照命令行窗口的提示，将线段进行偏移，绘制出窗格图形，如图 3-1-12 所示。

命令行窗口提示操作步骤如下：

命令：_OFFSET ↵
当前设置：删除源=否　图层=源　OFFSETGAPTYPE=0
指定偏移距离或[通过(T)/删除(E)/图层(L)]<通过>:540 ↵　　　　　　（输入偏移值）
选择要偏移的对象，或[退出(E)/放弃(U)]<退出>:　　　　　　　　（单击线段1）
指定要偏移的那一侧上的点，或[退出(E)/多个(M)/放弃(U)]<退出>:　（向下拖动）
选择要偏移的对象，或[退出(E)/放弃(U)]<退出>:　　　　　　　　（单击线段2）
指定要偏移的那一侧上的点，或[退出(E)/多个(M)/放弃(U)]<退出>:　（向上拖动）
选择要偏移的对象，或[退出(E)/放弃(U)]<退出>: ↵　　　　　　　　（确认）
命令：_OFFSET ↵
当前设置：删除源=否　图层=源　OFFSETGAPTYPE=0
指定偏移距离或[通过(T)/删除(E)/图层(L)]<540>:1000 ↵　　　　　　（输入偏移值）
选择要偏移的对象，或[退出(E)/放弃(U)]<退出>:　　　　　　　　（单击线段3）
指定要偏移的那一侧上的点，或[退出(E)/多个(M)/放弃(U)]<退出>:　（向右拖动）
选择要偏移的对象，或[退出(E)/放弃(U)]<退出>:　　　　　　　　（单击线段4）
指定要偏移的那一侧上的点，或[退出(E)/多个(M)/放弃(U)]<退出>:　（向左拖动）
选择要偏移的对象，或[退出(E)/放弃(U)]<退出>:　　　　　　　　（单击线段5）
指定要偏移的那一侧上的点，或[退出(E)/多个(M)/放弃(U)]<退出>:　（向右拖动）
选择要偏移的对象，或[退出(E)/放弃(U)]<退出>:　　　　　　　　（单击线段6）
指定要偏移的那一侧上的点，或[退出(E)/多个(M)/放弃(U)]<退出>:　（向左拖动）
选择要偏移的对象，或[退出(E)/放弃(U)]<退出>: ↵　　　　　　　　（确认）

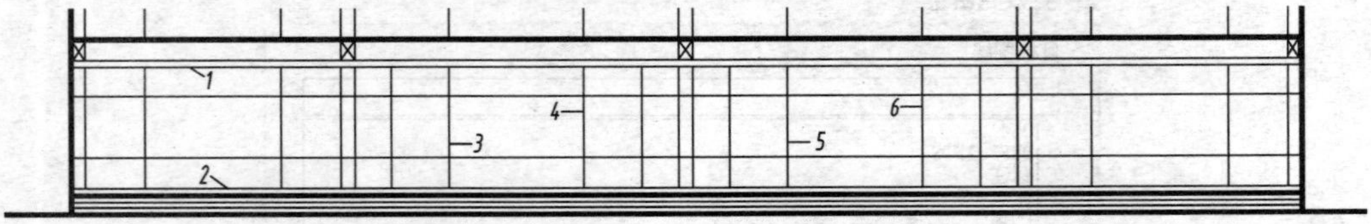

图 3-1-12　偏移线段

② 单击"修改"面板中的"修剪"按钮-/--，在绘图区从右下角向左上角拖动将图形全部选中，按空格键确认。再框选或单击需要修剪的线段，将图中多余的线段修剪掉，完成效果如图 3-1-13 所示。

命令行窗口提示操作步骤如下：
命令：_TRIM ↵
当前设置：投影=UCS，边=无
选择剪切边…

选择对象或 <全部选择>：　指定对角点：找到 48 个
选择对象：↵
选择要修剪的对象，或按住【Shift】键选择要延伸的对象，或
[栏选(F)/窗交(C)/投影(P)/边(E)/删除(R)/放弃(U)]：　　　　　　（单击图中多余的线段）
选择要修剪的对象，或按住【Shift】键选择要延伸的对象，或
[栏选(F)/窗交(C)/投影(P)/边(E)/删除(R)/放弃(U)]：　　　　　　（单击图中多余的线段）
……　　　　　　　　　　　　　　　　　　　　　　　　　　　　（相同的操作步骤略）
选择要修剪的对象，或按住【Shift】键选择要延伸的对象，或
[栏选(F)/窗交(C)/投影(P)/边(E)/删除(R)/放弃(U)]：↵　　　　　（确认）

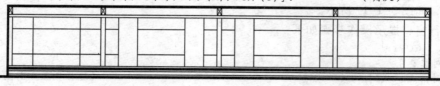

图 3-1-13　修剪线段

③ 将图层切换到"门窗"层，单击"绘图"面板中的"图案填充"按钮，弹出"图案填充创建"选项卡。如图 3-1-14 所示。

图 3-1-14　"图案填充创建"选项卡

④ 在"图形填充创建"选项卡的"边界"面板中单击"拾取点"命令，在绘图区单击如图 3-1-15 所示虚线框的区域，在图案面板中选择 AR-CONC 选项，然后在"特性"面板中设置"图案填充比例"为 3，最后按空格键，填充"图案"如图 3-1-16 所示，完成一层立面图的绘制。单击"关闭图案填充创建"按钮，关闭"图形填充创建"选项卡。

命令行窗口提示操作步骤如下：
命令：_HATCH↵
拾取内部点或 [选择对象(S)/设置(T)]：正在选择所有对象…
正在选择所有可见对象…
正在分析所选数据…
正在分析内部孤岛…
拾取内部点或 [选择对象(S)/设置(T)]：正在选择所有对象…
正在选择所有可见对象…
正在分析所选数据…
正在分析内部孤岛…
……　　　　　　　　　　　　　　　　　　　　　　　　　　　　（相同的操作步骤略）
拾取内部点或 [选择对象(S)/设置(T)]：↵　　　　　　　　　　　（确认选择）

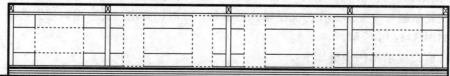

图 3-1-15　选择填充区域

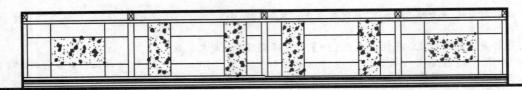

图 3-1-16　填充图案

⑤ 单击"修改"面板中的"复制"按钮 ，将一层立面图向上复制 4 层，完成整个立面图的绘制，如图 3-1-17 所示。

命令行窗口提示操作步骤如下：

命令：_COPY↵
选择对象：
指定对角点：找到 59 个　　　　　　　　　　　　　　　　（选择一层立面图）
选择对象：↵
当前设置：　复制模式 = 多个
指定基点或 [位移(D)/模式(O)] <位移>：　　　　　　　　　　（单击左下角的点）
指定第二个点或 [阵列(A)]<使用第一个点作为位移>：　　　　（单击点）
指定第二个点或 [阵列(A)/退出(E)/放弃(U)] <退出>：　　　　（单击点）
指定第二个点或 [阵列(A)/退出(E)/放弃(U)] <退出>：　　　　（单击点）
指定第二个点或 [阵列(A)/退出(E)/放弃(U)]<退出>：　　　　（单击点）
指定第二个点或 [阵列(A)/退出(E)/放弃(U)]<退出>：↵　　　　（确认）

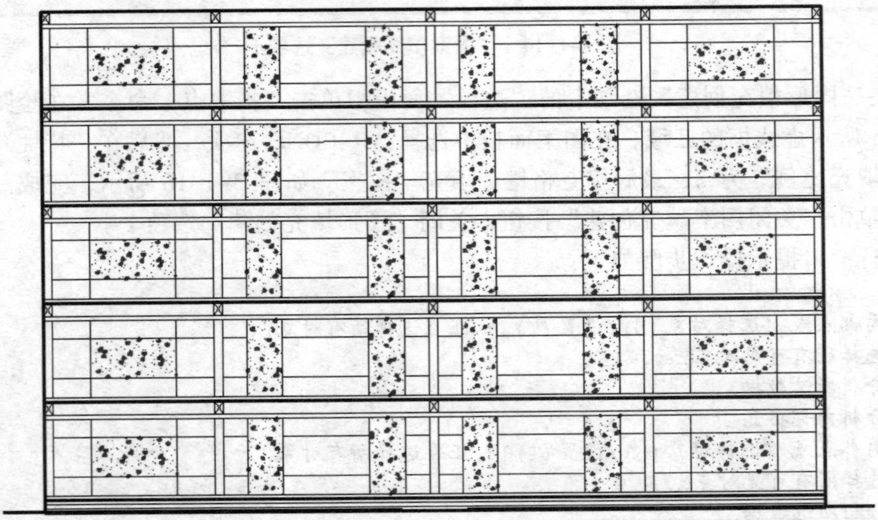

图 3-1-17　复制图形

⑥ 将图层切换到"文字"层，单击"常用"选项卡中"注释"面板中的文字按钮 A，在标题栏的左侧绘制一个矩形，作为文字输入的区域。此时，弹出"文字编辑器"选项卡及文字编辑区，如图 3-1-18 所示。

命令行窗口提示操作步骤如下：

命令：_MTEDIT↵
当前文字样式："文字"　文字高度：5　注释性：否
指定第一角点：　　　　　　　　　　　　　　　　　　　　（在绘图区单击）

指定对角点或 [高度(H)/对正(J)/行距(L)/旋转(R)/样式(S)/宽度(W)/栏(C)]:(拖动绘制一个矩形区域)

⑦ 在"样式"面板中设置文字样式为"文字"、文字大小为 500。然后在文字编辑区输入立面图的说明文字，如图 3-1-18 所示。然后，单击"关闭文字编辑器"按钮，完成整个图形的绘制。

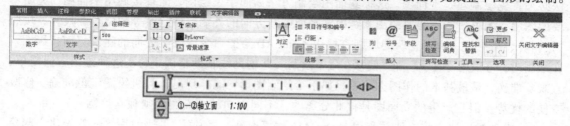

图 3-1-18 "文字编辑器"选项卡及文字编辑区

相关知识

1. 建筑立面图的应用和设计

（1）建筑立面图的应用

建筑立面图一般包括立面图的平面图、墙线、门窗等其他装饰部件的绘制。对于单体建筑设计而言，一栋建筑设计的外观好坏取决于建筑的立面设计。建筑立面图则是反映建筑外部空间关系（门窗位置、形式与开启方式）、室外装饰布置及建筑结构形式等最直观的手段，它是三维模型和透视图的基础。

一栋建筑根据观察方向不同有几个方向的立面图，而立面图的绘制是建立在建筑平面图的基础上的，其尺寸在宽度方向上受建筑平面的约束，而高度方向的尺寸是根据每一层的建筑层高及建筑部件在高度方向的位置而确定的。

在立面设计中，上一层立面总是基于下一层平面的外墙轮廓，因此在完成一层平面后，可以复制后进行修改得到二、三、四乃至其他层立面。

（2）建筑立面的设计

建筑立面设计可分为方案设计、初步设计及施工图设计 3 个阶段。

① 方案设计阶段的立面图一般根据平面图设计方案，在完成草图后，再到计算机中绘图。方案设计阶段立面图表达的内容比较简单，主要表达的内容是墙体、门窗、阳台、雨篷、踏步等建筑部件的大体形式和位置，确定各部件的初步尺寸，这些尺寸可以不十分准确。

② 初步设计阶段的建筑立面设计是以方案设计阶段的立面图、城市规划要求及总体初步方案造型为根据，对单体建筑立面设计的具体化。与方案设计阶段的立面图相比，初步设计阶段的建筑立面设计的尺寸应该基本准确，可以标注水平尺寸和标高。门窗需要用比较准确的形状表示，墙体外轮廓需画粗线，其他装饰部件也必须准确表达。

③ 建筑立面施工图必须标明建筑各部分的位置、构造方法、材料、尺寸、细部节点，文本说明也要十分详尽，注明建筑所采用的标准图集号或做法。建筑设计的绘制顺序没有标准，也没有统一规定。在传统的手工绘图中，一般是在调整完成建筑平面施工图绘制后进行立面图的绘制。否则，建筑平面施工图的修改将给其他相应图纸的修改带来巨大的工作量。但在运用 AutoCAD 辅助建筑设计的过程中，则可完全打破这一束缚，可以利用 CAD 便于修改的强大优

势任意选定某一类图纸进行设计作图。

（3）绘制立面图的两种基本方法

① 各向独立绘立面图。传统立面图绘制方法是基于手工绘图的 AutoCAD 方法。该绘制方法必须首先绘制建筑平面图。这种立面图绘制方法如同手工绘图，即直接调用平面图，关闭不要的图层，删去一些不必要的图素，根据平面图某方向的外墙、外门窗等的位置和尺寸，按照"长相等、高平齐、宽对正"的原则直接用 AutoCAD 绘图命令绘制某方向的建筑立面投影图。在绘制时，可以用"直线"和"偏移"命令绘制一些辅助线帮助精确定位。这种绘图方法简单、直观、准确，是最基本的作图方法，犹如手工绘制图形，能体现出计算机绘图定位准确、修改方便的优势，但它产生的立面图是彼此分离的，不同方向的立面图必须独立绘制。

② 模型投影法。该方法是利用 AutoCAD 建模准确、"消隐"迅速的优势，首先建立起建筑的三维模型（可以是建筑物外表三维面模型，也可以是实体模型），然后通过选择不同视点观察模型并进行"消隐"处理，得到不同方向的建筑立面图。这种方法的优点是它直接从三维模型上提取二维立面信息，一旦完成建模工作，就可以得到任意方向的建筑立面图。可在此基础上做必要的补充和修改，生成不同视点的室外三维透视图。很多专业的 CAD 软件即采用这种方法生成图形。具体做法是将各层建筑平面图关闭无用图层，删去不必要图素后组合起来，根据平面图的外墙、外门窗等的位置和尺寸，构造建筑物表面三维模型或实体模型，一般为了减小此三维模型的数据量，只需要建立建筑的所有外墙和屋顶表面模型即可。

（4）绘制立面图的要素

① 在建筑设计中，平面决定立面。但建筑立面施工图并不需要反映建筑内部墙、门窗、家具、设备、楼梯等构件以及平面图中的文本标注等，而且过多的标注和构件还会影响三维图形的绘制和观察。因此，在进行三维图形的绘制之前，首先应将这些无关的图形删去或关闭。

② 作为立面生成基础的平面图中需要保留的构件只有外墙、台阶、雨篷、阳台、室外楼梯、外墙上的门窗、花台、散水等。如果用户在绘制建筑平面施工图时，设置了绘图图层，则可用分层删除的方法删除。例如，用"层"命令锁定及冻结墙线、门窗、台阶、阳台、楼梯等有用图层，然后用"删除"命令删去其他无关图层。

③ 若建筑物每层变化不大，可以选择一层或标准层平面作为生成立面的基础平面，但若建筑物的形体起伏变化较大，各层平面差别较大，如高层建筑物裙楼、塔楼、楼顶层等就必须每层分开处理，分别利用各部分生成立面，然后加以拼接调整完成整体立面图。

④ 以上一步得到的平面图为基础，依据建筑的外墙尺寸和层高，生成外墙立面，然后以平面图为基础绘制平面图中有起伏转折的部分墙体；依据屋顶形式和女儿墙的高度（一般上人屋面女儿墙高度为 900～1 200 mm，非上人屋面女儿墙高度为 500～600 mm，单个屋顶和坡屋顶没有女儿墙），生成屋顶立面。

⑤ 绘制墙体可以以轴线作为参考，用"直线""多段线""偏移"等命令绘制。在绘制墙体时，可以单独为外墙设置绘图环境，打开"轴线层"和"墙体层"，设置栅格间距和光标捕捉模数为 100（因为建筑设计规范规定建筑立面的模数一般为 100 mm），并打开捕捉功能和正交模式。

2. 绘制墙线的方法与技巧

① 应依据建筑门窗的形式和尺寸、门窗离地面高度绘制立面门窗。门窗的大小、高度应

符合建筑模数，一般门窗的尺寸都有一定的规定，如普通门高度为 2 m，入口防盗门宽度为 1 m，高窗底框高度应为 1.5 m 以上，一般窗户底框高度应为 0.9 m。门的宽度、高度及门的立面形式设计是根据门平面的位置和尺寸、人流量要求而定的；窗的大小及种类是根据窗平面的位置和尺寸、房间的采光要求、使用功能要求及建筑造型要求确定。

② 在工程项目的设计中，建筑师应该尽量减少门窗的种类和数量。在用 AutoCAD 绘制门窗时，最佳办法是先根据不同种类的门窗制作一些标准立面门、窗块，在需要时根据实际尺寸指定比例缩放插入，或直接调用建筑专业图库的图形。

③ 绘制好立面墙体和门窗后，则可依据台阶、雨篷、阳台、室外楼梯、花台等建筑部件的具体平面位置和高度位置绘制其立面形状，依据方案设计的装饰方案绘制特殊的装饰部件。在绘制这些部件时，需要注意的是这些部件在平面的位置和高度方向的位置。

3．点的使用

使用"点"命令 · ，可以生成单个或多个不同样式的点对象。它作为节点或参照几何图形的点对象，对于对象捕捉和相对偏移非常有用。绘点前需要先通过"点样式"对话框来控制点的样式和大小。

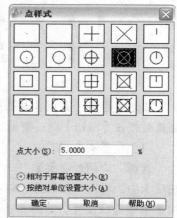

图 3-1-19　点样式对话框

① 选择菜单栏中的"格式"→"点样式"命令或在命令行输入 DDPTYPE，弹出"点样式"对话框，在该对话框中选择所需的点样式，然后单击"确定"按钮即可，也可在"点大小"文本框中设置点的大小。在设置点大小时，系统提供了两种方式，如图 3-1-19 所示。

❖ 相对于屏幕设置大小：相对于屏幕的显示设置点的大小。

❖ 按绝对单位设置大小：以绝对单位设置点的大小。

② 单击"绘图"面板下拉列表中的"定数等分"按钮 ，即可在所选对象上等分放置点或图块，被等分的对象可以是直线、圆、圆弧、多段线等。

例如，使用"定数等分"按钮在如图 3-1-20 所示图形上等分插入 8 个点，其结果如图 3-1-21 所示。

命令行窗口提示操作步骤如下：

命令：_DIVIDE ↵

选择要定数等分的对象：　　　　　　　　　　　　　　（单击矩形）

输入线段数目或[块(B)]：8 ↵　　　　　　　　　　（输入等分的数量）

③ 单击"绘图"面板下拉列表中的"定距等分"按钮 ，即可在所选对象上以给定的距离输入点或图块。

例如，使用"定距等分"按钮在如图 3-1-20 所示图形上以 750 mm 的距离插入点，其结果如图 3-1-22 所示。

命令行窗口提示操作步骤如下。

命令：_MEASURE ↵

选择要定距等分的对象：　　　　　　　　　　　　　　（单击矩形）

指定线段长度或[块(B)]：750 ↵　　　　　　　　　（输入等分的长度）

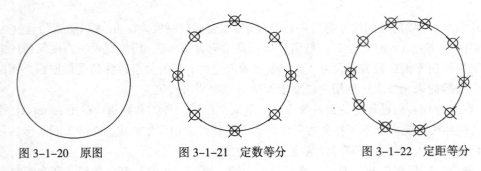

图 3-1-20　原图　　　　图 3-1-21　定数等分　　　　图 3-1-22　定距等分

4．夹点编辑

"夹点"是一些实心的小方框，使用定点位指定对象时，对象关键点上将出现夹点，如图 3-1-23 所示。使用夹点进行编辑时，要先选择作为基点的夹点，这个被选定的夹点称为基夹点。然后选择一种夹点模式，如拉伸、移动、旋转、缩放或镜像。此时可按空格键或【Enter】键循环选取这些模式。

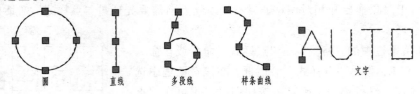

圆　　　　直线　　　　多段线　　　　样条曲线　　　　文字

图 3-1-23　对象的夹点

如果要将多个夹点作为基夹点，并且保持选定夹点之间的几何图形完好如初，需要在选择夹点时按住【Shift】键。要退出夹点模式并返回命令提示，可按【Esc】键。

（1）设置夹点样式

选择"应用程序菜单"→"选项"命令，弹出"选项"对话框。在该对话框的"选择集"选项卡中，可对夹点尺寸、夹点的颜色、夹点的启用、夹点提示、在显示夹点时限制对象选择的数量等进行设置，如图 3-1-24 所示。

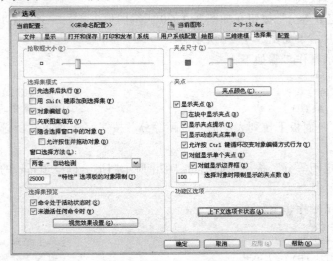

图 3-1-24　"选项"对话框

（2）利用夹点拉伸对象

默认情况下激活夹点后，夹点操作模式为拉伸。因此，通过移动选择的夹点，可将对象拉伸到新的位置。不过，对于某些夹点，移动夹点是移动对象而不是拉伸对象，如文字对象、块、直线中点、圆心、椭圆圆心和点对象上的夹点等。

利用夹点拉伸对象的方法如下：

① 单击要拉伸的对象。

② 在对象上选择基夹点。

③ 亮显选定夹点，并激活默认夹点模式"拉伸"。

④ 移动定点位并单击。

⑤ 随着夹点的移动拉伸选定对象。

（3）利用夹点移动和旋转对象

① 要利用夹点移动对象，可首先选中要移动的对象，然后单击某个夹点使之亮显，按空格键进入移动模式，然后拖动基夹点到新位置，如图 3-1-25 所示。最后按【Esc】键，取消夹点编辑模式。

② 要利用夹点旋转对象，可首先选中要旋转的对象，然后单击某个夹点使之亮显，按两次空格键进入旋转模式，然后移动光标，旋转对象到新位置，如图 3-1-26 所示。最后按【Esc】键，取消夹点编辑模式。

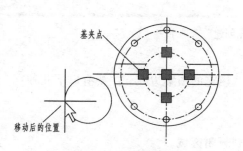

图 3-1-25 移动夹点

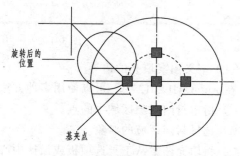

图 3-1-26 旋转夹点

（4）利用夹点按比例缩放对象

激活夹点后，用户可以按比例缩放夹点模式缩放对象。例如，通过从基夹点向外或向内拖动，增加或减少图形的尺寸。如果希望进行精确比例缩放，也可以为相对缩放输入一个值。

（5）利用夹点创建镜像图形

要利用夹点创建镜像图形，可首先选中源图形，然后单击某个夹点使之亮显，按 4 次空格键进入镜像夹点模式。然后移动光标并单击，确定镜像线，最后按【Esc】键，取消夹点编辑模式。此外，如果在确定镜像线时按住【Shift】键，则该操作为镜像复制对象，如图 3-1-27 所示。

（6）利用夹点进行多重复制

激活夹点后，通过反复按【Enter】键，循环切换到复制夹点模式，然后移动光标并单击，即可进行多重复制，如图 3-1-28 所示。复制夹点时，对于不同的对象可选择不同的夹点，其复制效果都是不同的。因此，用户在实际操作时应好好掌握。要结束夹点复制模式，可以按【Esc】键。

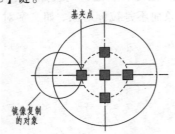

图 3-1-27　利用夹点创建镜像图形

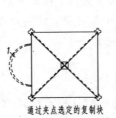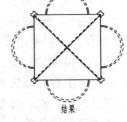

图 3-1-28　利用夹点进行多重复制

5．填充图案

在 AutoCAD 中，单击"图案填充"按钮，弹出"图案填充创建"选项卡，如图 3-1-29 所示。可以为选定的区域填充图案或颜色，也可以创建区域覆盖对象来使区域空白。使用当前线型定义简单的线图案，也可以创建更复杂的填充图案。有一种图案类型叫作实体，它使用实体颜色填充区域。

图 3-1-29　"图案填充创建"选项卡

（1）定义图案填充的边界

在 AutoCAD 2012 中，可以使用多种方法，选择填充的图案边界。主要有以下几种：

① 指定封闭对象区域中的点。

② 选择封闭区域的对象。

③ 将填充图案从工具选项板或设计中心拖动到封闭区域。

需要注意的是，填充图形时，将忽略不在对象边界内的整个对象或局部对象。如果填充时遇到文本、属性或实体填充对象，并且该对象被选为边界集的一部分，则 HATCH 命令将填充该对象的四周，如图 3-1-30 所示。

在 AutoCAD 2012 中使用"边界"区域中的选项可以添加、删除和重新创建边界，还可以查看选择集。

（2）控制图案填充原点

默认情况下，填充图案始终相互"对齐"，如果需要移动图案填充的起点（称为原点），在"图案填充和渐变色"（图案填充）对话框中的"图案填充原点"区域选择"指定的原点"复选框，然后在图形中单击，即可以单击处为原点进行图案填充，如图 3-1-31 所示。

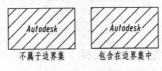

图 3-1-30　边界集的填充

图 3-1-31　填充的原点

（3）选择填充图案

在 AutoCAD 中提供了很多种预定义的实体填充及 50 多种行业标准填充图案，可用于区分对象的部件或表示对象的材质。本程序还提供了符合 ISO（国际标准化组织）标准的 14 种填充图案。当选择 ISO 图案时，可以指定笔宽，笔宽决定了图案中的线宽。

预定义的图案共分为 4 大类，分别是 ANSI 图案、ISO 图案、其他预定义图案和自定义图案。

（4）填充带旋转角度的图案

在使用图案填充命令时，不仅能够填充图案，还可以在"特性"面板的"角度"和"比例"区域，设置图案缩放的比例及旋转的角度。利用"图案填充"命令设置带旋转角度的图案，效果如图 3-1-32 所示。

（5）创建独立的图案填充

在"图案填充创建"选项卡的"选项"面板，选中"创建独立的图案填充"命令，可将同一个填充图案同时应用于图形的多个区域，指定每个填充区域都是一个独立的对象。以后，在修改一个区域中的图案填充时，而不会改变所有其他的图案填充，如图 3-1-33 所示。

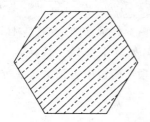

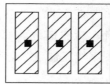
每个区域都是独立的

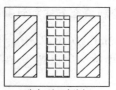
修改一个图案填充

图 3-1-32　填充带旋转角度的图案　　　　图 3-1-33　创建独立的图案填充

6．填充渐变色

在 AutoCAD 2012 中，不仅能够填充图案，还可为图形填充渐变色。渐变填充是实体图案填充，能够体现出光照在平面上而产生的过渡颜色效果。可以使用渐变填充在二维图形中表示实体。

使用渐变填充中的颜色可以从浅色到深色再到浅色，或者从深色到浅色再到深色平滑过渡。选择预定义的渐变方式（例如，线性渐变、对称渐变或径向渐变等）并为渐变指定角度。在两种颜色的渐变填充中，都是从浅色过渡到深色，从第一种颜色过渡到第二种颜色。

渐变填充使用与实体填充相同的方式应用到对象，并可以与其边界相关联，也可以不进行关联。当边界更改时，关联的填充将自动随之更新。利用"图案填充"命令填充渐变色的图案，效果如图 3-1-34 所示。其操作步骤如下：

图 3-1-34　填充渐变色

① 单击"常用"选项卡中"绘图"面板中的"图案填充"按钮，弹出"图案填充创建"选项卡。在"特性"面板的"图案填充类型"的下拉列表中选择"渐变色"（见图 3-1-35），打开"渐变色"填充方式。

图 3-1-35　"图案填充创建"选项卡（渐变色填充方式）

② 在"特性"面板的"渐变色 1"的下拉列表中选择"选择颜色"命令，弹出"选择颜色"对话框，选择"真色彩"选项卡。在其中设置需要的颜色，如图 3-1-36 所示。然后，单击"确定"按钮，关闭该对话框并完成渐变色 1 的设置。同理完成渐变色 2 的设置。

③ 在"特性"面板中设置渐变的角度和透明度，在视图中圆的空白区域单击，完成渐变色的填充。单击"关闭图案填充创建"按钮，关闭"图形填充创建"选项卡。

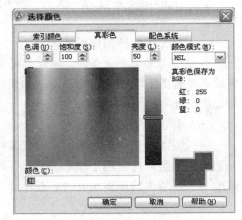

图 3-1-36　"选择颜色"对话框

7. 控制填充方式和计算填充面积

在 AutoCAD 2012 中，有时在填充区域内部还包含了另外一个区域，这一内部区域在 AutoCAD 中称为"孤岛"。在"图案填充创建"选项卡的"选项"面板中可预览这 3 种"孤岛"填充方式。

（1）普通填充方式

普通填充方式（默认）将从外部边界向内填充。如果填充过程中遇到内部边界，填充将关闭，直到遇到另一个边界为止。如果使用"普通"填充方式进行填充，将不填充孤岛，但是孤岛中的孤岛将被填充，如图 3-1-37 所示。

（2）外部填充方式

外部填充方式也是从外部边界向内填充并在下一个边界处停止，但不填充内部孤岛，如图 3-1-38 左图所示。

（3）忽略填充方式

忽略填充方式将忽略内部边界，填充整个闭合区域，如图 3-1-38 右图所示。

（4）删除任何孤岛

也可以从图案填充区域中删除任何孤岛，如图 3-1-39 所示。

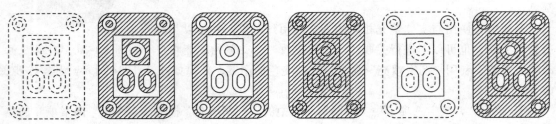

图 3-1-37　普通填充方式　　　图 3-1-38　内部和忽略填充方式　　　图 3-1-39　删除任何孤岛

（5）计算填充面积

在 AutoCAD 2012 中可以使用"特性"面板中的"面积"特性，快速测量图案填充的面积。先打开"特性"面板，然后在选中的图案填充上右击，选择"特性"命令，即可在"特性"面板中查看其面积。如果选择多个图案填充（见图 3-1-40），还可以查看它们的总面积，如图 3-1-41 所示。

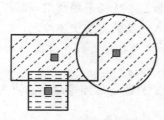

图 3-1-40　选择多个图案填充　　　　　图 3-1-41　查看总面积

思考与练习 3-1

1. 问答题

（1）简述建筑立面图的应用。

（2）简述建筑立面设计要求。

2. 上机操作题

参照本课所学的知识，绘制如图 3-1-42 所示的"商业用房建筑立面图"。在绘制本例时，一层楼高为 3 m，其他楼层的高度为 2.8 m，开间宽度自定。

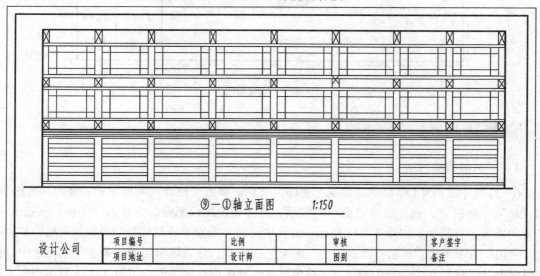

图 3-1-42　商业用房建筑立面图

3.2 【案例 5】绘制建筑剖面图

案例效果

本例将根据【案例 4】绘制的"建筑立面图"文件，为其绘制出如图 3-2-1 所示的建筑剖面图。要绘制建筑剖面图，需要先画墙体，然后绘楼板层、楼梯平台及梁等部件，最后绘制楼梯，绘制楼梯可以采用先绘制标准图块，然后进行插入复制的方法快速绘制，绘制时应根据平面剖切位置建立剖面图的空间位置关系，注意楼梯平台及各层标高，注意一般梁高及厚度为 300（含楼板厚 120），楼梯平台梁厚 200（含平台厚）。

通过对本例的学习和实践，掌握样条曲线、对齐、打断、延伸等命令的使用和绘图技巧，以及"建筑剖面图"的绘制及表示方法。

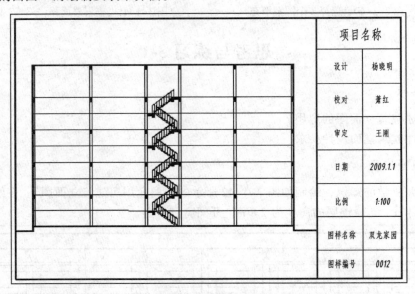

图 3-2-1 建筑剖面图

操作步骤

1. 绘制剖切轴网

① 打开【案例 4】绘制的"建筑立面图"文件。单击"修改"面板中的"修剪"按钮 和"删除"按钮 ，按照命令行窗口的提示，将多余的线段删除，并单击"延伸"按钮 将需要的线段进行延伸，如图 3-2-2 所示。再将中间的 4 条水平线段切换到"轴线"层，首先单击"常用"选项卡中"图层"面板中的"匹配"按钮 ，然后将中间的 4 条水平线段选中，按空格键确认，然后在命令行中输入 N，弹出"更改到图层"对话框，如图 3-2-3 所示。在"更改到图层"对话框中选中"轴线"层，单击"确定"按钮，即可将中间的 4 条水平线段转换到"轴线"层，然后单击状态栏中的"显示/隐藏线宽"按钮 。

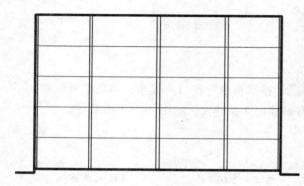

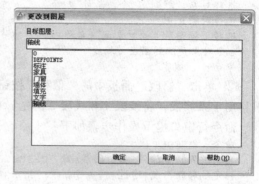

图 3-2-2 删除多余的线段　　　　　　图 3-2-3 "更改到图层"对话框

命令行窗口提示操作步骤如下：
命令：_TRIM↵
当前设置：投影=UCS，边=无
选择剪切边…
选择对象或<全部选择>：
指定对角点：找到 308 个
选择对象：↵
选择要修剪的对象，或按住【Shift】键选择要延伸的对象，
或[栏选(F)/窗交(C)/投影(P)/边(E)/删除(R)/放弃(U)]：　　（框选或单击需要修剪的线段）
选择要修剪的对象，或按住【Shift】键选择要延伸的对象，
或[栏选(F)/窗交(C)/投影(P)/边(E)/删除(R)/放弃(U)]：　　（框选或单击需要修剪的线段）
……　　　　　　　　　　　　　　　　　　　　　　　　　　（相同的操作步骤略）
选择要修剪的对象，或按住【Shift】键选择要延伸的对象，
或[栏选(F)/窗交(C)/投影(P)/边(E)/删除(R)/放弃(U)]：↵　（确认）
命令：_EXTEND↵
当前设置：投影=UCS，边=无
选择边界的边…
选择对象或 <全部选择>：　找到 1 个
选择对象：指定对角点：找到 9 个，总计 10 个
选择对象：↵
选择要延伸的对象，或按住【Shift】键选择要修剪的对象，
或[栏选(F)/窗交(C)/投影(P)/边(E)/放弃(U)]：　　　　　（框选或单击需要延伸的线段）
选择要延伸的对象，或按住【Shift】键选择要修剪的对象，
或[栏选(F)/窗交(C)/投影(P)/边(E)/放弃(U)]：　　　　　（框选或单击需要延伸的线段）
……　　　　　　　　　　　　　　　　　　　　　　　　　　（相同的操作步骤略）
选择要延伸的对象，或按住【Shift】键选择要修剪的对象，
或[栏选(F)/窗交(C)/投影(P)/边(E)/放弃(U)]：↵　　　　（确认）
命令：_ERASE↵
选择对象：
指定对角点：找到 6 个
选择对象：↵
命令：_LAYMCH↵
选择要更改的对象：
选择对象：找到 1 个
选择对象：找到 1 个，总计 2 个
选择对象：找到 1 个，总计 3 个

选择对象：找到 1 个，总计 4 个
选择对象：↵
选择目标图层上的对象或 [名称(N)]：N↵
4 个对象更改到图层"轴线"
命令： <线宽 >

② 单击"修改"面板中的"偏移"按钮，按照命令行窗口的提示，将每条轴线都向下偏移出 1 条线段，将线段 1 和线段 2 向左、右偏移出 2 条线段，如图 3-2-4 所示。

命令行窗口提示操作步骤如下：

命令：_OFFSET↵
当前设置：删除源=否　图层=源　OFFSETGAPTYPE=0
指定偏移距离或[通过(T)/删除(E)/图层(L)]<通过>:1400↵　　　　（输入偏移值）
选择要偏移的对象，或[退出(E)/放弃(U)]<退出>:　　　　　　　（单击水平轴线）
指定要偏移的那一侧上的点，或[退出(E)/多个(M)/放弃(U)]<退出>:　（向下拖动）
……　　　　　　　　　　　　　　　　　　　　　　　　　　（相同的操作步骤略）
选择要偏移的对象，或[退出(E)/放弃(U)]<退出>:　　　　　　　（单击水平轴线）
指定要偏移的那一侧上的点，或[退出(E)/多个(M)/放弃(U)]<退出>:　（向下拖动）
选择要偏移的对象，或[退出(E)/放弃(U)]<退出>:↵　　　　　　（确认）
命令：_OFFSET↵
当前设置：删除源=否　图层=源　OFFSETGAPTYPE=0
指定偏移距离或[通过(T)/删除(E)/图层(L)]<1400>:1180↵　　　　（输入偏移值）
选择要偏移的对象，或[退出(E)/放弃(U)]<退出>:　　　　　　　（单击线段1）
指定要偏移的那一侧上的点，或[退出(E)/多个(M)/放弃(U)]<退出>:　（向左拖动）
选择要偏移的对象，或[退出(E)/放弃(U)]<退出>:　　　　　　　（单击线段2）
指定要偏移的那一侧上的点，或[退出(E)/多个(M)/放弃(U)]<退出>:　（向右拖动）
选择要偏移的对象，或[退出(E)/放弃(U)]<退出>:↵　　　　　　（确认）
命令：_OFFSET↵
当前设置：删除源=否　图层=源　OFFSETGAPTYPE=0
指定偏移距离或[通过(T)/删除(E)/图层(L)]<1180>:1420↵　　　　（输入偏移值）
选择要偏移的对象，或[退出(E)/放弃(U)]<退出>:　　　　　　　（单击线段1）
指定要偏移的那一侧上的点，或[退出(E)/多个(M)/放弃(U)]<退出>:　（向左拖动）
选择要偏移的对象，或[退出(E)/放弃(U)]<退出>:　　　　　　　（单击线段2）
指定要偏移的那一侧上的点，或[退出(E)/多个(M)/放弃(U)]<退出>:　（向右拖动）
选择要偏移的对象，或[退出(E)/放弃(U)]<退出>:↵　　　　　　（确认）

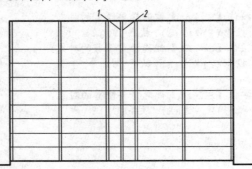

图 3-2-4　偏移线段

③ 单击"绘图"面板中的"矩形"按钮，按照命令行窗口的提示，绘制一个矩形，作为圈梁图形。再单击"绘图"面板中的"图案填充"按钮，弹出"图案填充创建"选项卡，如图 3-2-5 所示。

图 3-2-5 "图案填充创建"选项卡

④ 在"图形填充创建"选项卡的"边界"面板中单击"拾取点"按钮，在绘图区单击刚绘制的矩形内部，在"图案"面板中选择 SOLID 选项，最后按空格键，即可将图案填充在选择的对象中，如图 3-2-6 所示。单击"关闭图案填充创建"按钮，关闭"图形填充创建"选项卡。

命令行窗口提示操作步骤如下：

命令：_RECTANG ↵
指定第一个角点或 [倒角(C)/标高(E)/圆角(F)/厚度(T)/宽度(W)]：　　　　（单击点）
指定另一个角点或 [面积(A)/尺寸(D)/旋转(R)]：@240,360 ↵　　　　（输入长宽值）
命令：_HATCH ↵
拾取内部点或 [选择对象(S)/ 设置(T)]：　正在选择所有对象…
正在选择所有可见对象…
正在分析所选数据…
正在分析内部孤岛…
拾取内部点或 [选择对象(S)/ 设置(T)]：↵　　　　（确认选择）

⑤ 单击"修改"面板中的"复制"按钮%，将刚绘制的圈梁图形复制多个，效果如图 3-2-6 所示。

命令行窗口提示操作步骤如下：

命令：_COPY ↵
选择对象：指定对角点：找到 2 个　　　　（选择圈梁图形）
选择对象：↵
当前设置：　复制模式 = 多个
指定基点或 [位移(D)/模式(O)] <位移>：　　　　（单击点）
指定第二个点或[阵列(A)] <使用第一个点作为位移>：　　　　（单击点）
指定第二个点或[阵列(A)/退出(E)/放弃(U)] <退出>：　　　　（单击点）
指定第二个点或[阵列(A)/退出(E)/放弃(U)] <退出>：　　　　（单击点）
……　　　　（相同的操作步骤略）
指定第二个点或[阵列(A)/退出(E)/放弃(U)] <退出>：↵　　　　（确认）

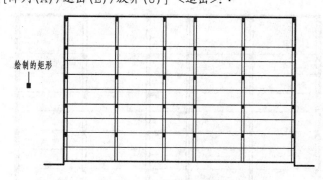

图 3-2-6　创建并复制圈梁

2. 绘制楼梯

① 单击"绘图"面板中的"直线"按钮╱，按照命令行窗口的提示，绘制一条封闭的线

段，作为楼梯平台图形；再单击"绘图"面板中的"图案填充"按钮▧，为其内部填充 SOLID
图案，如图 3-2-7 所示。

命令行窗口提示操作步骤如下：
命令：_LINE ↵
指定第一点：　　　　　　　　　　　　　　　　　　　　　　　（单击点 1）
指定下一点或[放弃(U)]:600 ↵　　　　　　　　　　　　（向右拖动鼠标，输入线段的长度）
指定下一点或[放弃(U)]:360 ↵　　　　　　　　　　　　（向下拖动鼠标，输入线段的长度）
指定下一点或[闭合(C)/放弃(U)]:200 ↵　　　　　　　（向左拖动鼠标，输入线段的长度）
指定下一点或[闭合(C)/放弃(U)]:180 ↵　　　　　　　（向上拖动鼠标，输入线段的长度）
指定下一点或[闭合(C)/放弃(U)]:400 ↵　　　　　　　（向左拖动鼠标，输入线段的长度）
指定下一点或[闭合(C)/放弃(U)]:180 ↵　　　　　　　（向上拖动鼠标，输入线段的长度）
指定下一点或[闭合(C)/放弃(U)]:↵　　　　　　　　　　（确认）
命令：_HATCH ↵
拾取内部点或[选择对象(S)/设置(T)]:　正在选择所有对象...
正在选择所有可见对象...
正在分析所选数据...
正在分析内部孤岛...
拾取内部点或[选择对象(S)/设置(T)]:↵　　　　　　　（确认选择）

② 单击"修改"面板中的"镜像"按钮⚏，按照命令行
窗口的提示，将图形向右镜像并复制一个对称的图形，完成
后的效果如图 3-2-7 所示。

图 3-2-7　绘制并镜像楼梯平台图形

命令行窗口提示操作步骤如下：
命令：_MIRROR ↵
选择对象：
指定对角点：找到 7 个　　　　　　　　　　　　　　　　（选择需要镜像的图形）
选择对象：↵　　　　　　　　　　　　　　　　　　　　　（确认）
指定镜像线的第一点：　　　　　　　　　　　　　　　　（单击点）
指定镜像线的第二点：　　　　　　　　　　　　　　　　（单击点）
要删除源对象吗？[是(Y)/否(N)]<N>:↵　　　　　　（确认）

③ 单击"修改"面板中的"复制"按钮☜，将刚绘制的楼梯平台图形复制多个，如图 3-2-8
所示。

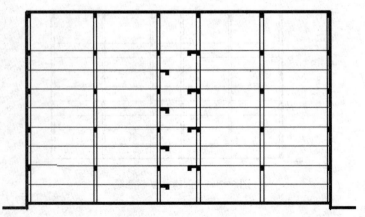

图 3-2-8　复制楼梯平台图形

命令行窗口提示操作步骤如下：

命令：_COPY↵
选择对象：
指定对角点：找到 7 个   （选择楼梯平台图形）
选择对象：↵   （确认）
指定基点或[位移(D)]<位移>：   （单击点）
指定第二个点或[阵列(A)]<使用第一个点作为位移>：   （单击点）
指定第二个点或[阵列(A)/退出(E)/放弃(U)] <退出>： （单击点）
……   （相同的操作步骤略）
指定第二个点或[阵列(A)/退出(E)/放弃(U)] <退出>： （单击点）
指定第二个点或[阵列(A)/退出(E)/放弃(U)] <退出>：↵ （确认）

④ 单击"绘图"面板中的"直线"按钮 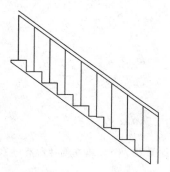，按照命令行窗口的提示，绘制多条线段，作为楼梯图形，如图 3-2-9 所示。

图 3-2-9 绘制楼梯

命令行窗口提示操作步骤如下：
命令：_LINE↵
指定第一点：   （单击点 1）
指定下一点或[放弃(U)]：150↵   （向上拖动鼠标，输入踏步的高度）
指定下一点或[放弃(U)]：200↵   （向左拖动鼠标，输入踏步的宽度）
指定下一点或[闭合(C)/放弃(U)]：150↵   （向上拖动鼠标，输入踏步的高度）
指定下一点或[闭合(C)/放弃(U)]：200↵   （向左拖动鼠标，输入踏步的宽度）
……   （相同的操作步骤略）
指定下一点或[闭合(C)/放弃(U)]：150↵   （向上拖动鼠标，输入踏步的高度）
指定下一点或[闭合(C)/放弃(U)]：200↵   （向左拖动鼠标，输入踏步的宽度）
指定下一点或[闭合(C)/放弃(U)]：↵   （确认）
命令：_LINE↵
指定第一点：   （单击踏步的中点）
指定下一点或[放弃(U)]：600↵   （向上拖动鼠标，输入栏杆的高度）
指定下一点或[放弃(U)]：↵
……   （相同的操作步骤略）
命令：_LINE↵
指定第一点：   （单击踏步的中点）
指定下一点或[放弃(U)]：600↵   （向上拖动鼠标，输入栏杆的高度）
指定下一点或[放弃(U)]：↵   （确认）

⑤ 单击"绘图"面板中的"镜像"按钮 ，按照命令行窗口的提示，将图形向右镜像并复制一个对称的图形。再单击"绘图"面板中的"图案填充"按钮 ，为镜像的图形内部填充 SOLID 图案，完成后的效果如图 3-2-10 所示。

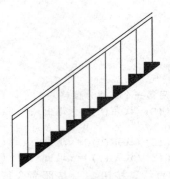

图 3-2-10　镜像并填充

命令行窗口提示操作步骤如下：

命令：_MIRROR↵
选择对象：
指定对角点：找到 32 个　　　　　　　　　　　　　　　　　（选择需要镜像的图形）
选择对象：↵
指定镜像线的第一点：　　　　　　　　　　　　　　　　　（单击点）
指定镜像线的第二点：　　　　　　　　　　　　　　　　　（单击点）
要删除源对象吗？ [是(Y)/否(N)]<N>：↵　　　　　　　　　（确认）
命令：_HATCH↵
拾取内部点或[选择对象(S)/ 设置(T)]：　正在选择所有对象…
正在选择所有可见对象…
正在分析所选数据…
正在分析内部孤岛…
拾取内部点或[选择对象(S)/ 设置(T)]：↵　　　　　　　　（确认选择）

⑥ 单击"修改"面板中的"复制"按钮，将刚绘制的楼梯图形复制多个（见图 3-2-11），完成整个图形的绘制。

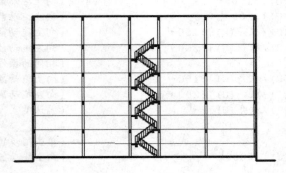

图 3-2-11　复制楼梯

命令行窗口提示操作步骤如下：

命令：_COPY↵
选择对象：指定对角点：找到 33 个　　　　　　　　　　　　（选择楼梯图形）
选择对象：↵
当前设置：　复制模式 = 多个
指定基点或 [位移(D)/模式(O)] <位移>：　　　　　　　　　（单击点）
指定第二个点或[阵列(A)]<使用第一个点作为位移>：　　　　（单击点）
指定第二个点或[阵列(A)/退出(E)/放弃(U)] <退出>：　　　（单击点）

……
指定第二个点或 [阵列 (A) /退出 (E) /放弃 (U)] <退出>：　　　　（相同的操作步骤略）
　　　　　　　　　　　　　　　　　　　　　　　　　　　　　　（单击点
指定第二个点或 [阵列 (A) /退出 (E) /放弃 (U)] <退出>：↵　　　（确认）

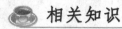 **相关知识**

1．剖面图的应用和构成

（1）剖面图的应用

对于单体建筑设计而言，一栋建筑的设计仅仅只要有平面图和立面图是难以完全表达建筑的整体构造的。例如，楼梯的构造、梁柱的结构布置和室内门窗、室内装饰部件的布置等就必须由剖面图才能表达得更清楚。

建筑剖面图是反映建筑外部空间关系和室内门窗、室内装饰部件、楼梯及室内特殊构造的有效手段。绘制建筑剖面图的目的是表达建筑物内部空间及结构构造。建筑剖面图是假设剖切平面沿指定位置将建筑物切成两部分，并沿剖视方向进行平行投影得到的平面图形。一般将剖面图的剖切位置设置在最能表达建筑空间构造，且最简单的地方。

在绘制剖面图前，需要先确定剖切位置及方向，剖切位置及方向一般是根据设计需要，设在最能表达建筑空间位置及构造的部位，一般应有一个图通过建筑的主要楼梯以表达建筑的立体交通关系。

（2）剖面构成

建筑剖面图的剖切位置应当设在最能表达建筑空间结构关系的部位，一般应在主要楼梯部位剖切。

剖面图中被剖切到的部分主要有楼梯（电梯）、墙体、楼板、天棚、门窗、屋面等，未剖切到但可看到的门、窗及其他可见墙体、梁、柱等构件轮廓都可用"直线""多段线""圆弧"等命令绘制完成。

在准备绘制剖面图的平面、立面图等建筑设计中，平面、立面决定剖面。作为剖面生成基础的平面图和立面图中需要保留的构件有沿剖视方向剖切到的外墙、台阶、雨篷、阳台、楼梯、门窗、花台、散水及屋顶等。

若建筑物每层变化不大，可以选择一层或标准层平面作为生成剖面的基础平面，但若建筑物的形体起伏变化较大，各层平面差别较大，如高层建筑物裙楼、塔楼、楼顶层等就必须每层分开处理，分别利用各部分生成剖面，然后加以拼接调整完成整体剖面图。

2．墙体剖面

① 以平面图及立面图为基础，依据建筑的外墙尺寸和层高，生成外墙剖面（一般外墙轮廓线为粗实线，各层连接处不能断开），然后以平面图为基础绘制平面图中沿剖视方向未剖切到但能看到的部分墙体。

② 依据屋顶形式和女儿墙的高度（一般上人屋面女儿墙高度为 900～1 200 mm，非上人屋面女儿墙高度为 500～600 mm，平屋顶和坡屋顶没有女儿墙），生成屋顶剖面。绘制墙体可以以轴线和平面墙体轮廓作为参考，用"直线""多段线""偏移"等命令绘制。在绘制剖面墙体时应注意，墙体是有宽度的，一般外墙宽度为 240 mm 或 360 mm，因此在绘制时剖切到的外墙应向定位轴线外偏移 120 mm 或 180 mm。

③ 在剖面设计中，上一层剖面的墙体基本上总是基于下一层平面的外墙轮廓，因此在完成一层平面后，可以在复制后进行修改得到二、三、四乃至其他层剖面。绘制墙轮廓线有规律地重复出现时可用复制工具（如"复制""阵列""镜像""偏移"等）方便快速地大量复制有规律排列的墙线。

3．门窗与楼梯剖面

① 在用 AutoCAD 绘制门窗时，最佳办法是事先根据不同种类的门窗制作一些标准立面门、窗块，在需要时根据实际尺寸指定比例缩放插入，或直接调用建筑专业图库的图形。

② 由于在剖面图中表现的重点是主要楼梯。楼梯剖切到的部分有梯段、楼梯平台、栏杆等。按制图规范规定，剖切到的梯段和楼梯平台以粗实线表示，能观察到但未被剖切到的梯段和楼梯栏杆等用细实线绘制。如果绘图比例大，剖切到的梯段和楼梯下台中间应填充材质，因此可以根据出图比例指定宽度。

③ 如果每一个楼梯段都重复绘制踏步，速度太慢，可以先绘制一个踏步，然后用"阵列"命令沿 Y 轴方向阵列，完成踏步剖切线后，再用"直线"命令绘制出楼梯平台及踏步另一侧的下沿轮廓线，用"图案填充"命令填充剖切部分材质。

④ 如在第一层以上仍有楼梯，可用"阵列"或"多重复制"的方式完成，再对不符合要求的部分作适当调整和修改即可。

⑤ 绘制好剖面墙体和门窗后，就可依据台阶、雨篷、阳台、楼梯、花台、散水等建筑部件的具体平面位置和高度位置绘制其立面形状，依据方案设计的装饰方案绘制特殊的装饰部件。在绘制这些部件时，需要注意的是这些部件在平面的位置和高度方向的位置。

4．对象的阵列复制

使用"阵列"按钮 是一种快速、高效的复制方法，它可以在矩形、路径和环形阵列中创建对象的副本。对于矩形阵列，可以控制行和列的数目以及它们之间的距离。对于路径阵列，沿路径分布的项目可以测量或分割。对于环形阵列，可以控制对象副本的数目并决定是否旋转副本。对于创建多个定位间距的对象，阵列比复制要快。

（1）创建矩形阵列

AutoCAD 沿当前捕捉旋转角定义的基线建立矩形阵列。该角度的默认设置为 0，因此矩形阵列的行和列与图形的 X 轴和 Y 轴正交。默认角度 0 的方向设置可以在 UNITS 命令中修改。修改角度后创建的阵列对象如图 3-2-12 所示。

（2）创建路径阵列

创建路径阵列时，路径可以是直线、多段线、三维多段线、样条曲线、螺旋、圆弧、圆或椭圆。如图 3-2-13 所示，当路径被编辑时，阵列随之更改，但对象数量和间距不会更改。如果路径被编辑且变得太短而无法显示所有对象，计数会自动调整。对象数量和路径的长度确定阵列中对象的间距。对象始终沿整个路径长度等距分布。如果阵列是关联的，对象之间的间距会按照路径创建之后所更改的长度自动调整。

（3）创建环形阵列

创建环形阵列时，阵列按逆时针或顺时针方向绘制，这取决于设置填充角度时输入的是正值还是负值。阵列的半径由指定中心点与参照点之间的距离决定，如图 3-2-14 所示。

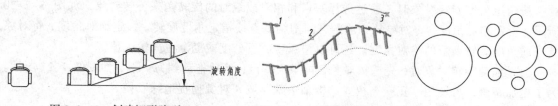

图 3-2-12　创建矩形阵列　　　图 3-2-13　创建路径阵列　　　图 3-2-14　创建环形阵列

5．对象的偏移复制

使用"偏移"按钮△是一种高效的绘图技巧，可以创建与选定对象平行的新对象。偏移圆或圆弧可以创建更大或更小的圆或圆弧，取决于向哪一侧偏移，如图 3-2-15 所示。二维多段线和样条曲线在偏移距离大于可调整的距离时将自动进行修剪，如图 3-2-16 所示。

可以偏移的对象有直线、圆弧、圆、椭圆和椭圆弧（形成椭圆形样条曲线）、二维多段线、构造线和射线、样条曲线等。

在 AutoCAD 2012 中，可以将对象偏移多次，而无须退出该命令。选择要偏移的对象后，再指定"多个"选项，然后连续单击要创建偏移对象的一侧，即可将该对象偏移复制多个，如图 3-2-17 所示。

图 3-2-15　偏移圆弧　　　图 3-2-16　自动进行修剪　　　图 3-2-17　偏移复制多个

6．缩放与旋转复制

（1）缩放对象

单击"缩放"按钮□，可以使对象变得更大或更小，但不改变它的比例。缩放对象时可以通过指定基点和长度（被用作基于当前图形单位的比例因子）或输入比例因子来缩放对象，如图 3-2-18 所示。比例因子大于 1 时将放大对象；比例因子小于 1 时将缩小对象。

"缩放"命令还具有"复制"选项，可以将对象缩放并复制，而无须退出该命令。选择要缩放的对象后，再指定"复制"选项，然后输入缩放的比例，即可缩放并复制一个图形，如图 3-2-19 所示。

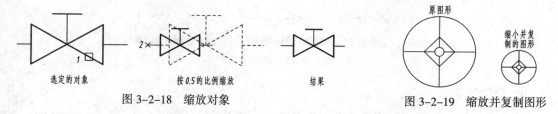

图 3-2-18　缩放对象　　　图 3-2-19　缩放并复制图形

（2）旋转对象

单击"旋转"按钮○在旋转对象时，输入角度值会逆时针或顺时针旋转对象，其旋转的方向取决于"图形单位"对话框中的"方向控制"设置。旋转平面和零度角方向取决于用户坐标系的方位。

按指定角度旋转对象时，通过选择基点和相对或绝对的旋转角来旋转对象，如图 3-2-20 所示。指定相对角度，将对象从当前的方向围绕基点按指定角度旋转；指定绝对角度，将对象从当前角度旋转到新的绝对角度。还可以按弧度、百分度或勘测方向输人值。

通过拖动旋转对象时，先选择对象，再指定基点，然后拖动到另一点，如图 3-2-21 所示。为了更加精确，可使用"正交"模式"极轴追踪"或"对象捕捉追踪"模式。

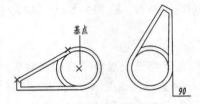
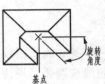
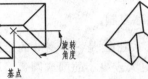

图 3-2-20　指定角度旋转对象　　　　图 3-2-21　通过拖动旋转对象

在 AutoCAD2012 中，旋转对象时可借助夹点模式，创建对象的多个副本。如图 3-2-22 所示，通过使用"旋转复制"选项，可以旋转矩形，并在指定的点留下副本。

7．对象的镜像复制

① "镜像"按钮▷◁对创建对称的对象非常有用，因为这样可以快速地绘制半个对象，然后创建镜像，而不必绘制整个对象。在绕轴（镜像线）翻转对象创建镜像图像时，要指定临时镜像线的两点，可以选择是否删除或保留原对象，其效果如图 3-2-23 所示。镜像作用于与当前 UCS 的 *XY* 平面平行的任何平面。

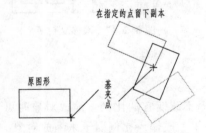
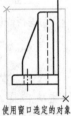
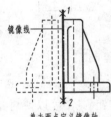
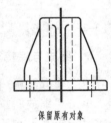

图 3-2-22　旋转复制对象　　　　　　图 3-2-23　镜像对象

② 创建文字、属性和属性定义的镜像时，仍然按照轴对称规则进行，其文字将被反转或倒置。要避免出现这样的结果，在镜像后，必须将系统变量 MIRRTEXT 设置为 0（关）。这样文字的对齐和对正方式在镜像前后相同。完成后的效果如图 3-2-24 所示。

图 3-2-24　镜像的文字

8．打断对象

单击"打断"按钮🗂可以将一个对象打断为两个对象，对象之间可以具有间隙，如图 3-2-25 所示。也可以没有间隙，在相同的位置指定两个打断点，完成此操作的最快方法是在提示输入第

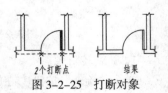

图 3-2-25　打断对象

二点时输入@0,0。

"打断"按钮通常用于为块或文字创建空间。可以在大多数几何对象上创建打断，但不包括以下对象：块、标注、多线和面域。

单击"打断于点"按钮，可以在一点打断选定的对象，通过该工具，可以将长的直线、开放的多段线和圆弧打断为相邻的两个对象。

9. 合并线段

单击"合并"按钮可以将直线、圆、椭圆弧和样条曲线等独立的线段合并为一个对象。

（1）合并线段

选择了两条不连续的直线段。使用 JOIN 命令将两条直线连接起来，创建了一条单一的直线段，如图 3-2-26 所示。

（2）合并相同圆心和半径的弧线

选择了两条不连续的圆弧。使用 JOIN 命令可创建一条单一的圆弧，将第一条圆弧和第二条圆弧连接起来，如图 3-2-27 所示。

图 3-2-26　合并线段　　　　图 3-2-27　合并相同圆心和半径的弧线

（3）合并连续或不连续的椭圆弧

选择两条不连续的椭圆弧。使用 JOIN 命令可创建一条单一的椭圆弧，将第一条圆弧和第二条圆弧连接起来，如图 3-2-28 所示。

（4）封闭椭圆弧

使用 JOIN 命令可将延长开口椭圆的端点，以形成一个封闭的椭圆，如图 3-2-29 所示。

图 3-2-28　合并连续或不连续的椭圆弧　　　图 3-2-29　封闭椭圆弧

（5）合并一条或多条连续的样条曲线

选择两条连续的样条曲线。使用 JOIN 命令可创建一条样条曲线，将第一条样条曲线和第二条样条曲线通过其连接点连接起来，如图 3-2-30 所示。

10. 对齐对象

"对齐对象"命令可以通过移动、旋转或倾斜对象来使该对象与另一个对象对齐。在如

图 3-2-31 所示的图中，使用窗口选择框选要对齐的对象来对齐管道段。通过端点对象捕捉精确的对齐管道段。

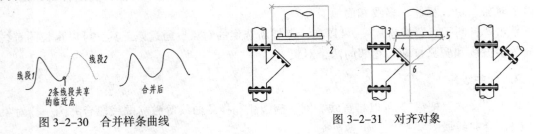

图 3-2-30 合并样条曲线 　　　　　　　　图 3-2-31　对齐对象

思考与练习 3-2

1．问答题

（1）简述剖面图的应用。

（2）简述剖面构成的特点。

2．上机操作题

参照本章所学的知识，绘制如图 3-2-32 所示的"商业楼剖面图"。在绘制本例时，应先绘制出基准线和开间，再绘制出圈梁、楼梯即可。

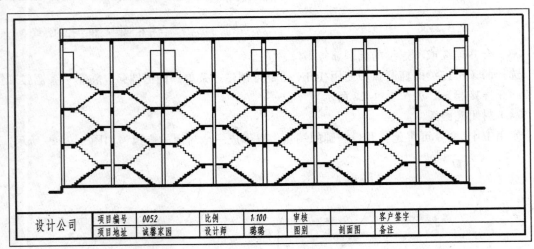

设计公司	项目编号	0052	比例	1:100	审核		客户签字	
	项目地址	诚馨家园	设计师	璐璐	图别	剖面图	备注	

图 3-2-32 商业楼剖面图

3.3 【案例 6】绘制建筑总平面图

案例效果

本例将绘制如图 3-3-1 所示的"建筑总平面图"。建筑总平面图是建筑设计制图中的重要部分之一。在一般的建筑设计中，建筑总平面设计主要表达建筑定位、建筑的高度、与周边道路或环境的关系等。通常单体设计项目大多先布置建筑而后布置相关道路，而群体规划项目则大多先设计道路网而后布置建筑。本案例首先绘制周边的道路网，确定该地区的空间功能定位，再布置内部建筑。

　　通过对本例的学习和实践，掌握样条曲线、对齐、打断、延伸等命令的使用和绘图技巧，以及"建筑总平面图"的绘制及表示方法。在绘制本例时无须标注尺寸，其尺寸标注方法将在以后的章节中介绍。

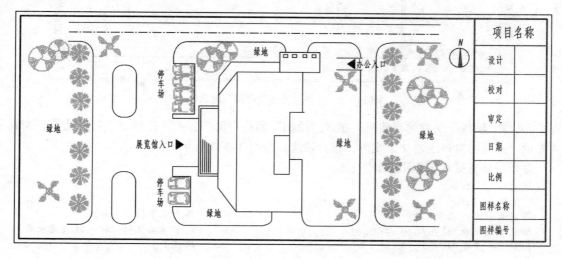

图 3-3-1　建筑总平面图

操作步骤

1. 绘制道路与建筑物

　　① 打开【案例 1】绘制的"建筑模板"文件，选择菜单栏中的"格式"→"图层"命令，或单击"常用"选项卡中"图层"面板中的"图层特性"按钮，弹出"图层特性管理器"对话框，修改图层，规范绘图颜色和线型，以方便绘图。

　　② 在"图层特性管理器"对话框中设置以下图层，如图 3-3-2 所示。

❖ 人行道层：颜色为橙色，线宽为 0.15 mm，线型为默认（实线）。

❖ 标注层：颜色为蓝色，线宽为 0.15 mm，线型为默认（实线）。

❖ 道路层：颜色为深绿色，线宽为 0.3 mm，线型为默认（实线）。

❖ 建筑物层：颜色为紫色，线宽为 0.15 mm，线型为默认（实线）。

❖ 轴线层：颜色为红色，线宽为 0.15 mm，线型为 DASHDOT（点画线）。

❖ 植物层：颜色为绿色，线宽为 0.15 mm，线型为默认（实线）。

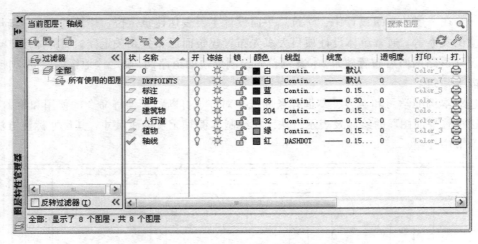

图 3-3-2　"图层特性管理器"对话框

③ 将"轴线"层置为当前层，单击"绘图"面板中的"直线"按钮 ✎，按照命令行窗口的提示，在绘图窗口绘制 2 条线段，作为轴线，如图 3-3-3 所示。

命令行窗口提示操作步骤如下：
命令：_LAYER ↵
命令：_LINE ↵
指定第一点：<正交 开>　　　　　　　　　　　　　　（单击水平轴线的起点）
指定下一点或[放弃(U)]：4600 ↵　　　　　　　　　　（向右拖动鼠标并输入线段的长度）
指定下一点或[放弃(U)]：↵　　　　　　　　　　　　（确认）
命令：_LINE ↵
指定第一点：　　　　　　　　　　　　　　　　　　　（单击垂直轴线的起点）
指定下一点或[放弃(U)]：2600 ↵　　　　　　　　　　（向上拖动鼠标并输入线段的长度）
指定下一点或[放弃(U)]：↵　　　　　　　　　　　　（确认）

④ 单击"修改"面板中的"偏移"按钮 ◌，按照命令行窗口的提示，将线段 1 向上偏移出 3 条线段，将线段 2 向右偏移出 5 条线段，作为定位线，如图 3-3-4 所示。

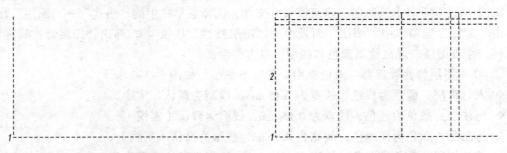

图 3-3-3　绘制轴线　　　　　　　　　　　　　　图 3-3-4　偏移线段

命令行窗口提示操作步骤如下：
命令：_OFFSET ↵
当前设置：删除源=否　图层=源　OFFSETGAPTYPE=0
指定偏移距离或[通过(T)/删除(E)/图层(L)]<通过>：2360 ↵　　　　　　（输入偏移值）
选择要偏移的对象，或[退出(E)/放弃(U)]<退出>：　　　　　　　　　（单击线段 1）
指定要偏移的那一侧上的点，
或[退出(E)/多个(M)/放弃(U)]<退出>：　　　　　　　　　　　　　　（向上拖动）

选择要偏移的对象，或[退出(E)/放弃(U)]<退出>: ↵　　　　　　　　（确认）
命令:_OFFSET
当前设置: 删除源=否　图层=源　OFFSETGAPTYPE=0
指定偏移距离或[通过(T)/删除(E)/图层(L)]<2360>:120↵　　　（输入偏移值）
选择要偏移的对象，或[退出(E)/放弃(U)]<退出>:　　　　　（单击刚偏移出的线段）
指定要偏移的那一侧上的点，
或[退出(E)/多个(M)/放弃(U)]<退出>:　　　　　　　　　（向上拖动）
选择要偏移的对象，或[退出(E)/放弃(U)]<退出>:　　　　　（单击刚偏移出的线段）
指定要偏移的那一侧上的点，
或[退出(E)/多个(M)/放弃(U)]<退出>:　　　　　　　　　（向上拖动）
选择要偏移的对象，或[退出(E)/放弃(U)]<退出>: ↵　　　　　（确认）
命令:_OFFSET
当前设置: 删除源=否　图层=源　OFFSETGAPTYPE=0
指定偏移距离或[通过(T)/删除(E)/图层(L)]<120>:300↵　　　（输入偏移值）
选择要偏移的对象，或[退出(E)/放弃(U)]<退出>:　　　　　（单击线段2）
指定要偏移的那一侧上的点，
或[退出(E)/多个(M)/放弃(U)]<退出>:　　　　　　　　　（向右拖动）
选择要偏移的对象，或[退出(E)/放弃(U)]<退出>: ↵　　　　　（确认）
命令:_OFFSET↵
当前设置: 删除源=否　图层=源　OFFSETGAPTYPE=0
指定偏移距离或[通过(T)/删除(E)/图层(L)]<300>:1000↵　　　（输入偏移值）
选择要偏移的对象，或[退出(E)/放弃(U)]<退出>:　　　　　（单击刚偏移出的线段）
指定要偏移的那一侧上的点，
或[退出(E)/多个(M)/放弃(U)]<退出>:　　　　　　　　　（向右拖动）
选择要偏移的对象，或[退出(E)/放弃(U)]<退出>: ↵　　　　　（确认）
命令:_OFFSET↵
当前设置: 删除源=否　图层=源　OFFSETGAPTYPE=0
指定偏移距离或[通过(T)/删除(E)/图层(L)]<1000>:1320↵　　　（输入偏移值）
选择要偏移的对象，或[退出(E)/放弃(U)]<退出>:　　　　　（单击刚偏移出的线段）
指定要偏移的那一侧上的点，
或[退出(E)/多个(M)/放弃(U)]<退出>:　　　　　　　　　（向右拖动）
选择要偏移的对象，或[退出(E)/放弃(U)]<退出>: ↵　　　　　（确认）
命令:_OFFSET↵
当前设置: 删除源=否　图层=源　OFFSETGAPTYPE=0
指定偏移距离或[通过(T)/删除(E)/图层(L)]<1320>:1000↵　　　（输入偏移值）
选择要偏移的对象，或[退出(E)/放弃(U)]<退出>:　　　　　（单击刚偏移出的线段）
指定要偏移的那一侧上的点，
或[退出(E)/多个(M)/放弃(U)]<退出>:　　　　　　　　　（向右拖动）
选择要偏移的对象，或[退出(E)/放弃(U)]<退出>: ↵　　　　　（确认）
命令:_OFFSET↵
当前设置: 删除源=否　图层=源　OFFSETGAPTYPE=0
指定偏移距离或[通过(T)/删除(E)/图层(L)]<1000>:180↵　　　（输入偏移值）
选择要偏移的对象，或[退出(E)/放弃(U)]<退出>:　　　　　（单击刚偏移出的线段）
指定要偏移的那一侧上的点，
或[退出(E)/多个(M)/放弃(U)]<退出>:　　　　　　　　　（向右拖动）
选择要偏移的对象，或[退出(E)/放弃(U)]<退出>: ↵　　　　　（确认）

⑤ 单击"修改"面板中的"修剪"按钮 -/--，在绘图区从右下角向左上角拖动将图形全部
选中，按空格键确认。再框选或单击需要修剪的线段，将多余的线段修剪掉。然后，将顶部的
水平线段转换到"道路"层，步骤如下：单击"常用"选项卡中"图层"面板中的"匹配"按

钮，然后将顶部的水平线段选中，按空格键确认，然后在命令行中输入 N，弹出“更改到图层”对话框，在“更改到图层”对话框中选中“道路”层，单击“确定”按钮，即可将顶部的水平线段转换到“道路” 层，按照同样的方法将除轴线外的其他线段转换到“人行道”层，如图 3-3-5 所示。

命令行窗口提示操作步骤如下：

命令：_TRIM↵
当前设置:投影=UCS，边=无
选择剪切边...
选择对象或<全部选择>：指定对角点：找到 10 个
选择对象：↵
选择要修剪的对象，或按住【Shift】键选择要延伸的对象，
或[栏选(F)/窗交(C)/投影(P)/边(E)/删除(R)/放弃(U)]：（框选或单击需要修剪的线段）
选择要修剪的对象，或按住【Shift】键选择要延伸的对象，
或[栏选(F)/窗交(C)/投影(P)/边(E)/删除(R)/放弃(U)]：（框选或单击需要修剪的线段）
……（相同的操作步骤略）
选择要修剪的对象，或按住【Shift】键选择要延伸的对象，
或[栏选(F)/窗交(C)/投影(P)/边(E)/删除(R)/放弃(U)]：↵（确认）
命令：_LAYMCH↵
选择要更改的对象:找到 1 个（单击顶层水平线段）
选择目标图层上的对象或 [名称(N)]：N↵（输入名称 N，弹出“更改到图层”对话框）
一个对象已更改到图层“道路”上
命令：_LAYMCH↵
选择要更改的对象:找到 10 个（单击需要转换图层的线段）
选择目标图层上的对象或 [名称(N)]：N↵（输入名称 N，弹出“更改到图层”对话框）
10 个对象更改到图层“人行道”

⑥ 单击“修改”面板中的“圆角”按钮，按照命令行窗口的提示，设置圆角半径，分别将图形的角进行圆角化，完成后的效果如图 3-3-6 所示。

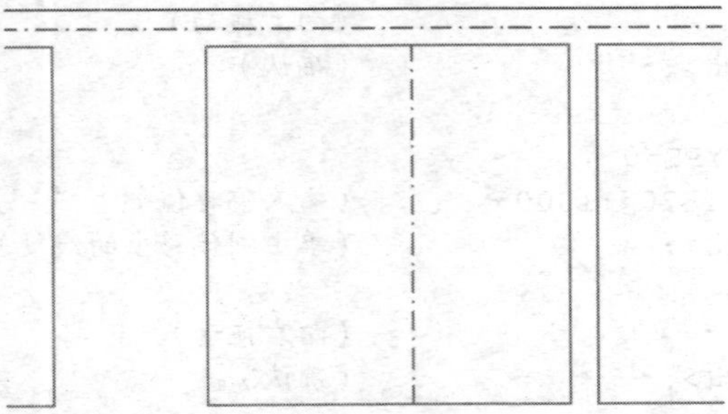

图 3-3-5 修剪线段并切换图层

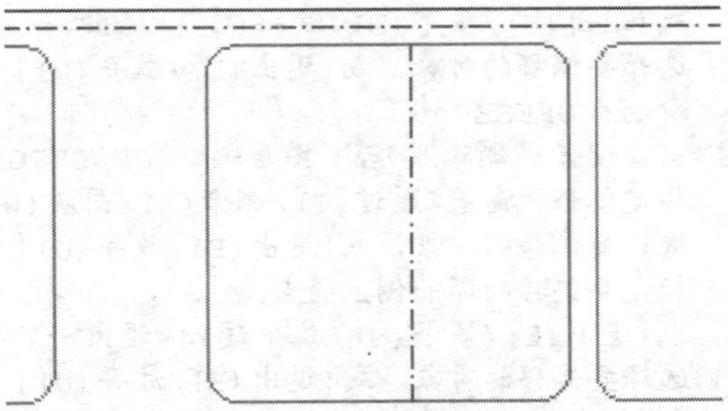

图 3-3-6 圆角图形

命令行窗口提示操作步骤如下：

命令：_FILLET↵
当前设置：模式=修剪，半径=0.0
选择第一个对象或[放弃(U)/多段线(P)/半径(R)/修剪(T)/多个(M)]:R↵（输入半径选项）
指定圆角半径<0>:180↵（输入半径值）
选择第一个对象或[放弃(U)/多段线(P)/半径(R)/修剪(T)/多个(M)]:M↵（输入多个选项）
选择第一个对象或[放弃(U)/多段线(P)/半径(R)/修剪(T)/多个(M)]：（单击线段）
选择第二个对象，或按住【Shift】键选择对象以应用角点或 [半径(R)]：（单击线段）

选择第一个对象或[放弃(U)/多段线(P)/半径(R)/修剪(T)/多个(M)]：　　（单击线段）

选择第二个对象，或按住【Shift】键选择要应用角点的对象：　　（单击线段）

选择第一个对象或[放弃(U)/多段线(P)/半径(R)/修剪(T)/多个(M)]：　　（单击线段）

选择第二个对象，或按住【Shift】键选择对象以应用角点或 [半径(R)]：（单击线段）

……　　　　　　　　　　　　　　　　　　　　　　　　（相同的操作步骤略）

选择第一个对象或[放弃(U)/多段线(P)/半径(R)/修剪(T)/多个(M)]：　　（单击线段）

选择第二个对象，或按住【Shift】键选择对象以应用角点或 [半径(R)]：（单击线段）

选择第一个对象或 [放弃(U)/多段线(P)/半径(R)/修剪(T)/多个(M)]：↵ （确认）

⑦ 将图层切换到"建筑物"层，单击"绘图"面板中的"矩形"按钮□，按照命令行窗口的提示，绘制 4 个矩形。再单击"修改"面板中的"移动"按钮✛，将矩形移动到适当的位置，作为房屋的轮廓，如图 3-3-7 所示。

命令行窗口提示操作步骤如下：

命令：_RECTANG↵

指定第一个角点或[倒角(C)/标高(E)/圆角(F)/厚度(T)/宽度(W)]：　　（单击点）

指定另一个角点或[面积(A)/尺寸(D)/旋转(R)]：@820,1800↵　　（输入长宽值）

命令：_RECTANG↵

指定第一个角点或[倒角(C)/标高(E)/圆角(F)/厚度(T)/宽度(W)]：　　（单击点）

指定另一个角点或[面积(A)/尺寸(D)/旋转(R)]：@220,1200↵　　（输入长宽值）

命令：_RECTANG↵

指定第一个角点或[倒角(C)/标高(E)/圆角(F)/厚度(T)/宽度(W)]：　　（单击点）

指定另一个角点或[面积(A)/尺寸(D)/旋转(R)]：@160,600↵　　（输入长宽值）

命令：_RECTANG↵

指定第一个角点或[倒角(C)/标高(E)/圆角(F)/厚度(T)/宽度(W)]：　　（单击点）

指定另一个角点或[面积(A)/尺寸(D)/旋转(R)]：@200,500↵　　（输入长宽值）

命令：_MOVE↵

选择对象：

指定对角点：找到 1 个　　　　　　　　　　　　　　　　（选择矩形）

选择对象：↵

指定基点或[位移(D)]<位移>：　　　　　　　　　　　（单击矩形的中点）

指定第二个点或<使用第一个点作为位移>：　　　　　　　（单击矩形的中点）

……　　　　　　　　　　　　　　　　　　　　　（相同的操作步骤略）

命令：_MOVE ↵

选择对象：

指定对角点：找到 1 个　　　　　　　　　　　　　　　　（选择矩形）

选择对象：↵

指定基点或[位移(D)]<位移>：　　　　　　　　　　　（单击矩形的中点）

指定第二个点或<使用第一个点作为位移>：　　　　　　　（单击矩形的中点）

⑧ 单击"修改"面板中的"修剪"按钮━，在绘图区中从右下角向左上角拖动将图形全部选中，按空格键确认，框选或单击需要修剪的线段，将多余的线段修剪掉。再单击"绘图"面板中的"直线"按钮╱，按照命令行窗口的提示，绘制 2 条连接线段，如图 3-3-8 所示。

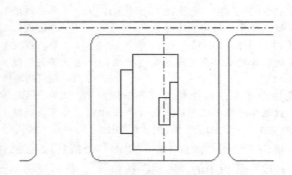 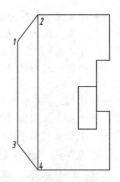

图 3-3-7　绘制矩形并移动　　　　　　图 3-3-8　修剪线段并绘制连接线段

命令行窗口提示操作步骤如下：

命令：_TRIM↵
当前设置：投影=UCS，边=无
选择剪切边…
选择对象或<全部选择>：
指定对角点：找到 25 个
选择对象：↵
选择要修剪的对象，或按住【Shift】键选择要延伸的对象，
或[栏选(F)/窗交(C)/投影(P)/边(E)/删除(R)/放弃(U)]：　　　（框选或单击需要修剪的线段）
选择要修剪的对象，或按住【Shift】键选择要延伸的对象，
或[栏选(F)/窗交(C)/投影(P)/边(E)/删除(R)/放弃(U)]：　　　（框选或单击需要修剪的线段）
……　　　　　　　　　　　　　　　　　　　　　　　　　　（相同的操作步骤略）
选择要修剪的对象，或按住【Shift】键选择要延伸的对象，
或[栏选(F)/窗交(C)/投影(P)/边(E)/删除(R)/放弃(U)]：↵　　（确认）
命令：_LINE↵
指定第一点：　　　　　　　　　　　　　　　　　　　　　　（单击点 1）
指定下一点或[放弃(U)]：　　　　　　　　　　　　　　　　　（单击点 2）
指定下一点或[放弃(U)]：↵　　　　　　　　　　　　　　　　（确认）
命令：_LINE↵
指定第一点：　　　　　　　　　　　　　　　　　　　　　　（单击点 3）
指定下一点或[放弃(U)]：　　　　　　　　　　　　　　　　　（单击点 4）
指定下一点或[放弃(U)]：↵　　　　　　　　　　　　　　　　（确认）

⑨　单击"绘图"面板中的"直线"按钮 ✎，绘制入口处的台阶和踏步；再单击"矩形"按钮 ▭ 和"圆"按钮 ⊙，按照命令行窗口的提示，绘制 2 个矩形和 3 个圆，作为办公用房，完成建筑物的绘制，如图 3-3-9 所示。

命令行窗口提示操作步骤如下：

命令：_LINE↵
指定第一点：　　　　　　　　　　　　　　　　　　　　　　（单击点）
指定下一点或[放弃(U)]：　　　　　　　　　　　　　　　　　（单击点）
指定下一点或[放弃(U)]：↵　　　　　　　　　　　　　　　　（确认）
……　　　　　　　　　　　　　　　　　　　　　　　　　　（相同的操作步骤略）
命令：_LINE↵
指定第一点：　　　　　　　　　　　　　　　　　　　　　　（单击点）
指定下一点或[放弃(U)]：　　　　　　　　　　　　　　　　　（单击点）
指定下一点或[放弃(U)]：↵　　　　　　　　　　　　　　　　（确认）
命令：_RECTANG↵

指定第一个角点或[倒角(C)/标高(E)/圆角(F)/厚度(T)/宽度(W)]：　　　（单击点）
指定另一个角点或[面积(A)/尺寸(D)旋转(R)]：@500,260↵　　　（输入长宽值）
命令：_RECTANG
指定第一个角点或[倒角(C)/标高(E)/圆角(F)/厚度(T)/宽度(W)]：　　　（单击点）
指定另一个角点或[面积(A)/尺寸(D)旋转(R)]：@50,40↵　　　（输入长宽值）
命令：_CIRCLE↵
指定圆的圆心或[三点(3P)/两点(2P)/相切、相切、半径(T)]：　　　（在刚绘制的矩形内单击）
指定圆的半径或[直径(D)]:20↵　　　（输入半径值）
命令：_CIRCLE↵
指定圆的圆心或[三点(3P)/两点(2P)/相切、相切、半径(T)]：　　　（在刚绘制的矩形内单击）
指定圆的半径或[直径(D)]:20↵　　　（输入半径值）
……　　　（相同的操作步骤略）
命令：_CIRCLE↵
指定圆的圆心或[三点(3P)/两点(2P)/相切、相切、半径(T)]：　　　（在刚绘制的矩形内单击）
指定圆的半径或[直径(D)]:20↵　　　（输入半径值）

⑩ 将图层切换到"人行道"层，单击"绘图"面板中的"直线"按钮✏，绘制出建筑物两侧的道路图形。再单击"修改"面板中的"修剪"按钮✂，将多余的线段修剪掉，完成两侧道路的绘制，如图 3-3-10 所示。

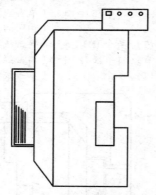

图 3-3-9　绘制办公用房和踏步

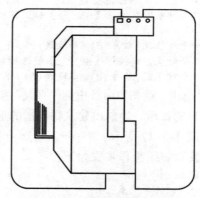

图 3-3-10　绘制道路线段并修剪

命令行窗口提示操作步骤如下：
命令：_LINE↵
指定第一点：　　　（单击点）
指定下一点或[放弃(U)]：　　　（单击点）
指定下一点或[放弃(U)]：↵　　　（确认）
……　　　（相同的操作步骤略）
命令：_LINE↵
指定第一点：　　　（单击点）
指定下一点或[放弃(U)]：　　　（单击点）
指定下一点或[放弃(U)]：↵　　　（确认）
命令：_TRIM↵
当前设置:投影=UCS,边=无
选择剪切边...
选择对象或<全部选择>：
指定对角点：找到 26 个
选择对象：↵
选择要修剪的对象,或按住【Shift】键选择要延伸的对象,

或[栏选(F)/窗交(C)/投影(P)/边(E)/删除(R)/放弃(U)]: 　　　　（框选或单击需要修剪的线段）
选择要修剪的对象，或按住【Shift】键选择要延伸的对象，
或[栏选(F)/窗交(C)/投影(P)/边(E)/删除(R)/放弃(U)]: 　　　　（框选或单击需要修剪的线段）
选择要修剪的对象，或按住【Shift】键选择要延伸的对象，
或[栏选(F)/窗交(C)/投影(P)/边(E)/删除(R)/放弃(U)]:↵ 　　　　（确认）

⑪ 单击"修改"面板中的"圆角"按钮 ，按照命令
行窗口的提示，设置圆角半径，将刚绘制的图形进行圆角
化，完成后的效果如图 3-3-11 所示。

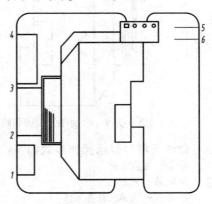

命令行窗口提示操作步骤如下：
命令:_FILLET↵
当前设置: 模式=修剪，半径=0.0
选择第一个对象或[放弃(U)/多段线(P)/半径(R)/修剪
(T)/多个(M)]:R↵ 　（输入半径选项）
指定圆角半径<0>:120↵ 　　　　　　　（输入半径值）
选择第一个对象或[放弃(U)/多段线(P)/半径(R)/修剪
(T)/多个(M)]:M↵ 　（输入多个选项）
选择第一个对象或[放弃(U)/多段线(P)/半径(R)/修剪
(T)/多个(M)]: 　（单击线段）

图 3-3-11　圆角图形

选择第二个对象，或按住【Shift】键选择对象以应用角点或 [半径(R)]: （单击线段）
…… 　　　　　　　　　　　　　　　　　　　　　　　（相同的操作步骤略）
选择第一个对象或[放弃(U)/多段线(P)/半径(R)/修剪(T)/多个(M)]: 　（单击线段）
选择第二个对象，或按住【Shift】键选择对象以应用角点或 [半径(R)]: （单击线段）
选择第一个对象或[放弃(U)/多段线(P)/半径(R)/修剪(T)/多个(M)]: 　（单击线段）

⑫ 再次单击"绘图"面板中的"直线"按钮 ，按
照命令行窗口的提示，绘制出建筑物周围的道路和停车
带图形，如图 3-3-12 所示。

命令行窗口提示操作步骤如下：
命令:_LINE↵
指定第一点: （单击点 1）
指定下一点或[放弃(U)]:224↵ 　（向右拖动鼠标，输
入线段的长度）
指定下一点或[放弃(U)]:384↵ 　（向上拖动鼠标，输
入线段的长度）
指定下一点或[闭合(C)/放弃(U)]:224↵ 　（向左拖动
鼠标，输入线段的长度）
指定下一点或[闭合(C)/放弃(U)]:↵ 　　　（确认）

图 3-3-12　绘制线段

命令:_LINE↵
指定第一点: 　　　　　　　　　　　　（单击点 2）
指定下一点或[放弃(U)]:360↵ 　　　　（向右拖动鼠标，输入线段的长度）
指定下一点或[放弃(U)]:↵ 　　　　　　（确认）
命令:_LINE↵
指定第一点: 　　　　　　　　　　　　（单击点 3）
指定下一点或[放弃(U)]:360↵ 　　　　（向右拖动鼠标，输入线段的长度）
指定下一点或[放弃(U)]:↵ 　　　　　　（确认）
命令:_LINE↵
指定第一点: 　　　　　　　　　　　　（单击点 4）
指定下一点或[放弃(U)]:260↵ 　　　　（向右拖动鼠标，输入线段的长度）
指定下一点或[放弃(U)]:650↵ 　　　　（向下拖动鼠标，输入线段的长度）

指定下一点或[闭合(C)/放弃(U)]:260↵　　　　　　　　（向左拖动鼠标，输入线段的长度）
指定下一点或[闭合(C)/放弃(U)]:↵　　　　　　　　　（确认）
命令:_LINE↵
指定第一点:　　　　　　　　　　　　　　　　　　　（单击点5）
指定下一点或[放弃(U)]:300↵　　　　　　　　　　　（向左拖动鼠标，输入线段的长度）
指定下一点或[放弃(U)]:↵　　　　　　　　　　　　（确认）
命令:_LINE↵
指定第一点:　　　　　　　　　　　　　　　　　　　（单击点6）
指定下一点或[放弃(U)]:300↵　　　　　　　　　　　（向左拖动鼠标，输入线段的长度）
指定下一点或[放弃(U)]:↵　　　　　　　　　　　　（确认）

⑬ 单击"修改"面板中的"修剪"按钮 ，在绘图区中从右下角向左上角拖动将图形全部选中，按空格键确认，框选或单击需要修剪的线段，将多余的线段修剪掉，其效果如图 3-3-13 所示。

命令行窗口提示操作步骤如下：
命令:_TRIM↵
当前设置:投影=UCS，边=无
选择剪切边...
选择对象或<全部选择>:指定对角点：找到55个
选择对象:↵
选择要修剪的对象，或按住【Shift】键选择要延伸的对象，
或[栏选(F)/窗交(C)/投影(P)/边(E)/删除(R)/放弃
(U)]:　　（框选或单击需要修剪的线段）
选择要修剪的对象，或按住【Shift】键选择要延伸的对象，
或[栏选(F)/窗交(C)/投影(P)/边(E)/删除(R)/放弃(U)]:　　（框选或单击需要修剪的线段）
……　　　　　　　　　　　　　　　　　　　　　　（相同的操作步骤略）
选择要修剪的对象，或按住【Shift】键选择要延伸的对象，
或[栏选(F)/窗交(C)/投影(P)/边(E)/删除(R)/放弃(U)]:↵　　（确认）

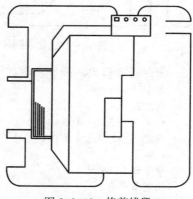

图 3-3-13　修剪线段

2．绘制布景

① 将图层切换到"植物层"，单击"绘图"面板中的"矩形"按钮 ，按照命令行窗口的提示，绘制 2 个圆角矩形，作为花坛，如图 3-3-14 所示。

命令行窗口提示操作步骤如下：
命令:_LAYER↵
命令:_RECTANG↵
指定第一个角点或[倒角(C)/标高(E)/圆角(F)/厚度(T)/宽度(W)]:F↵　　（输入圆角选项）
指定矩形的圆角半径<0>:100↵　　　　　　　　　　　　　　　　　（输入圆角值）
指定第一个角点或[倒角(C)/标高(E)/圆角(F)/厚度(T)/宽度(W)]:　　（单击点）
指定另一个角点或[面积(A)/尺寸(D)/旋转(R)]:@220,600↵　　　　　（输入长宽值）
命令:_RECTANG↵
指定第一个角点或[倒角(C)/标高(E)/圆角(F)/厚度(T)/宽度(W)]:F↵　　（输入圆角选项）
指定矩形的圆角半径<0>:100↵　　　　　　　　　　　　　　　　　（输入圆角值）
指定第一个角点或[倒角(C)/标高(E)/圆角(F)/厚度(T)/宽度(W)]:　　（单击点）
指定另一个角点或[面积(A)/尺寸(D)/旋转(R)]:@220,600↵　　　　　（输入长宽值）

② 单击"绘图"面板中的"圆弧"按钮 和"直线"按钮 ，绘制出如图 3-3-15 所示的汽车图形，其尺寸自定，外形类似即可；再单击"圆"按钮 和"样条曲线"按钮 ，绘制出植物图形，其尺寸自定，如图 3-3-15 所示。

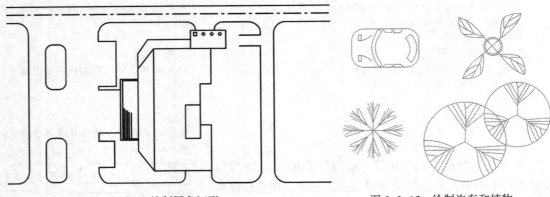

图 3-3-14　绘制圆角矩形　　　　　　　　　图 3-3-15　绘制汽车和植物

命令行窗口提示操作步骤如下：

命令：_LINE↵
指定第一点：　　　　　　　　　　　　　　　　　　　　　　　　　（单击点）
指定下一点或 [放弃(U)]：　　　　　　　　　　　　　　　　　　　（单击点）
指定下一点或 [放弃(U)]：↵　　　　　　　　　　　　　　　　　　（确认）
……　　　　　　　　　　　　　　　　　　　　　　　　　　　　　（相同的操作步骤略）

命令：_LINE↵
指定第一点：　　　　　　　　　　　　　　　　　　　　　　　　　（单击点）
指定下一点或 [放弃(U)]：　　　　　　　　　　　　　　　　　　　（单击点）
指定下一点或 [放弃(U)]：↵　　　　　　　　　　　　　　　　　　（确认）
命令：_ARC↵
指定圆弧的起点或 [圆心(C)]：　　　　　　　　　　　　　　　　　（单击点）
指定圆弧的第二个点或 [圆心(C)/端点(E)]：　　　　　　　　　　　（单击点）
指定圆弧的端点：↵　　　　　　　　　　　　　　　　　　　　　　（确认）
……　　　　　　　　　　　　　　　　　　　　　　　　　　　　　（相同的操作步骤略）
命令：_ARC↵
指定圆弧的起点或 [圆心(C)]：　　　　　　　　　　　　　　　　　（单击点）
指定圆弧的第二个点或 [圆心(C)/端点(E)]：　　　　　　　　　　　（单击点）
指定圆弧的端点：↵　　　　　　　　　　　　　　　　　　　　　　（确认）
命令：_CIRCLE↵
指定圆的圆心或 [三点(3P)/两点(2P)/相切、相切、半径(T)]：　　　（单击点）
指定圆的半径或 [直径(D)]：↵　　　　　　　　　　　　　　　　　（单击点）
命令：SPLINE
当前设置：方式=拟合　　节点=弦
指定第一个点或 [方式(M)/节点(K)/对象(O)]：　　　　　　　　　　（单击点）
输入下一个点或 [起点切向(T)/公差(L)]：　　　　　　　　　　　　（单击点）
输入下一个点或 [端点相切(T)/公差(L)/放弃(U)]：　　　　　　　　（单击点）
输入下一个点或 [端点相切(T)/公差(L)/放弃(U)/闭合(C)]：　　　　（单击点）
……　　　　　　　　　　　　　　　　　　　　　　　　　　　　　（相同的操作步骤略）
输入下一个点或 [端点相切(T)/公差(L)/放弃(U)/闭合(C)]：　　　　（单击点）

③ 单击"修改"面板中的"复制"按钮，将刚绘制的汽车和植物，按照如图 3-3-16
所示进行复制，完成景观植物的布置。

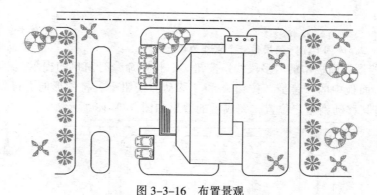

图 3-3-16　布置景观

命令行窗口提示操作步骤如下：

命令：_COPY↵
选择对象：指定对角点：找到 31 个　　　　　　　　　　　　　　（选择汽车图形）
选择对象：
指定基点或[位移(D)] <位移>：　　　　　　　　　　　　　　　（单击点）
指定第二个点或[阵列(A)]<使用第一个点作为位移>：　　　　　（单击点）
指定第二个点或[阵列(A)/退出(E)/放弃(U)] <退出>：　　　　（单击点）
……　　　　　　　　　　　　　　　　　　　　　　　　　　　（相同的操作步骤略）
指定第二个点或[阵列(A)/退出(E)/放弃(U)] <退出>：↵
命令：_COPY↵
选择对象：指定对角点：找到 31 个　　　　　　　　　　　　　　（选择植物图形）
选择对象：
指定基点或[位移(D)] <位移>：　　　　　　　　　　　　　　　（单击点）
指定第二个点或[阵列(A)]<使用第一个点作为位移>：　　　　　（单击点）
指定第二个点或[阵列(A)/退出(E)/放弃(U)] <退出>：　　　　（单击点）
……　　　　　　　　　　　　　　　　　　　　　　　　　　　（相同的操作步骤略）
指定第二个点或[阵列(A)/退出(E)/放弃(U)] <退出>：↵

④ 将图层切换到"标注层"，单击"绘图"中的"圆"按钮⊙和
"多段线"按钮⊅，按照命令行窗口的提示，绘制出指北针图形。再使
用单行文字命令和"移动"按钮✛，在图形的顶部输入文字，设置文字
大小为 72，并将其移动到总平面图的右上角，如图 3-3-17 所示。

图 3-3-17 绘制指北针

命令行窗口提示操作步骤如下：

命令：_CIRCLE↵
指定圆的圆心或 [三点(3P)/两点(2P)/切点、切点、半径(T)]：　　（单击点）
指定圆的半径或[直径(D)]:120↵　　　　　　　　　　　　　　　（输入半径值）
命令：_PLINE↵
指定起点：
当前线宽为 0　　　　　　　　　　　　　　　　　　　　　　　　（单击圆底部的象限点）
指定下一个点或 [圆弧(A)/半宽(H)/长度(L)/放弃(U)/宽度(W)]:H↵　（输入半宽选项）
指定起点半宽<0>:10↵　　　　　　　　　　　　　　　　　　　　（输入半宽值）
指定端点半宽<10>:0↵　　　　　　　　　　　　　　　　　　　　（输入半宽值）
指定下一个点或[圆弧(A)/半宽(H)/长度(L)/放弃(U)/宽度(W)]：　　（单击圆底部的象限点）
指定下一点或[圆弧(A)/闭合(C)/半宽(H)/长度(L)/放弃(U)/宽度(W)]：↵（确认）
命令：_MOVE↵
选择对象：
指定对角点：找到 3 个　　　　　　　　　　　　　　　　　　　　（选择圆和文字）

选择对象：↵

指定基点或[位移(D)]<位移>：　　　　　　　　　　　　　　　（单击点）

指定第二个点或[阵列(A)]<使用第一个点作为位移>：　　　　　（单击总平面图的右上角）

⑤ 单击"绘图"面板中的"多段线"按钮，按照命令行窗口的提示，绘制一个三角形；再单击"修改"面板中的"镜像"按钮和"移动"按钮，将图形向右镜像并复制一个对称的图形，再将其移动到指定位置，完成后的效果如图 3-3-18 所示。

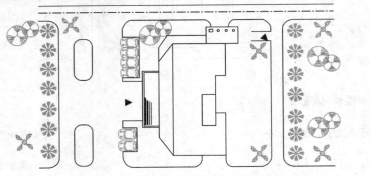

图 3-3-18　绘制箭头并镜像复制

命令行窗口提示操作步骤如下：

命令：_PLINE↵

指定起点：　　　　　　　　　　　　　　　　　　　　　　　　（单击点）

当前线宽为 0

指定下一个点或[圆弧(A)/半宽(H)/长度(L)/放弃(U)/宽度(W)]：H↵　（输入半宽选项）

指定起点半宽<0>：50↵　　　　　　　　　　　　　　　　　　（输入半宽值）

指定端点半宽<10>：0↵　　　　　　　　　　　　　　　　　　（输入半宽值）

指定下一个点或[圆弧(A)/半宽(H)/长度(L)/放弃(U)/宽度(W)]：70↵　（向右拖动鼠标，

输入线段的长度）

指定下一点或[圆弧(A)/闭合(C)/半宽(H)/长度(L)/放弃(U)/宽度(W)]：↵（确认）

命令：_MIRROR↵

选择对象：

指定对角点：找到 1 个　　　　　　　　　　　　　　　　　　（选择三角形）

选择对象：↵

指定镜像线的第一点：　　　　　　　　　　　　　　　　　　（单击点）

指定镜像线的第二点：　　　　　　　　　　　　　　　　　　（单击点）

要删除源对象吗？[是(Y)/否(N)]<N>：↵　　　　　　　　　　（确认）

命令：_MOVE↵

选择对象：

指定对角点：找到 1 个　　　　　　　　　　　　　　　　　　（选择三角形）

选择对象：↵

指定基点或[位移(D)]<位移>：　　　　　　　　　　　　　　　（单击点）

指定第二个点或[阵列(A)]<使用第一个点作为位移>：　　　　　（单击点）

⑥ 单击"注释"面板中的"文字"按钮 A，在图形中绘制一个矩形，作为文字输入的区域。此时，弹出"文字编辑器"选项卡及文字编辑区，如图 3-3-19 所示。

命令行窗口提示操作步骤如下：

命令：_MTEXT↵

当前文字样式："文字"　文字高度：20　注释性：否

指定第一角点：　　　　　　　　　　　　　　　　　　　　　（在绘图区单击）

指定对角点或[高度(H)/对正(J)/行距(L)/旋转(R)/样式(S)/宽度(W)]:)　（拖动绘制一个矩形区域）

⑦　在"样式"面板中设置文字样式为"文字"、文字大小为 100。然后在文字编辑区输入"展览馆入口"5 个字，如图 3-3-19 所示。单击"关闭文字编辑器"按钮，完成文字的输入。

图 3-3-19　"文字编辑器"选项卡及文字编辑区

⑧　用相同的方法，再绘制"办公入口"4 个文字；然后单击"修改"面板中的"移动"按钮✛，将文字分别移动到箭头的左侧和右侧，如图 3-3-20 所示。

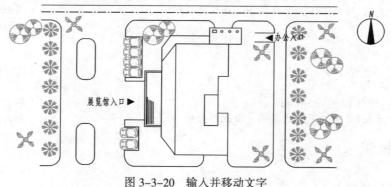

图 3-3-20　输入并移动文字

命令行窗口提示操作步骤如下：
命令：_MTEXT ↵
当前文字样式："文字"　文字高度：5　注释性：否
指定第一角点：　　　　　　　　　　　　　　　　　　　　　（在绘图区单击）
指定对角点或 [高度(H)/对正(J)/行距(L)/旋转(R)/样式(S)/宽度(W)/栏(C)]:(拖动绘制一个矩形区域并输入文字)
命令：_MOVE ↵
选择对象：
指定对角点：找到 1 个　　　　　　　　　　　　　　　　　（选择"展览馆入口"5 个文字）
选择对象：↵
指定基点或[位移(D)]<位移>：　　　　　　　　　　　　　（单击点）
指定第二个点或[阵列(A)]<使用第一个点作为位移>：　　　（单击箭头右侧的点）
命令：_MOVE ↵
选择对象：
指定对角点：找到 1 个　　　　　　　　　　　　　　　　　（选择"办公入口"4 个文字）
选择对象：↵
指定基点或[位移(D)]<位移>：　　　　　　　　　　　　　（单击点）
指定第二个点或[阵列(A)]<使用第一个点作为位移>：　　　（单击箭头左侧的点）

⑨　使用相同的方法，再绘制出其他标识文字（例如，绿地、停车场等），并移动到指定位

置，完成整个图形的绘制，如图 3-3-1 所示。

```
命令：_METEXT ↵
当前文字样式："文字" 文字高度：5 注释性：否
指定第一角点：                                          （在绘图区单击）
指定对角点或[高度(H)/对正(J)/行距(L)/旋转(R)/样式(S)/宽度(W)/栏(C)]：（拖动绘制一
个矩形区域并输入文字）
……                                                  （相同的操作步骤略）
命令：_ METEXT ↵
当前文字样式："文字" 文字高度：5 注释性：否
指定第一角点：                                          （在绘图区单击）
指定对角点或[高度(H)/对正(J)/行距(L)/旋转(R)/样式(S)/宽度(W)/栏(C)]：（拖动绘制一
个矩形区域并输入文字）
命令：_MOVE ↵
选择对象：
指定对角点：找到 1 个                                    （选择文字）
选择对象：↵
指定基点或[位移(D)]<位移>：                              （单击点）
指定第二个点或[阵列(A)]<使用第一个点作为位移>：          （单击点）
……                                                  （相同的操作步骤略）
命令：_MOVE ↵
选择对象：
指定对角点：找到 1 个                                    （选择文字）
选择对象：↵
指定基点或[位移(D)]<位移>：                              （单击点）
指定第二个点或[阵列(A)]<使用第一个点作为位移>：          （单击点）
```

☕ 相关知识

1. 地形图的绘制

① 建筑设计一般从建筑总平面设计开始，总平面图内容主要包括原有地形、地貌、地物、原有建筑物、构筑物、建筑红线、用地红线、建筑道路、绿化与环境规划、建筑小品及新建建筑等。

② 作为施工图纸，还应该有大地标高定位点、经纬度、指北针、风玫瑰图、尺寸标注与标高标注、层数标注以及设计说明等辅助说明性图素。

③ 任何建筑都是基于甲方提供的地形现状图进行设计的，在进行设计之前，设计师必须首先绘制地形现状图。总平面图中的地形现状图的输入，依据具体的条件不同，内容也不尽相同，有繁有简。一般而言，分 3 种情况：一是高低起伏不大的地形，称为"近似地看作平地"，用简单的绘图命令即可完成；二是较复杂地形，尤其是高低起伏较剧烈的地形，应用"直线""多段线""圆弧"等命令绘制等高线或网格形体；三是特别复杂的地形，可以用扫描仪扫描为光栅文件，用 XREF 命令进行外部引用，也可用数字化仪直接输入为矢量文件。

2. 地物的绘制

① 对于现状图中的地物通常用简单的二维绘图命令按相应规范即可绘制。这些地物主要包括铁路、道路、地下管线、河流、桥梁、绿化、湖泊、雕塑等。

② 在建筑设计中，有两种红线：建筑红线和用地红线。用地红线是主管部门或城市规划部

门依据城市建设总体规划要求确定的可使用的用地范围;建筑红线是拟建建筑应摆放在该用地范围中的位置,新建建筑不可超出建筑红线。用地红线一般用点画线绘制,建筑红线一般用粗虚线绘制,它一般由比较简单的直线或弧线组成,颜色宜设为红色。因此,要用指定线型绘制。

③ 建筑用地是根据城市道路骨架和城市规划骨架以及其他建筑用地划分的,因此用地红线和建筑红线与周边道路、建筑等往往平行,因此也可用 OFFSET 命令偏移规定距离后再修改其颜色和线型。

3. 辅助图素的绘制

① 在总平面设计中其他的辅助图素(如大地坐标、经纬度、绝对标高、特征点标高、风玫瑰图、指北针等)可用尺寸标注、文本标注等方式标注或调用图块。由于这些数值或参数是施工设计和施工放样的主要参考标准,因此设计绘图中应注意绘制精确、定位准确。

② 建筑总图以指北针或者风玫瑰表示方向。风玫瑰因地区差异而各不相同。

4. 对象的修剪与延伸

(1)修剪对象

单击“修剪”按钮 ,可以通过缩短或拉长,使对象与其他对象的边相接。这意味着可以先创建一个对象(例如直线),然后调整该对象,使其恰好位于其他对象之间。

① 修剪对象时,使用“延伸”选项,可以不退出 TRIM 命令。按住【Shift】键并选择要延伸的对象。在图 3-3-21 所示的图中,通过修剪平滑地清理两墙壁相交的地方。

② 修剪对象时,对象既可以作为剪切边,也可以是被修剪的对象。例如,在图 3-3-22 所示的图中,圆是构造线的一条剪切边,同时它也正在被修剪。

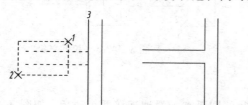

图 3-3-21　平滑地清理两墙壁相交的地方　　图 3-3-22　既可以作为剪切边,也可以被修剪

③ 在修剪若干个对象时,使用不同的选择方法有助于选择当前的剪切边和修剪对象。在图 3-3-23 中,剪切边是利用交叉选择选定的。

(2)延伸对象

“延伸”按钮 与“修剪”按钮的操作方法相同。可以延伸对象,使它们精确地延伸至由其他对象定义的边界边。在图 3-3-24 中,将直线精确地延伸到由一个圆定义的边界边。

图 3-3-23　剪切边是利用交叉选择选定的　　　　图 3-3-24　延伸对象

（3）修剪和延伸宽多段线

在二维宽多段线的中心线上进行修剪和延伸，宽多段线的端点始终是正方形的。以某一角度修剪宽多段线会导致端点部分延伸出剪切边。

如果修剪或延伸锥形的二维多段线，需更改延伸末端的宽度以将原锥形延长到新端点。如果此修正给该线段指定一个负的末端宽度，则末端宽度被强制为 0，如图 3-3-25 所示。

5．对象的拉长与拉伸

（1）拉长对象

单击"拉长"按钮 可以修改开放直线、圆弧、开放多段线、椭圆弧和开放样条曲线的长度。结果与延伸和修剪相似。可以使用多种方法改变长度。

① 动态拖动对象的端点。

② 按总长度或角度的百分比指定新长度或角度。

③ 指定从端点开始测量的增量长度或角度。

④ 指定对象的总绝对长度或包含角。

（2）拉伸对象

单击"拉伸"按钮 ，应先为拉伸指定一个基点，然后指定位移点。由于拉伸移动位于交叉选择窗口内部的端点，因此必须用交叉选择选择对象，如图 3-3-26 所示。

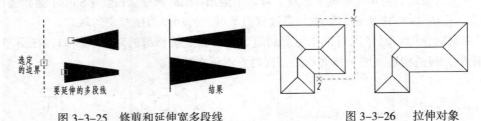

图 3-3-25　修剪和延伸宽多段线　　　　图 3-3-26　　拉伸对象

6．对象的圆角

单击"圆角"按钮 ，就是通过一个指定半径的圆弧来光滑地连接两个对象，如图 3-3-27 所示。内部角点称为内圆角，外部角点称为外圆角。按住【Shift】键并选择两条直线，可以快速创建零半径圆角。可以圆角的对象有圆弧、圆、椭圆和椭圆弧、直线、多段线、射线、样条曲线、构造线和三维实体。

（1）设置圆角半径、圆角对象

圆角半径是连接被圆角对象的圆弧半径。修改圆角半径将影响后续的圆角操作。如果设置圆角半径为 0，则被圆角的对象将被修剪或延伸直到它们相交，并不创建圆弧，如图 3-3-28 所示。

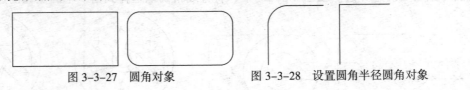

图 3-3-27　圆角对象　　　　　图 3-3-28　设置圆角半径圆角对象

（2）修剪和延伸圆角对象

可以使用"修剪"选项指定是否修剪选定对象、将对象延伸到创建的弧的端点，或不做修改，如图 3-3-29 所示。默认情况下，除圆、完整椭圆、闭合多段线和样条曲线以外的所有对象在圆角时都将进行修剪或延伸。

（3）控制圆角位置

根据指定的位置，选定的对象之间可以存在多个可能的圆角，如图 3-3-30 所示。

图 3-3-29　修剪和延伸圆角对象　　　　图 3-3-30　控制圆角位置

（4）为直线和多段线的组合加圆角

要对直线和多段线的组合进行圆角，直线或其延长线必须与多段线的直线段之一相交。如果打开"修剪"选项，则进行圆角的对象和圆角弧合并形成单独的新多段线，如图 3-3-31 所示。

（5）为整个多段线加圆角

可以为整个多段线加圆角或从多段线中删除圆角。如果设置一个非零的圆角半径，AutoCAD 将在足够容纳圆角半径的每一多线段的顶点处插入圆角弧；如果两个多段线线段收敛于它们之间的弧线段，AutoCAD 将删除弧线段并将其替换为圆角弧，如图 3-3-32 所示。如果将圆角半径设置为 0，则不插入圆角弧。如果两条多段线直线段被一段圆弧段分割，AutoCAD 将删除这段圆弧并延伸直线直到它们相交。

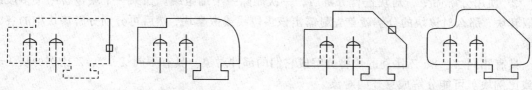

图 3-3-31　为直线和多段线的组合加圆角　　　　图 3-3-32　为整个多段线加圆角

（6）为平行直线圆角

在为平行直线、参照线和射线圆角时，AutoCAD 将忽略当前圆角弧并创建与两平行对象相切且位于两个对象的共有平面上的圆弧。但第一个选定对象必须是直线或射线，第二个对象可以是直线、构造线或射线。圆角弧的连接如图 3-3-33 所示。

7．对象的倒角

单击"倒角"按钮 ，可在两条非平行线之间创建直线，它通常用于表示角点上的倒角边，如图 3-3-34 所示。"倒角"命令还可用于为多段线所有角点加倒角。按住【Shift】键并选择两条直线，可以快速创建零距离倒角。

图 3-3-33　为平行直线圆角　　　　图 3-3-34　倒角边

（1）通过指定距离进行倒角

倒角距离是每个对象与倒角线相接或与其他对象相交而进行修剪或延伸的长度。如果两个倒角距离都为 0，则倒角操作将修剪或延伸这两个对象直至它们相交，但不创建倒角线，如图 3-3-35 所示。

（2）对整条多段线倒角

对整条多段线进行倒角时，每个交点都被倒角。要得到最佳效果，需要保持第一和第二个倒角距离相等，如图 3-3-36 所示。对整条多段线倒角时，AutoCAD 只对那些长度足够适合倒角距离的线段进行倒角，如果线段太短将不能进行倒角。

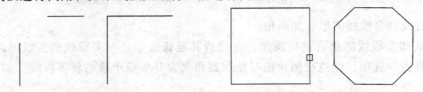

图 3-3-35　通过指定距离进行倒角　　　　图 3-3-36　对整条多段线进行倒角

8．分解对象

单击"修改"面板中的"分解"按钮 ，可将选择的图形分解成独立的对象。

① 单击"分解"按钮对图块进行分解后，块参照已分解为其组成对象。但是，块定义仍存在于图形中供以后插入。分解一个包含属性的块将删除属性值并重显示属性定义。

② 使用分解命令，对块进行分解后，一次删除一个编组级。如果一个块包含一个多段线或嵌套块，那么对该块的分解就首先显露出该多段线或嵌套块，然后再分别分解该块中的各个对象。

具有相同 X、Y、Z 比例的块将分解成它们的部件对象。具有不同 X、Y、Z 比例的块（非一致比例块）可能分解成意外的对象。

当非一致比例块包含有不能分解的对象时，这些不能分解的对象将被收集到一个匿名块（以"*E"为前缀）中并且以非一致比例缩放进行参照。如果这种块中的所有对象都不可分解，则选定的块参照不能分解。非一致缩放的块中的体、三维实体和面域图元不能分解。

③ 使用分解命令，对"三维多段线"进行分解后，三维多段线分解成线段。为三维多段线指定的线型将应用到每一个得到的线段。

④ 使用分解命令，对"三维实体"进行分解后，将平面表面分解成多个面域，将非平面表面分解成体。

⑤ 使用分解命令，对"圆弧"进行分解后，如果位于非一致比例的块内，则分解为椭圆弧。

⑥ 使用"分解"命令，对"圆"块进行分解后，如果位于非一致比例的块内，则分解为椭圆。

⑦ 使用"分解"命令，对"引线"块进行分解后，根据引线的不同，可分解成直线、样条曲线、实体（箭头）、块插入（箭头、注释块）、多行文字或公差对象。

⑧ 使用"分解"命令，对"多行文字"进行分解后，分解成文字对象。

⑨ 使用"分解"命令，对"多线"进行分解后，分解成直线和圆弧。

⑩ 使用"分解"命令，对"多面网格"进行分解后，单顶点网格分解成点对象。双顶点

网格分解成直线，三顶点网格分解成三维面。

⑪ 使用"分解"命令，对"面域"进行分解后，分解成直线、圆弧或样条曲线。

思考与练习 3-3

1. 问答题

（1）简述地形图的绘制要求。

（2）简述地物绘制的特点。

2. 上机操作题

参照本课所学的知识，绘制如图 3-3-37 所示的"建筑总平面图"。在绘制本例时，应先绘制出道路线，再绘制房屋和植物等。

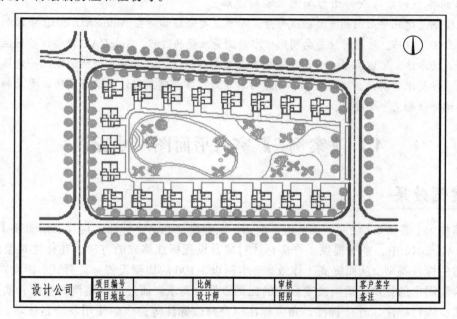

图 3-3-37 建筑总平面图

第 4 章 图形的标注与输出

虽然使用 AutoCAD 绘制的建筑图形可以比较清楚地表达绘图者的思想和意图，但在图形中仍需要加注必要的文字和尺寸标注，来表达图形所无法说明的内容和信息。可以使用文字来标明图形的各个部分，或为图形加上必要的注解。

标注绘制是建筑平面图的重要组成部分，本章主要介绍如何在 AutoCAD 2012 中添加文字与尺寸标注的方法及技巧。进行标注是向图形中添加测量注释的过程。AutoCAD 提供许多标注对象及设置标注格式的方法。可以在各个方向上为各类对象创建标注，也可以方便快速地以一定格式创建符合行业或项目标准的标注。通过对本章的学习和实践，掌握建筑标注的设置方法、要求和标注的特性以及编辑标注和文字的要求。

4.1 【案例 7】室内平面图尺寸标注

案例效果

本例将为【案例 2】绘制的"室内平面图"添加尺寸和文字标注，其效果如图 4-1-1 所示。在 AutoCAD 2012 中，系统提供了许多标注对象及设置标注格式的方法，在标注对象前，应先选择合适的标注类型，从而提高工作效率。本例以 1:100 的比例设置标注样式，读者在绘图时，可根据绘制图形的比例，适当改变标注的比例以符合需求。通过对本案例的学习和实践，掌握标注样式、线性标注、连续标注、角度标注以及修改标注等命令的使用及绘制技巧。

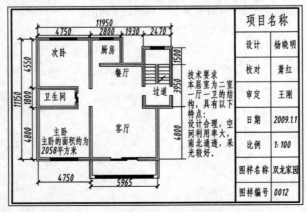

图 4-1-1 室内平面图尺寸标注

操作步骤

1. 设置标注样式

① 打开【案例 2】绘制的"室内平面图"文件，将轴线层从隐藏状态转为显示，单击"修改"面板中的"修剪"按钮 -/-- 和"删除"按钮 ∠，按照命令行窗口的提示，将多余的轴线删除。然后，单击状态栏中的"显示/隐藏线宽"按钮 ＋，取消线宽的显示，此时的图形效果如图 4-1-2 所示。

命令行窗口提示操作步骤如下：

命令：_TRIM↵
当前设置：投影=UCS，边=无
选择剪切边...
选择对象或<全部选择>：找到 1 个　　　　　　　　　（选择轴线）
选择对象：找到 1 个，总计 2 个　　　　　　　　　（选择轴线）
……　　　　　　　　　　　　　　　　　　　　　（相同的操作步骤略）
选择对象：找到 1 个，总计 13 个　　　　　　　　　（选择全部轴线）
选择对象：↵
　　选择要修剪的对象，或按住【Shift】键选择要延伸的对象，或[栏选(F)/窗交(C)/投影(P)/边(E)/删除(R)/放弃(U)]：　　　　　　　　　（框选或单击需要修剪的线段）
　　选择要修剪的对象，或按住【Shift】键选择要延伸的对象，或[栏选(F)/窗交(C)/投影(P)/边(E)/删除(R)/放弃(U)]：　　　　　　　　　（框选或单击需要修剪的线段）
　　选择要修剪的对象，或按住【Shift】键选择要延伸的对象，或[栏选(F)/窗交(C)/投影(P)/边(E)/删除(R)/放弃(U)]：↵　　　　　　　　　（确认）
命令：_ERASE↵
选择对象：
指定对角点：找到 6 个　　　　　　　　　　　　　（选择多余的线段）
选择对象：↵　　　　　　　　　　　　　　　　　（确认）

② 单击"常用"选项卡，在"注释"面板的下拉列表中选择"标注样式"，弹出"标注样式管理器"对话框，如图 4-1-3 所示。

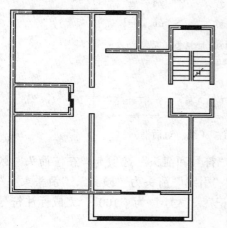

图 4-1-2　取消线宽的显示

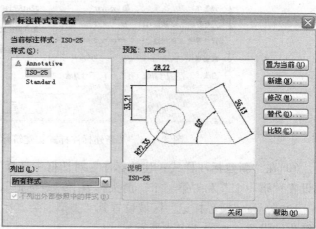

图 4-1-3　"标注样式管理器"对话框

③ 在"标注样式管理器"对话框中单击"新建"按钮，弹出"创建新标注样式"对话框。在"创建新标注样式"对话框的"新样式名"文本框中，输入新建标注样式的名称为"建筑标注"，其他为默认值，如图 4-1-4 所示。然后，单击"继续"按钮，关闭该对话框并弹出"新建标注样式：建筑标注"对话框。

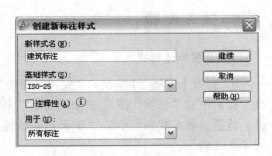

图 4-1-4　"创建新标注样式"对话框

④ 在"新建标注样式：建筑标注"对话框中选择"线"选项卡，在其"尺寸线"区域中设置直线的"颜色""线型"和"线宽"都为 ByLayer（随层），即本图层是什么颜色和线型，标注就使用什么颜色和线型；再将"基线间距"设置为 3.75，如图 4-1-5 所示。

⑤ 将"尺寸界线"区域中的"颜色"和"线宽"也都设置为 ByLayer（随层），将"超出尺寸线"设置为 300、"起点偏移量"设置为 120，完成标注直线的设置，如图 4-1-5 所示。

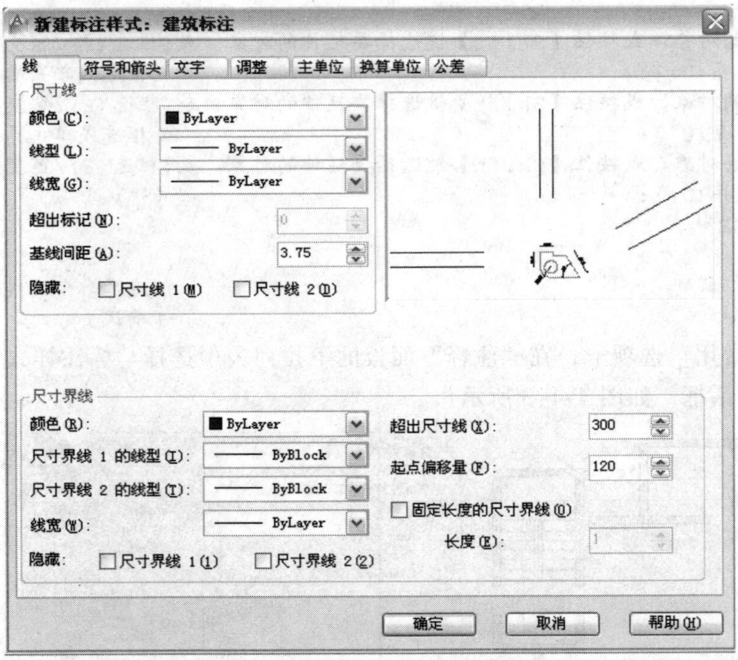

图 4-1-5　"新建标注样式：建筑标注"（线）对话框

⑥ 在"新建标注样式：建筑标注"对话框中选择"符号和箭头"选项卡，在"箭头"区域设置"第一个"和"第二个"箭头都为"建筑标记"，"引线"箭头为"倾斜"，"箭头大小"为"100"；在"圆心标记"区域设置其"类型"为"标记"，"大小"为"100"，完成标注符号和箭头的设置，如图 4-1-6 所示。

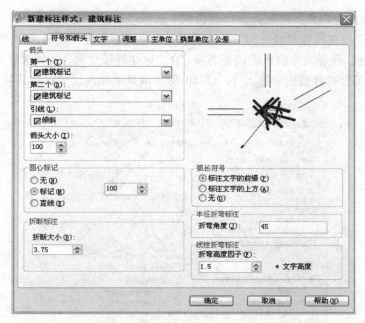

图 4-1-6　"新建标注样式：建筑标注"（符号和箭头）对话框

⑦　在"新建标注样式：建筑标注"对话框中选择"文字"选项卡，在"文字外观"区域设置"文字样式"为"数字"，"文字颜色"为 ByLayer（随层）；在"文字位置"区域设置文字在"垂直"方向的位置为"上"，在"水平"方向的位置为"居中"，"从尺寸线偏移"为"150"；在"文字对齐"区域设置文字对齐方式为"与尺寸线对齐"，完成标注文字的设置，如图 4-1-7所示。

图 4-1-7　"新建标注样式：建筑标注"（文字）对话框

⑧ 在"新建标注样式：建筑标注"对话框中选择"调整"选项卡，在"调整选项"区域选中"文字始终保持在尺寸界线之间"单选按钮；在"文字位置"区域选择"尺寸线上方，不带引线"单选按钮，设置文字位置的调整选项；在"标注特征比例"区域选中"使用全局比例"单选按钮，并在其后的数值框中输入 1，以 1:1 的比例显示标注尺寸；默认其他选项的设置，如图 4-1-8 所示。

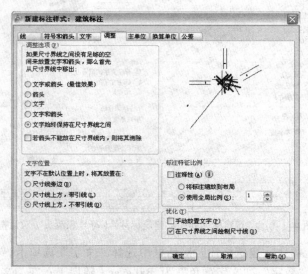

图 4-1-8　"新建标注样式"（调整）对话框

⑨ 在"新建标注样式：建筑标注"对话框中选择"主单位"选项卡，在"线性标注"区域设置"单位格式"为小数，"精度"为"0"，"小数分隔符"为"．"(句点)方式。在"角度标注"区域设置"单位格式"为"十进制度数"，"精度"为"0"，如图 4-1-9 所示。然后，单击"确定"按钮，关闭该对话框并返回"标注样式管理器"对话框。

图 4-1-9　"新建标注样式"（主单位）对话框

⑩ 在"标注样式管理器"对话框中，选中"建筑标注"选项，单击"置为当前"按钮，应用该标注样式，如图 4-1-10 所示。然后，单击"关闭"按钮，关闭该对话框，完成标注样式的设置。

图 4-1-10　"标注样式管理器"对话框

⑪ 单击"常用"选项卡，在"注释"面板的下拉列表中选择"文字样式"命令，弹出"文字样式"对话框，如图 4-1-11 所示。在"样式"区域选择"数字"，在"大小"区域设置"高度"为"500"，然后单击"应用"按钮，"应用"按钮右侧原来的"取消"按钮变为"关闭"按钮，单击"关闭"按钮，关闭该对话框。

图 4-1-11　"文字样式"对话框

2. 平面图尺寸的标注

① 将图层切换到"标注"层，打开对象捕捉。单击"注释"选项卡，在"标注"面板中单击"线性"按钮▯▯或在命令行输入 DIMLINEAR，按照命令行窗口的提示，以点 1 和点 2 为标注的基点，绘制线性标注。完成后的效果如图 4-1-12 所示。

图 4-1-12　绘制线性标注

命令行窗口提示操作步骤如下：

命令：_LAYER↙

命令：_DIMLINEAR↙

指定第一个尺寸界线原点或<选择对象>：　　　　　　　　　　　　　　（单击点1）

指定第二条尺寸界线原点：

指定尺寸线位置或[多行文字(M)/文字(T)/角度(A)/水平(H)/垂直(V)/旋转(R)]：（单击点2）

标注文字=4750↙

② 单击"标注"面板中的"连续"按钮，按照命令行窗口的提示，绘制出顶部的其他标注，如图4-1-13所示。

命令行窗口提示操作步骤如下：

命令：_DIMCONTINUE↙　　（连续标注）

指定第二条尺寸界线原点或[放弃(U)/选择(S)]<选择>：　　　　　（依次向右单击轴线点）

标注文字=2800

指定第二条尺寸界线原点或[放弃(U)/选择(S)] <选择>：　　　　（依次向右单击轴线点）

标注文字=1930

指定第二条尺寸界线原点或[放弃(U)/选择(S)] <选择>：　　　　（依次向右单击轴线点）

标注文字=2470

指定第二条尺寸界线原点或[放弃(U)/选择(S)] <选择>：　　　　（依次向右单击轴线点）

选择连续标注：↙　　　　　　　　　　　　　　　　　　　　　　　　（确认）

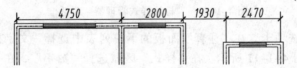

图4-1-13　绘制连续标注

③ 再次单击"标注"面板中的"线性"按钮，按照命令行窗口的提示，指定标注的基点，绘制出顶部的总长度标注，如图4-1-14所示。

命令行窗口提示操作步骤如下：

命令：_DIMLINEAR↙

指定第一个尺寸界线原点或<选择对象>：　　　　　　　　　　　　　（单击左侧的点）

指定第二条尺寸界线原点：指定尺寸线位置或[多行文字(M)/文字(T)/角度(A)/水平(H)/垂直(V)/旋转(R)]：　　　　　　　　　　　　　　　　　　　　　　　　（单击右侧的点）

标注文字=11950↙

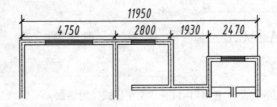

图4-1-14　绘制顶部的总长度标注

④ 再次单击"标注"面板中的"线性"按钮和"连续"按钮，按照命令行窗口的提示，指定标注的基点，绘制出整个图形的其他线性标注，如图4-1-15所示。

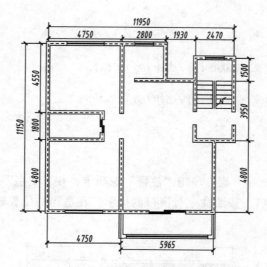

图 4-1-15 绘制整个图形的线性标注

命令行窗口提示操作步骤如下：

命令：_DIMLINEAR↵   （线性标注）
指定第一个尺寸界线原点或<选择对象>：   （单击右侧的点）
指定第二个尺寸界线原点：指定尺寸线位置或[多行文字(M)/文字(T)/角度(A)/水平(H)/垂直
(V)/旋转(R)]：   （单击右侧的点）
标注文字=11150↵
命令：_DIMLINEAR↵   （线性标注）
指定第一个尺寸界线原点或<选择对象>：   （单击右侧的点）
指定第二个尺寸界线原点：指定尺寸线位置或[多行文字(M)/文字(T)/角度(A)/水平(H)/垂直
(V)/旋转(R)]：   （单击右侧的点）
标注文字=4800↵
命令：_DIMCONTINUE↵   （连续标注）
选择连续标注：↵
指定第二个尺寸界线原点或[放弃(U)/选择(S)]<选择>：   （单击左侧的点）
标注文字=1800
指定第二个尺寸界线原点或[放弃(U)/选择(S)]<选择>：   （单击左侧的点）
标注文字=4550
选择连续标注：↵
命令：_DIMLINEAR↵   （线性标注）
指定第一个尺寸界线原点或<选择对象>：   （单击底部的点）
指定第二个尺寸界线原点：指定尺寸线位置或[多行文字(M)/文字(T)/角度(A)/水平(H)/垂直
(V)/旋转(R)]：   （单击底部的点）
标注文字=4750↵
命令：_DIMCONTINUE↵   （连续标注）
选择连续标注：↵
指定第二个尺寸界线原点或 [放弃(U)/选择(S)] <选择>：   （单击底部的点）
标注文字=5965
选择连续标注：↵
命令：_DIMLINEAR↵   （线性标注）
指定第一个尺寸界线原点或<选择对象>：   （单击点）
指定第二个尺寸界线原点：指定尺寸线位置或[多行文字(M)/文字(T)/角度(A)/水平(H)/垂直
(V)/旋转(R)]：   （单击右侧的点）

```
标注文字=4800 ↵
命令：_DIMCONTINUE ↵                                      （连续标注）
选择连续标注：↵
指定第二个尺寸界线原点或[放弃(U)/选择(S)]<选择>：           （单击右侧的点）
标注文字=3950
指定第二个尺寸界线原点或[放弃(U)/选择(S)]<选择>：           （单击右侧的点）
标注文字=1500
选择连续标注：↵
```

3．标注文本

① 将图层切换到"文字"层，单击"注释"选项卡，在"文字"面板上选择"单行文字"命令或在命令行输入 TEXT，按照命令行窗口的提示，在适当的位置输入需要的文字，完成后的效果如图 4-1-16 所示。

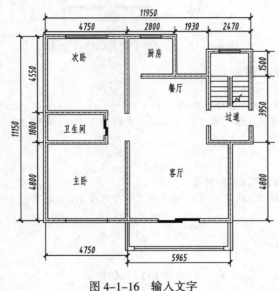

图 4-1-16　输入文字

命令行窗口提示操作步骤如下：

```
命令：_LAYER ↵
命令：_TEXT ↵
当前文字样式："数字"   文字高度：500   注释性：否
指定文字的起点或 [对正(J)/样式(S)]：                  （在需要输入文字的位置处单击）
指定文字的旋转角度 <0>：↵
```

② 在绘制建筑平面图时，经常要测量两点之间的距离和某一区域的面积，例如，想知道起居室内墙的长度和起居室的面积以便于进行家具的布置和室内装潢设计，这就需要用到 AutoCAD 提供的长度和面积的测量方法。

③ 单击"常用"选项卡，在"实用工具"面板的"测量"下拉列表中选择"面积"命令或在命令行输入 AREA，执行测量"面积"命令。然后在绘图区点取主卧室的一墙角点（点 1），再依次点取如图 4-1-17 所示的点 2、点 3、点 4 和点 5，作为指定区域的其他 4 个角点，即主卧室的其他 4 个墙角点，即可计算出房间的面积=20 579 854，周长=18 146。表示 AutoCAD 测量出由 5 点定义的区域的面积为 20 579 854 mm^2，即主卧室的面积为 20.58 m^2。用"多行文字"

命令把刚才测量的面积数值标注在平面图上，如图 4-1-17 所示。

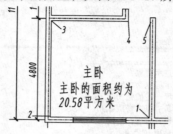

图 4-1-17 标注客厅面积

命令行窗口提示操作步骤如下：

命令：_MEASUREGEOM

输入选项 [距离(D)/半径(R)/角度(A)/面积(AR)/体积(V)] <距离>：_area

指定第一个角点或 [对象(O)/增加面积(A)/减少面积(S)/退出(X)] <对象(O)>：（单击点1）

指定下一个点或 [圆弧(A)/长度(L)/放弃(U)]：（单击点2）

指定下一个点或 [圆弧(A)/长度(L)/放弃(U)]：（单击点3）

指定下一个点或 [圆弧(A)/长度(L)/放弃(U)/总计(T)] <总计>：（单击点4）

指定下一个点或 [圆弧(A)/长度(L)/放弃(U)/总计(T)] <总计>：（单击点5）

指定下一个点或 [圆弧(A)/长度(L)/放弃(U)/总计(T)] <总计>：（确认）

区域 = 20579854，周长 = 18146

命令：_DTEXT↵

当前文字样式："数字" 文字高度：500 注释性：否

指定第一角点：（在需要输入文字的位置框选一个矩形区域，在弹出的文字编辑区输入文字"主卧的面积约为 20.58 平方米"）

指定对角点或 [高度(H)/对正(J)/行距(L)/旋转(R)/样式(S)/宽度(W)/栏(C)]：

操作提示：

在使用"面积"命令进行点取点来定义区域时，一定要按照一定的方向顺序点取角点，也就是说相邻点之间的连线不能够交叉，否则测量结果将是错误的。

如果被测量的对象是一条闭合多义线构成的多边形，可以在"面积"命令中选择这个多边形来测量其面积，而不必点取每一个角点，这种方法对于测量由圆或弧线组成的区域很有帮助。

④ 对于大篇幅的文字，例如建筑设计说明等，使用"多行文字"命令进行标注，便于文字的整体修改和编辑。单击"文字"面板中的"多行文字"按钮 **A** 或在命令行输入 MTEXT，在图形的右侧绘制一个矩形，作为文字输入的区域，如图 4-1-18 所示。此时弹出"文字编辑器"选项卡及文字编辑区。

命令行窗口提示操作步骤如下：

命令：_MTEXT↵

当前文字样式："数字" 文字高度：500 注释性：否

指定第一角点：（在图形的右侧绘制一个矩形）

指定对角点或 [高度(H)/对正(J)/行距(L)/旋转(R)/样式(S)/宽度(W)/栏(C)]：

⑤ 在文字编辑区输入预先设计好的说明性文字。再选中作为标题文字的"技术要求"4个字，在文字工具栏中设置其字体的高度为 500，将其放大显示，如图 4-1-18 所示。然后，单击"关闭文字编辑器"按钮，完成多行文字标注。至此整个图形绘制完成。

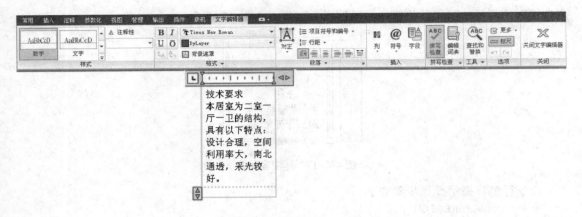

图 4-1-18　编辑多行文字

提示： 使用 "多行文字" 输入文字时，会随着指定的标注区域大小自动换行。另外，还可以在 "文字编辑器" 选项卡中指定段落内文字的对齐方式、样式、高度、旋转角度、宽度、颜色、间距及其他的文字属性。不论多行文字对象包含多少行，每个多行文字对象都是一个单独的对象。

相关知识

1. 尺寸标注要求

尺寸标注是建筑工程图中的重要组成部分，虽然 AutoCAD 为不同用户提供了全面的尺寸标注命令，用户可以方便、快捷地进行尺寸标注，但是 AutoCAD 的默认尺寸标注是为机械制图设置的，不能满足建筑工程制图的要求。在制作 AutoCAD 标注建筑图形时需要根据国家制图标准对建筑工程制图的有关规定及标准对其格式进行设置。

① 根据有关的国家标准规定：建筑工程尺寸中的尺寸线、尺寸界线用细实线绘制；尺寸起止符一般用中粗短斜线绘制，长度为 2~3 mm。尺寸线一般与被标注长度平行，且不宜超出尺寸界线；尺寸界线一般应与被标注的长度垂直，距图样端头不少于 2 mm，另一端宜超出尺寸线 2～3 mm。

② 尺寸数字的单位除标高和总平面以 m 为单位外，其他均为 mm，尺寸数字依据其读取方向注写，靠近尺寸线上方的中部，如果没有足够的标注位置，尺寸数字可以写在尺寸线外侧，也可用一条引线引出标注。总之，要以具体情况而定，不能一概而论。数字的字高不能太小，文本字高应从 2.5 mm、3.5 mm、5 mm、7 mm、10 mm、14 mm、20 mm 等 7 种字高中选用（以上尺寸均指出图后图纸上的实际测量尺寸）。

2. 文字标注要求

在建筑制图中，在图样中除了表示物体形状的图形外，还必须用文字、数字和字母表示物体的大小及技术要求等内容，国家标准对字体的大小和结构作了统一规定（GB/T 14691—1993）。

① 图样中书写字体必须做到：字体工整、笔画清楚、间隔均匀、排列整齐。

② 字体高度（用 h 表示）的公称尺寸（mm）系列为 1.8、2.5、3.5、5、7、10、14、20。如果需要书写更大的字，其字体高度应按规定的比率递增。字体高度代表字体的号数。

③ 汉字应写成长仿宋体，并应采用国家正式推行的《汉字简化方案》中规定的简化字。汉字的高度应不小于 3.5 mm。

④ 字母和数字可写成直体和斜体。斜体字字头向右倾斜，与水平基准线成 75°。

3．文字样式要求

文字标注是 AutoCAD 最基本的图形要素之一，它不同于直线或圆弧，也不同于"块"。在图形中，依靠文字标注来表达图形无法说明的内容信息，例如图形的功能及面积等文字。在文字标注之前，首先要定义自己想要的文字样式，包括字体、字高、文字倾角，以及一些效果参数等。

① 在进行文字标注之前，应首先定义文字样式，特别是对于要求输出的汉字标注，要把文字样式中的字体类型定义为中文字体，否则会出现一行行的"？？？"，而不是想要的汉字。

② 在设置文本标注字体时，还有一种方法可以只用一种字体同时输入字母、数字、汉字和 Ø 等特殊符号。即在"文字样式"对话框的"SHX 字体"下拉列表框中选择 romand.shx（或其他扩展名为.shx 的字体），同时选中"使用大字体"复选框；然后在"大字体"下拉列表框中选择 gbcbig.shx 即可，如图 4-1-19 所示。这样在输入文字时就不用切换字体样式，而且当文字内容中汉字和特殊符号混杂时，也不用分成几次来输入。但是，由于这样产生的汉字是由线条组成的，而不是 Ture Type 字体，不够美观，而且当字体高度较大时，文字显得单薄。

③ 在设置字体时，在"字体名"下拉列表中选择"T 宋体"或"@宋体"，前者表示文字横向排列，而后者表示文字竖向排列。如果没有定义文字的字高（默认为 0），这样在进行文字标注时，可指定文字的高度。

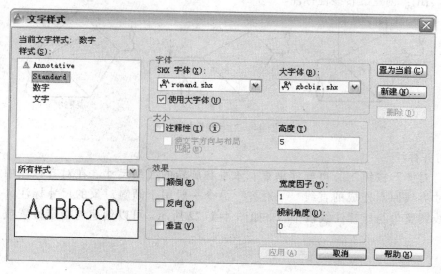

图 4-1-19　"文字样式"对话框

4．线性标注

标注是向图形中添加测量注释的过程。用户可以为各种对象沿各个方向创建标注。基本的标注类型包括线性、径向（半径和直径）、角度、坐标和弧长标注，如图 4-1-20 所示。

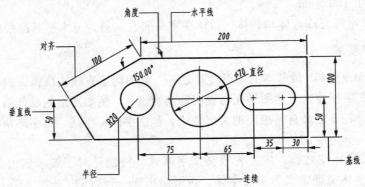

图 4-1-20　常用标注类型

（1）线性标注

线性标注可以水平、垂直或旋转放置。在图 4-1-21 中，分别将尺寸界线原点明确指定为 1 和 2。单击"线性"按钮▭进行线性标注时，系统还提供了如下几个选项供用户设置。其各项含义如下：

① 多行文字(M)：改变多行标注文字，或者给多行标注文字添加前缀、后缀。

② 文字(T)：改变当前标注文字，或者给标注文字添加前缀、后缀。

③ 角度(A)：修改标注文字的角度。

④ 水平(H)：创建水平线性标注。

⑤ 垂直(V)：创建垂直线性标注。

⑥ 旋转(R)：创建旋转线性标注。

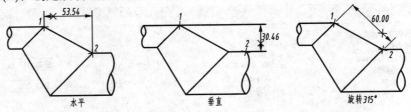

图 4-1-21　线性标注

（2）对齐标注

单击"对齐"按钮✎，可标注垂直、水平和旋转的线型尺寸。在对齐标注中，尺寸线平行于尺寸界线原点连成的直线。"对齐"命令一般用于倾斜对象的尺寸标注，系统能自动将尺寸线调整为与所标注线段平行，如图 4-1-22 所示。可以创建与指定位置或对象平行的标注。

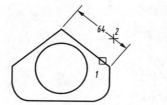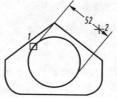

图 4-1-22　对齐标注

（3）坐标标注

单击"坐标"按钮，沿一条简单的引线显示构件的 X 或 Y 坐标。这些标注也称为基准标注。AutoCAD 使用当前用户坐标系(UCS)确定测量的 X 或 Y 坐标，并且沿与当前 UCS 轴正交的方向绘制引线。执行 DIMORDINATE 命令后，该提示中部分选项含义如下：

① 引线端点：使用构件位置和引线端点的坐标差确定是 X 坐标标注还是 Y 坐标标注。

② X 基准(X)：测量 X 坐标并确定引线和标注丈字的方向。

③ Y 基准(Y)：测量 Y 坐标并确定引线和标注文字的方向。

④ 多行文字(M)：显示在位文字编辑器，可用它来编辑标注文字。

⑤ 文字(T)：在命令提示下，自定义标注文字。生成的标注测量值显示在尖括号中。

⑥ 角度(A)：修改标注文字的角度。

（4）连续和基线标注

单击"连续"按钮，可创建首尾相连的多个标注，单击"基线"按钮，可创建自同一基线处测量的多个标注，如图 4-1-23 所示。在创建基线或连续标注之前，必须创建线性、对齐或角度标注。可自当前任务最近创建的标注中以增量方式创建基线标注。连续标注和基线标注都是从上一个尺寸界线处测量的，除非指定另一点作为原点。

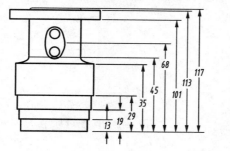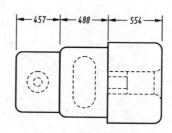

图 4-1-23　连续和基线标注

（5）引线标注

在建筑制图中，常用引线标注命令对零件的材料及组成等对象进行说明。在 AutoCAD 2012 中，也可对引线标注进行设置，如设置引线类型、箭头样式等。

在命令行输入 QLEADER 命令并按空格键确认，然后在命令行输入 S，按空格键确认，弹出"引线设置"对话框。在该对话框中即可对引线进行设置，如图 4-1-24 所示。

命令行窗口提示操作步骤如下：

命令：_QLEADER ↵

指定第一个引线点或 [设置(S)] <设置>:S ↵　　　　　　　　　　　　　　（输入设置选项）

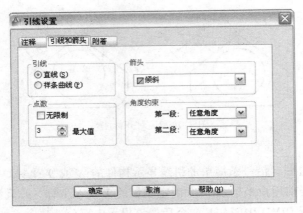

图 4-1-24 "引线设置"对话框

5. 圆与弧的标注

（1）半径／直径标注

单击"半径"按钮⊘或"直径"按钮⊘，可以标注圆或圆弧的半径或直径尺寸，如图 4-1-25 所示。半径标注由一条具有指向圆或圆弧的箭头的半径尺寸线组成，并显示前面带有字母 R 的标注文字。单击"直径"按钮，用于测量圆弧或圆的直径，并显示前面带有直径符号的标注文字。如果系统变量 DIMCEN 未设置为 0，则绘制一个圆心标记。

（2）折弯标注

单击"折弯"按钮⌐，可以标注圆或圆弧的半径或直径尺寸，如图 4-1-26 所示。当圆弧或圆的中心位于布局外并且无法在其实际位置显示时，单击"折弯"按钮可以创建折弯半径标注，也称为"缩放的半径标注"。

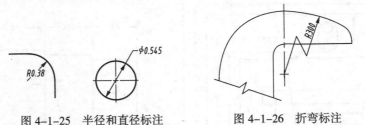

图 4-1-25 半径和直径标注　　　　　图 4-1-26 折弯标注

（3）角度标注

单击"角度"按钮△，可以精确测量并标注两条直线或 3 个点之间的角度，如图 4-1-27 所示。单击该按钮对圆弧进行角度标注时，系统会自动计算并标注角度。

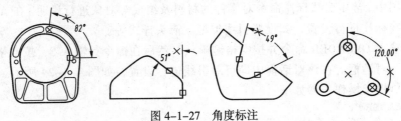

图 4-1-27 角度标注

（4）弧长标注

单击"弧长"按钮，用于测量圆弧或多段线弧线段上的距离，如图 4-1-28 所示。弧长标注的典型用法包括测量围绕凸轮的距离或表示电缆的长度。为区别它们是线性标注还是角度标注，默认情况下，弧长标注将显示一个圆弧符号。

（5）圆心标记

单击"圆心"按钮 ⊕，可以标注圆或圆弧的中心标记，如图 4-1-29 所示。可以通过标注样式管理器、"符号和箭头"选项卡和"圆心标记"（DIMCEN 系统变量）设置圆心标记组件的默认大小。

图 4-1-28　弧长标注　　　　　图 4-1-29　圆心标记

6．其他标注

（1）快速标注

在标注尺寸过程中，有时常会因为要标注不同的对象，而选择不同的标注类型，从而降低了工作效率。为此，AutoCAD 提供了"快速标注"按钮 ▣，使用"快速标注"按钮可以快速标注所选择的对象，该功能是一个交互式、自动化的尺寸标注生成器，大大简化了繁重的标注工作，可有效地提高工作效率。但是，使用这种方式创建的标注是无关联的。

（2）替代标注样式

替代标注样式是对当前标注样式中的指定设置所作的修改，它可在不修改当前标注样式的情况下修改尺寸标注系统变量等效。在"标注样式管理器"对话框中，单击"替代"按钮，即可为单独的标注或当前的标注样式定义标注样式替代。

7．修改标注样式

在进行标注时，如果标注内容没有完全保持在尺寸界线之间，而是超出了尺寸界限，那么可对其进行修改，让它适合标注的对象。

标注是一种非常特殊的图形对象，它包含文字、箭头和线条。一般情况下，AutoCAD把它们作为一个整体进行修改和编辑，并提供了专门的标注修改命令。可以用"分解"命令，把标注分解成组成标注的线段、文字和箭头块等基本图形元素。修改标注样式的方法如下：

① 选择"注释"面板下拉列表中的"标注样式"命令，弹出"标注样式管理器"对话框，选中要修改的标注样式名称（见图 4-1-30），单击"修改"按钮，弹出"修改标注样式：建筑标注"对话框。

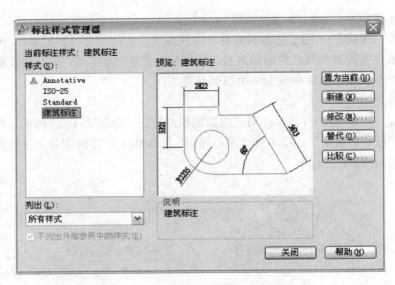

图 4-1-30 "标注样式管理器"对话框

② 在"修改标注样式：建筑标注"对话框中，选择"调整"选项卡，将"使用全局比例"设置为 1.5，如图 4-1-31 所示。

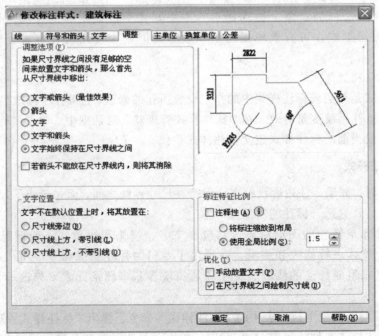

图 4-1-31 "修改标注样式：建筑标注"（调整）对话框

③ 选择"文字"选项卡，在"文字外观"区域修改"文字样式"为 Standard，如图 4-1-32 所示。然后，单击"确定"按钮，关闭该对话框并返回"标注样式管理器"对话框中。在"标注样式管理器"对话框，单击"关闭"按钮，完成标注样式的修改。

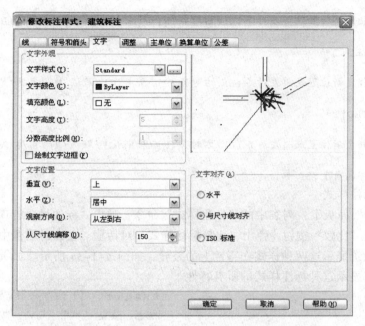

图 4-1-32　"修改标注样式：建筑标注"（文字）对话框

8．编辑标注样式

标注样式是标注设置的命名集合，可以用来控制标注的外观，如箭头样式、文字位置和尺寸公差等。用户可以创建标注样式，以快速指定标注的格式，并确保标注符合行业或项目标准。

在 AutoCAD 2012 中，用户可以使用"标注样式管理器"执行多种标注样式管理任务，如创建新标注样式、修改现有的标注样式、比较两种标注样式、重命名标注样式或删除标注样式等。在前面已经详细介绍了创建新标注样式的方法，下面再介绍一些其他与标注样式相关的工作。

（1）编辑对齐标注尺寸的文本位置

使用"对齐文字"命令可对尺寸线及尺寸文本的位置进行修改，如图 4-1-33 所示。执行该命令后，分为 5 种情况：

① 左对齐(L)：沿尺寸线左移标注文字。

② 右对齐(R)：沿尺寸线右移标注文字。

③ 居中(C)：将把标注文字放在尺寸线的中心。

④ 默认(H)：将标注文字移回默认位置。

⑤ 角度(A)：将标注文字按所指定的角度进行旋转。

命令行窗口提示操作步骤如下：

命令：_DIMTEDIT ↵

选择标注：

为标注文字指定新位置或 [左对齐(L)/右对齐(R)/居中(C)/默认(H)/角度(A)]：_L ↵（输入左对齐选项）

命令：DIMTEDIT ↵

选择标注：

为标注文字指定新位置或 [左对齐(L)/右对齐(R)/居中(C)/默认(H)/角度(A)]：R↵（输入右对齐选项）

命令：DIMTEDIT↵

选择标注：

为标注文字指定新位置或 [左对齐(L)/右对齐(R)/居中(C)/默认(H)/角度(A)]：C↵（输入居中选项）

命令：DIMTEDIT↵

选择标注：

为标注文字指定新位置或 [左对齐(L)/右对齐(R)/居中(C)/默认(H)/角度(A)]：A↵（输入角度选项）

　　指定标注文字的角度：30↵　　　　　　　　　　　　　　　　　　（输入旋转角度）

（2）比较标注样式

选择"注释"面板下拉列表中的"标注样式"命令，弹出"标注样式管理器"对话框。在该对话框中单击"比较"按钮，弹出"比较标注样式"对话框。在该对话框中，选择想要比较的标注样式，系统显示这两种样式在特性上的差异，如图 4-1-34 所示。如果选择同一种标注样式，则系统将显示这种标注样式的所有特性。

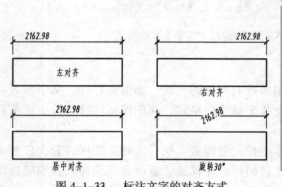

图 4-1-33　标注文字的对齐方式

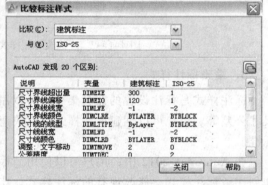

图 4-1-34　"比较标注样式"对话框

（3）重命名和删除标注样式

选择"注释"面板下拉列表中的"标注样式"命令，弹出"标注样式管理器"对话框。在该对话框的"样式"列表上右击，选择"重命名"或"删除"命令，（见图 4-1-35），即可"重命名"或"删除"该标注样式。但是，如果要删除的标注样式存在以下情况中的一种，则不能将其删除。

① 这种标注样式是当前标注样式。

② 当前图形中的标注使用这种标注样式。

③ 这种标注样式有相关联的子样式。

9. 替代标注样式

对于某个标注，用户可能想不显示标注的尺寸界线，或者修改文字和箭头位置使它们不与图形中的几何元素重叠，但又不想创建新标注样式，此时便可以创建标注样式替代。创建替代标注样式的方法如下：

① 选择"注释"面板下拉列表中的"标注样式"命令，弹出"标注样式管理器"对话框。在该对话框中选中"建筑标注"选项，再单击"替代"按钮（见图 4-1-36），弹出"替代当前样式：建筑标注"对话框。

图 4-1-35　"重命名"和"删除"标注样式　　　图 4-1-36　"标注样式管理器"对话框

② 在"替代当前样式：建筑标注"对话框中选择"调整"选项卡，在"标注特征比例"区域，设置"使用全局比例"为 0.6，将文字缩小，如图 4-1-37 所示。然后，单击"确定"按钮，关闭该对话框并返回"标注样式管理器"对话框。

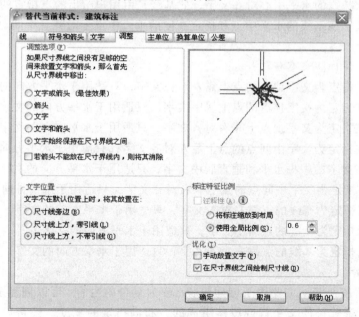

图 4-1-37　"替代当前样式"（调整）对话框

③ 此时，"标注样式管理器"对话框的"建筑标注"样式名下显示<样式替代>，如图 4-1-36 所示。此后用户所进行的标注均采用该样式。

10．使用文字

（1）单行文字

单击"单行文字"按钮 **AI**，可以创建单行或多行文字，按【Enter】键结束每行。使用"单行文字"命令标注的文本，其每行文字都是独立的对象，可以单独进行定位、调整格式等编辑操作。对于不需要多种字体或多行的简短项，可以创建单行文字。 单行文字对于标签非常方便。

使用"单行文字"命令进行文本标注时，可以设置文本的对齐方式。在命令行提示指定文字的起点或[对正(J)/样式(S)]:时，输入 J，然后再选择对齐方式。

命令行提示操作步骤如下。

命令:TEXT↵
当前文字样式: "数字" 文字高度: 500 注释性: 否
指定文字的起点或[对正(J)/样式(S)]:J↵ （指定对正方式）
输入选项 [对齐(A)/布满(F)/居中(C)/中间(M)/右对齐(R)/左上(TL)/中上(TC)/右上(TR)/左中(ML)/正中(MC)/右中(MR)/左下(BL)/中下(BC)/右下(BR)]: 　　　　（选择对正选项）

系统提示的几种文本对齐方式，其含义分别如下：

① 对齐：通过指定基线端点来指定文字的高度和方向。

② 布满：指定文字按照由两点定义的方向和一个高度值布满一个区域，只适用于水平方向的文字。

③ 居中：从基线的水平中心对齐文字，此基线是由用户给出的点指定的。

④ 中间：文字在基线的水平中点和指定高度的垂直中点上对齐。中间对齐的文字不保持在基线上。

⑤ 右对齐：使标注文本右对齐。

⑥ 左上：在指定为文字顶点的点上靠左对齐文字，只适用于水平方向的文字。

⑦ 中上：在指定为文字顶点的点上居中文字，只适用于水平方向的文字。

⑧ 右上：在指定为文字顶点上靠右对齐文字，只适用于水平方向的文字。

⑨ 左中：在指定为文字中间点的点上靠左对齐文字，只适用于水平方向的文字。

⑩ 正中：在文字的中央水平和垂直居中文字，只适用于水平方向的文字。

⑪ 右中：在指定为文字中间点的点上靠右对齐文字，只适用于水平方向的文字。

⑫ 左下：以指定为基线的点靠左对齐文字，只适用于水平方向的文字。

⑬ 中下：以指定为基线的点居中文字，只适用于水平方向的文字。

⑭ 右下：以指定为基线的点靠右对齐文字，只适用于水平方向的文字。

（2）多行文字

"多行文字"按钮 **A**，主要用于创建较长、较为复杂的内容，可以创建多行或段落文字。多行文字是由任意数目的文字行或段落组成的，布满指定的宽度。还可以沿垂直方向无限延伸。

无论行数是多少，单个编辑任务中创建的每个段落集将构成单个对象；用户可对其进行移动、旋转、删除、复制、镜像或缩放操作。

多行文字的编辑选项比单行文字多。例如，可以将对下画线、字体、颜色和高度的修改应用到段落中的单个字符、单词或短语。

11．特殊字符

在使用"单行文字"和"多行文字"等命令标注图形时，经常需要输入一些特殊字符，如上画线、直径、度数和百分比等符号。用户在进行文本标注时输入相应的代码，即可实现快速输入特殊字符。

特殊字符的输入方法如下：

① 输入%%NNN 代码表示绘制 ASCII 码。

② 输入%%O 代码表示绘制上画线。

③ 输入%%U 代码表示绘制下画线。

④ 输入%%D 代码表示绘制度。

⑤ 输入%%P 代码表示绘制正负公差符号。

⑥ 输入%%C 代码表示绘制直径符号。

⑦ 输入%%%代码表示绘制百分比符号。

12．编辑文本

完成文本标注后，用户可以使用 AutoCAD 提供的一系列文本编辑命令对标注文本进行编辑修改。

（1）修改文字

选择菜单栏中的"修改"→"对象"→"文字"→"编辑"命令，然后选择要修改的文字对象，即可对选中的文字进行修改。

选择标注文本的类型不同，弹出的对话框也不相同，有如下几种情况：

① 选择用"单行文字"命令创建的标注文本，系统直接进入选中文字，即可对其进行修改，如图 4-1-38 所示。

图 4-1-38　编辑文字

② 选择用"多行文字"命令创建的标注文本，系统弹出"文字编辑器"选项卡及文字编辑区，对文字进行修改，如图 4-1-39 所示。

③ 选择属性定义（不是块定义的一部分）的标注文本，系统将打开"编辑属性定义"对话框。

图 4-1-39　"文字编辑器"选项卡及文字编辑区

（2）查找和替换文字

选择菜单栏中的"编辑"→"查找"命令，弹出"查找和替换"对话框。在该对话框中可以对由"单行文字"或"多行文字"命令创建的文本进行查找和替换操作，如图 4-1-40 所示。

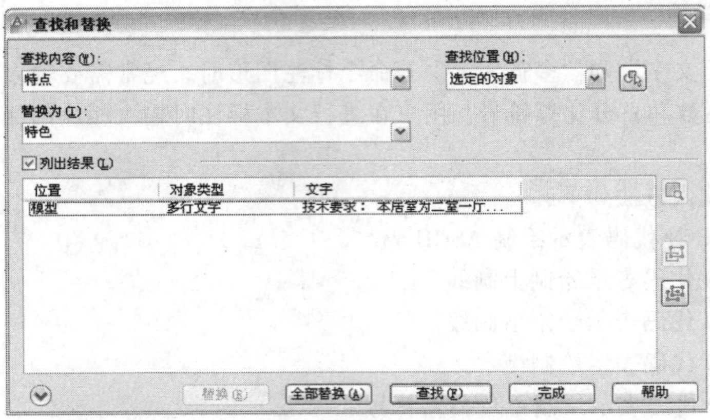

图 4-1-40　"查找和替换"对话框

（3）修改文字比例

选择菜单栏中的"修改"→"对象"→"文字"→"比例"命令，可以更改一个或多个文字对象（文字、多行文字和属性）的比例，可以指定相对比例因子或绝对文字高度，或者调整选定文字的比例以匹配现有文字的高度。每个文字对象使用同一个比例因子设置比例，并且保持当前的位置。该命令在调整图形的文字标注或调整因版本原因替换字体后形成的字体特性改变时特别有用。

命令行提示操作步骤如下：

命令：_SCALETEXT↵
选择对象：找到 1 个
选择对象：↵　　　　　　　　　　　　　　　　　　　　　　　　　　　　（确认）
输入缩放的基点选项[现有(E)/左对齐(L)/居中(C)/中间(M)/右对齐(R)/左上(TL)/中上(TC)/右上(TR)/左中(ML)/正中(MC)/右中(MR)/左下(BL)/中下(BC)/右下(BR)]<现有>：↵
指定新模型高度或 [图纸高度(P)/匹配对象(M)/比例因子(S)]<500>：15↵

（4）文本的显示

如果图形中文本内容较多，当使用"缩放""重画"等命令时，命令的执行速度会变慢。在这种情况下，用户可以使用 QTEXT（快显）命令将文本设置为快速显示方式，使图形中的文本以线框的形式显示，从而提高图形的显示速度。需要注意的是，用户在进行文本的插入操作时可以使用"快显"命令来实现文本的快显，但在打印文件时必须关闭此命令（设置为 OFF），否则打印出的图形文字部分只有一个矩形框。

在命令行输入 QTEXT 命令后，再输入 ON 打开文本快显、输入 OFF 关闭文本快显。图 4-1-41 所示为文本快显关闭前后的对比效果。

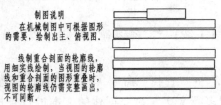

图 4-1-41　文本快显关闭前后的对比效果

命令行提示操作步骤如下：

命令:QTEXT↵

输入模式[开(ON) / 关(OFF)]<关>:ON↵

思考与练习 4-1

1．问答题

（1）简述尺寸标注要求。

（2）简述文字标注要求。

2．上机操作题

参照本章所学的知识，绘制如图 4-1-42 所示的"室内平面图"图形并添加标注。

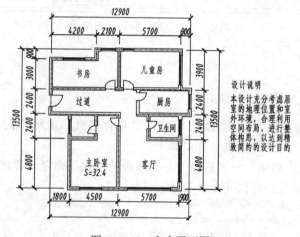

图 4-1-42　室内平面图

4.2　【案例 8】打印输出装饰设计明细图

案例效果

本案例将分别讲解从模型空间和图纸空间输出【案例 3】绘制的"装饰设计明细图"的方法，如图 4-2-1 所示。在 AutoCAD 2012 中，绘图时可以不必考虑图形尺寸与图幅之间的关系，即不必像手工绘图之前必须考虑好对象实际尺寸与图形尺寸之间的比例和整个图幅的分配问题。用户在绘图时可按照"实物:图形尺寸 = 1:1"的比例绘制，然后在出图之前再考虑用"比例"命令改变图形大小或在进行出图设置时设置出图比例。因此，制作建筑制图模板时，也可以不对图幅进行设置，待出图时再确定图幅，绘制图框及插入标题栏。通过对本例的学习和实践，可以掌握图形打印输出的使用方法及其技巧。

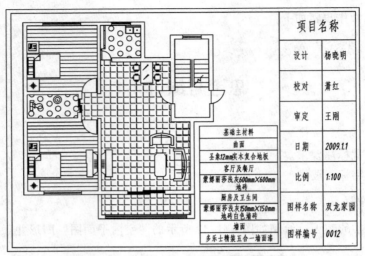

图 4-2-1　打印装饰设计明细图

操作步骤

1. 安装绘图仪或打印机

在输出图形时，要根据对象类型的不同，配置好打印机，并为其指定不同的打印样式，以满足图形输出的需要。配置打印机的方法如下：

① 选择"应用程序菜单"→"打印"→"管理绘图仪"命令，弹出 Plotters（绘图仪管理器）对话框，添加绘图仪，如图 4-2-2 所示。

图 4-2-2　配置的打印机

② 在 Plotters（绘图仪管理器）对话框中，双击"添加绘图仪向导"图标，弹出"添加绘图仪-简介"对话框，如图 4-2-3 所示。

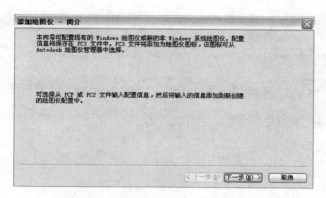

图 4-2-3 "添加绘图仪-简介"对话框

③ 在"添加绘图仪-简介"对话框中，单击"下一步"按钮，弹出"添加绘图仪-开始"对话框。从其中选择"我的电脑"单选按钮（见图 4-2-4）后，单击"下一步"按钮，弹出"添加绘图仪-绘图仪型号"对话框。

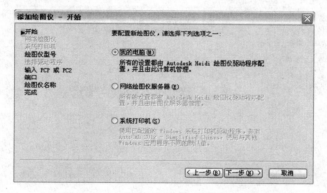

图 4-2-4 "添加绘图仪-开始"对话框

④ 在"添加绘图仪-绘图仪型号"对话框中，选择 HP→DesignJet 750C C3195A 型号，如图 4-2-5 所示。然后单击"下一步"按钮，弹出"驱动程序信息"对话框，如图 4-2-6 所示。单击其中的"继续"按钮，弹出"添加绘图仪-输入 PCP 或 PC2"对话框。

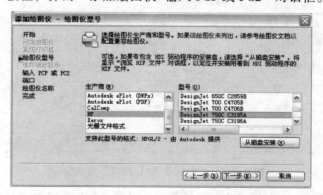

图 4-2-5 "添加绘图仪-绘图仪型号"对话框

图 4-2-6　"驱动程序信息"对话框

　　⑤ 在"添加绘图仪-输入 PCP 或 PC2"对话框中（见图 4-2-7）单击"下一步"按钮，弹出"添加绘图仪-端口"对话框，如图 4-2-8 所示。选择与打印机相对应的端口，然后单击"下一步"按钮，弹出"添加绘图仪-绘图仪名称"对话框。

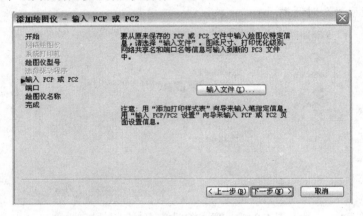

图 4-2-7　"添加绘图仪-输入 PCP 或 PC2"对话框

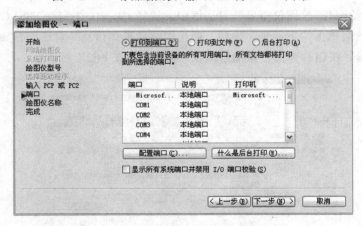

图 4-2-8　"添加绘图仪-端口"对话框

　　⑥ 在"添加绘图仪-绘图仪名称"对话框中，设置当前打印机的名称，如图 4-2-9 所示。然后单击"下一步"按钮，弹出"添加绘图仪-完成"对话框。

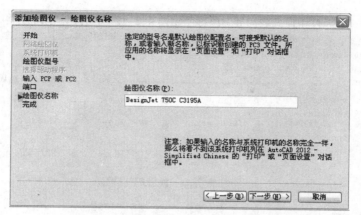

图 4-2-9　"添加绘图仪-绘图仪名称"对话框

⑦ 在"添加绘图仪-完成"对话框中，单击"校准绘图仪"按钮（见图 4-2-10），弹出"校准绘图仪-开始"对话框（见图 4-2-11），可以校准和测试当前的绘图仪效果。

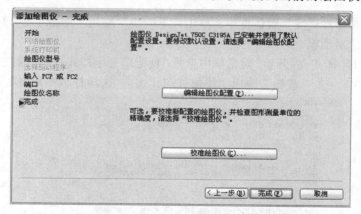

图 4-2-10　"添加绘图仪-完成"对话框

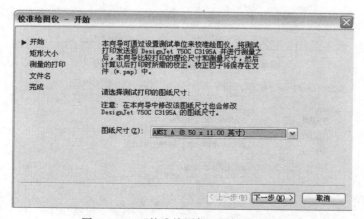

图 4-2-11　"校准绘图仪-开始"对话框

2．设置打印样式

① 选择"应用程序菜单"→"打印"→"管理打印样式"命令，弹出"打印样式管理器"对

话框，双击其中的"添加打印样式表向导"图标（见图4-2-12），弹出"添加打印样式表"对话框。

图4-2-12　Plot Styles 对话框

②　在"添加打印样式表"对话框中，单击"下一步"按钮（见图4-2-13），弹出"添加打印样式表–开始"对话框。

③　在"添加打印样式表–开始"对话框中选择"创建新打印样式表"单选按钮，如图4-2-14所示。然后单击"下一步"按钮，弹出"添加打印样式表–选择打印样式表"对话框。

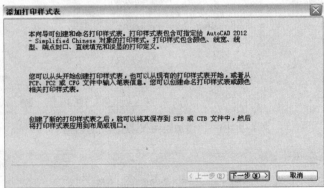

图4-2-13　"添加打印式表"对话框

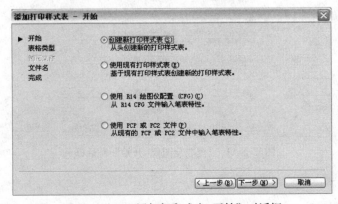

图4-2-14　"添加打印式表–开始"对话框

④ 在"添加打印样式表-选择打印样式表"对话框中，选择"命名打印样式表"单选按钮，如图 4-2-15 所示。然后单击"下一步"按钮，弹出"添加打印样式表-文件名"对话框。

⑤ 在"添加打印样式表-文件名"对话框中，设置文件名为"建筑"，如图 4-2-16 所示。然后单击"下一步"按钮，弹出"添加打印样式表-完成"对话框。

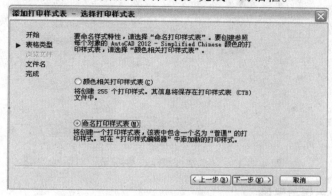

图 4-2-15　"添加打印样式表-选择打印样式表"对话框

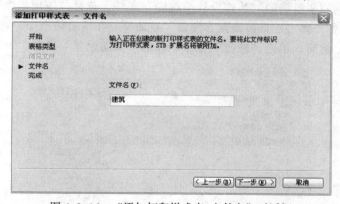

图 4-2-16　"添加打印样式表-文件名"对话框

操作提示：

在 AutoCAD 2012 中提供了两种打印样式表，即"颜色相关打印样式表"和"命名打印样式表"，其中"颜色相关打印样式表"以对象的颜色来确定打印特征（例如线宽），如图形中颜色为蓝色的对象都将以相同的方式打印。可以在"颜色相关打印样式表"中编辑打印样式，但不能添加或删除打印样式。在颜色相关打印样式表中有 256 种打印样式，每一种样式对应一种颜色。而"命名打印样式表"包括用户自定义的打印样式。使用该样式表时，虽然多个对象具有相同的颜色，但不一定会以相同的方式打印，这取决于指定给对象的打印样式。可以将命名的打印样式所有其他特性一起指定给对象或布局。

⑥ 在"添加打印样式表-完成"对话框中，还可以对新创建的打印样式表进行编辑，在此暂时不对其进行编辑。然后单击"完成"按钮，如图 4-2-17 所示。完成添加打印样式表的设置，并在 Plot Styles（打印样式管理器）对话框中新添加了一个"建筑"的打印样式表。

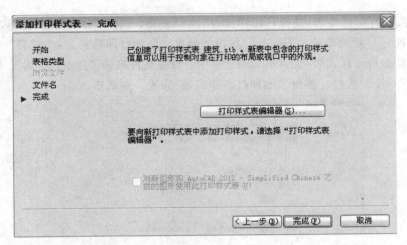

图 4-2-17 "添加打印样式表–完成"对话框

3. 从模型空间中输出图形

① 打开【案例 3】绘制的"装饰设计明细图"文件，选择"应用程序菜单"→"打印"→"页面设置"命令，弹出"页面设置管理器"对话框。在该对话框中，选中"模型"选项，如图 4-2-18 所示。然后，单击"修改"按钮，弹出"页面设置–模型"对话框。

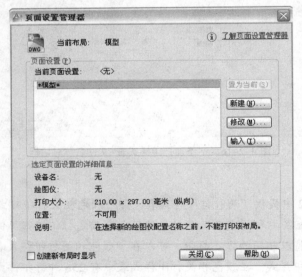

图 4-2-18 "页面设置管理器"对话框

② 在"页面设置–模型"对话框的"名称"栏中根据用户的实际情况选择一种打印机；在"打印样式表"区域的下拉列表框中选择或编辑一种打印样式，如选择 acad.ctb 打印样式；在"图纸尺寸"下拉列表框中根据需要设置图纸大小（如选择 A4 图纸）；在"图形方向"区域中设置出图的方向，根据需要选中"纵向"或"横向"单选按钮。完成模型空间的基本打印页面设置，如图 4-2-19 所示。然后，单击"确定"按钮，关闭该对话框并返回"页面设置管理器"对话框。

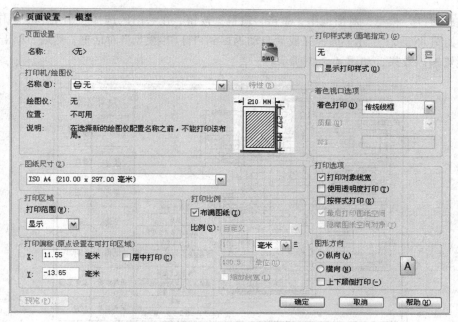

图 4-2-19　"页面设置-模型"对话框

③ 在"页面设置管理器"对话框中，单击"关闭"按钮，关闭该对话框并完成打印设置。

④ 完成打印的页面设置后，即可输出图形，单击快速访问工具栏中的"打印"按钮 🖨 。
弹出"打印-模型"对话框，该对话框中显示出刚设置好的各种打印属性。将"打印范围"设置为"窗口"方式，"打印机/绘图仪"名称设置为 Designjet 750C C3195A，如图 4-2-20 所示。

图 4-2-20　"打印-模型"对话框

⑤ 在"打印–模型"对话框中，单击"窗口"按钮，在绘图区选择一个矩形区域作为打印的范围，如图 4-2-21 所示。选择完成后自动返回到"打印–模型"对话框。然后，单击"预览"按钮，预览输出效果，如图 4-2-1 所示。

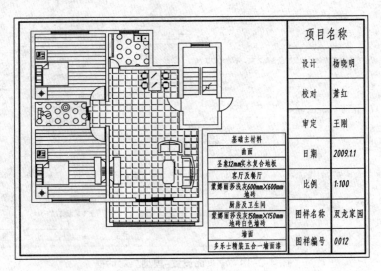

图 4-2-21　选择打印的范围

⑥ 在"打印–模型"对话框中单击"确定"按钮即可打印图形，打印后的效果如图 4-2-1 所示。

4．从图纸空间输出图形

通过模型空间只能直接打印输出一个视图的图形对象。为此，AutoCAD 提供了一种打印图形更为方便的工作空间——布局，可以在布局中规划视图的位置与大小。

① 用户在模型空间完成图形的绘制后，在状态栏中单击"布局 1"选项卡，进入图纸的布局空间中。

命令行窗口提示操作步骤如下：

命令：_TILEMODE ↵
输入 TILEMODE 的新值 <1>：0 正在重生成布局
重生成模型 – 缓存视口 ↵

② 进入图纸的布局空间后首先应进行打印机的设置和对布局的图形打印页面进行设置。若默认设置，可单击快速访问工具栏中的"打印"按钮，弹出"打印–布局 1"对话框，该对话框中显示出在模型空间设置好的各种打印属性，再根据需要设置好其他的打印属性，如图 4-2-22 所示。单击"预览"按钮，预览输出后效果。

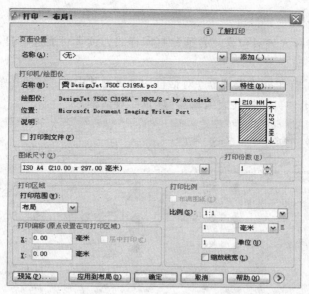

图 4-2-22 "打印-布局 1"对话框

③ 在"打印-布局 1"对话框中单击"确定"按钮即可打印图形,此时,将出现"打印进度"指示框,AutoCAD 将直接把图形传送到打印机(绘图仪)上进行打印。打印后的效果如图 4-2-23 所示。

命令行窗口提示操作步骤如下:

命令:_PLOT↵

指定打印窗口

指定第一个角点: (框选需要打印的区域)

指定对角点:

按【Esc】或【Enter】键退出,或单击右键显示快捷菜单

按【Esc】或【Enter】键退出,或单击右键显示快捷菜单

有效打印区域: 380.36 宽×261.41 高

有效打印区域: 307.26 宽×256.46 高

正在打印视口 2

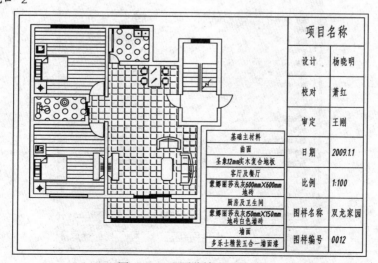

图 4-2-23 预览输出后效果

5. 编辑打印样式表

① 新创建的打印样式表只包含"普通"打印样式，读者可通过对打印样式表进行编辑，修改打印样式参数。

② 在 Plot Styles（打印样式管理器）对话框中，双击其中的"建筑"图标（见图 4-2-24），编辑打印样式表，弹出"打印样式表编辑器-建筑"对话框。

图 4-2-24　Plot Styles 对话框

③ 在"打印样式表编辑器-建筑"对话框中，选择"表视图"选项卡。在该选项卡中列出"普通"打印样式的各种打印设置。单击"添加样式"按钮，新增加一种名为"样式 1"的打印样式，如图 4-2-25 所示。"样式 1"的打印样式的各种设置同"普通"打印样式的设置完全一致。

图 4-2-25　"打印样式表编辑器-建筑"（表视图）对话框

④ 在"样式 1"列表中，单击"颜色"参数栏的"使用对象颜色"选项，弹出"颜色"下拉列表。在"颜色"下拉列表中选择"蓝"（见图 4-2-25），表示打印时将把颜色设为蓝色。

⑤ 经过以上步骤，就添加了一种打印样式，并修改了某些参数设置。此外，还可以利用"打印样式表编辑器"修改其他参数，如线宽、线型、淡显、线条端点样式、填充样式等。

⑥ 单击"保存并关闭"按钮，保存并退出"打印样式表编辑器–建筑"对话框。新添加的打印样式和打印参数保存在"建筑"文件中。

⑦ 在"打印样式表编辑器–建筑"对话框中，除了"表视图"以外，还有一种"表格视图"，如图 4-2-26 所示。"表视图"和"表格视图"的基本内容是一样的，只是它们的形式不同。

图 4-2-26　"打印样式表编辑器–建筑"（表格视图）对话框

☕ 相关知识

1. 为图形对象指定打印样式

定义好打印样式后，就需要把打印样式指定给图形对象，并作为图形对象的打印特性，使 AutoCAD 按照定义好的打印样式来打印图形。

① 首先为当前绘图环境设置"建筑制图.stb"命名打印样式。

② 选择"应用程序菜单"→"选项"命令，弹出"选项"对话框。在"选项"对话框中选择"打印和发布"选项卡，如图 4-2-27 所示。

③ 在"打印和发布"选项卡中选中"用作默认输出设备"单选按钮，在其下拉列表框中选择 DesignJet 750C C3195A.pc3 选项，如图 4-2-27 所示。然后，单击"打印样式表设置"按钮，弹出"打印样式表设置"对话框。

④ 在"打印样式表设置"对话框中，选中"使用命名打印样式表"单选按钮，再设置"默认打印样式表"为"建筑.stb"，表示将使用"建筑.stb"命名打印样式表作为 AutoCAD 2012

默认的打印样式表；"图层 0 的默认打印样式"为"样式 1"，"对象的默认打印样式"为"样式 1"，如图 4-2-28 所示。然后，单击"确定"按钮，关闭该对话框并返回"选项"对话框。

图 4-2-27　"选项"（打印和发布）对话框

　　需要注意的是，设置的打印样式并没有在当前的 AutoCAD 环境中生效，必须关闭当前图形并重新打开，才能使用"建筑.stb"打印样式表。

　　⑤ 关闭当前图形文件，然后再重新打开"装饰设计明细图.DWG"文件。这时"特性"面板最右侧的"打印样式"下拉列表框由原来的灰显变成亮显显示，如图 4-2-29 所示。表示设置的打印样式已经在当前图形中生效。

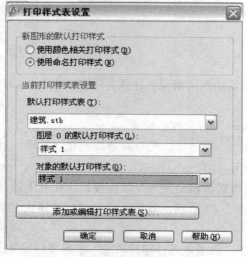

图 4-2-28　"打印样式表设置"对话框

图 4-2-29　"特性"面板

⑥ 单击"图层"面板中的"图层特性"按钮，弹出"图层特性管理器"对话框，为所有层指定已定义的打印样式。

⑦ 在"图层特性管理器"对话框的图层列表框中，选中所有的图层，单击任意图层的"打印样式"选项，弹出"选择打印样式"对话框。在该对话框中选择"样式 1"选项，如图 4-2-30 所示。然后，单击"确定"按钮，即可将打印"样式 1"指定给所有层。

⑧ 此时，在"图层特性管理器"对话框中所有图层的"打印样式"项都自动转换为"样式 1"，如图 4-2-31 所示。这样，就为所有层指定了"样式 1"打印样式，当通过绘图仪或打印机打印图形时，所有层上的对象将按照定义的打印样式来打印。

图 4-2-30　"选择打印样式"对话框　　　　　图 4-2-31　"图层特性管理器"对话框

2．用其他方式指定打印样式

① 指定打印样式可以在"特性"面板中，为独立对象指定打印样式，如图 4-2-32 所示。

② 指定打印样式还可以在"特性"面板中的"打印样式"下拉列表框中，为不同的对象指定不同的打印样式，如图 4-2-33 所示。

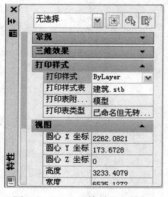
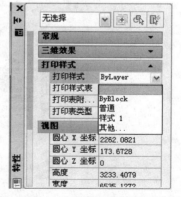

图 4-2-32　"特性"面板　　　　　　　　图 4-2-33　"打印样式"下拉列表框

3．编辑打印的介质

在输出图形时，往往需要临时调整打印介质，以适合出图的需要。编辑打印介质的方法如下：

① 选择"应用程序菜单"→"打印"命令，弹出"打印-模型"对话框。在该对话框中单

击"特性"按钮（见图 4-2-34），即可弹出"绘图仪配置编辑器"对话框。

图 4-2-34　"打印–模型"对话框

② 在"绘图仪配置编辑器"对话框的"设备和文档设置"选项卡中，对打印的介质和设备进行重新设置，如图 4-2-35 所示。然后单击"确定"按钮，关闭该对话框并返回"打印–模型"对话框。

图 4-2-35　"绘图仪配置编辑器"对话框

③ 在"打印–模型"对话框中单击"确定"按钮，即可按照修改后的打印介质，打印输出图形。

4．模型空间和图纸空间

为了帮助读者尽快掌握图形输出方法，本节向读者介绍一些有关图形输出的基本概念与常识。

对于模型空间，大家已经很熟悉了，前面绘制的各种图形都是在模型空间进行的。图纸空间又称布局图，它完全模拟图纸页面，在绘图之前或之后安排图形的输出布局。例如，希望在打印图形时为图形增加一个标题块，在一幅图纸中同时打印立体图形的三视图等，都需要借助图纸空间来实现。

图纸空间与模型空间类似，用户也可直接在图纸空间绘图或输入文字注释等。此时，所绘对象被称为图纸空间对象，以与模型空间对象相区别。

尽管模型空间只有一个，用户却可以为图形创建多个布局图，以适应各种不同的要求。如果图形非常复杂，可以通过创建多个布局图，以便在不同的图纸中分别打印图形的不同部分。

5．创建打印布局

① 要创建打印布局，只需要简单地单击绘图窗口下方的"布局 1 "布局 2"等布局选项卡即可进入布局空间，如图 4-2-36 所示。最外侧的矩形轮廓指示当前配置的图纸尺寸，其中的虚线指示了纸张的可打印区域。布局图中还包括一个用于显示模型图形的浮动视口。

② 可以根据需要调整浮动视口的显示内容和尺寸，增加新浮动视口，为布局图增加标题块、文字注释和图形等。设置结束后，选择"应用程序菜单"→"打印"命令或单击快速访问工具栏中的"打印"按钮🖶，即可打印布局图。

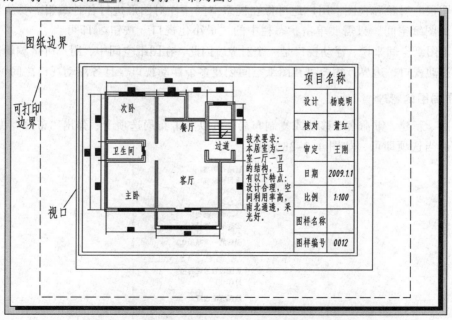

图 4-2-36　进入图纸空间

6．创建浮动视口

在创建布局图时，浮动视口是一个非常重要的工具，用于显示模型空间中的图形。因此，浮动视口相当于模型空间和图纸空间的一个"二传手"。

创建布局图时，系统自动创建一个浮动视口。单击状态栏中的"最大化视口"按钮 或在浮动视口内双击，则可进入浮动模型空间，其边界将以粗线显示，如图 4-2-37 所示。

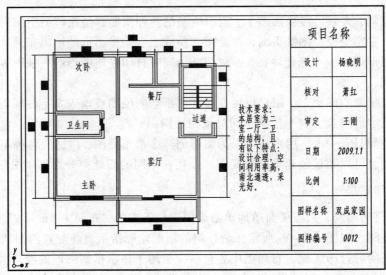

图 4-2-37 进入浮动模型空间

在浮动模型空间中，用户可对浮动视口中的图形施加各种控制，例如缩放和平移图形，控制显示的图层、对象和视图。用户还可像在模型空间一样对图形进行各种编辑。要从浮动模型空间切换到图纸空间，只需要单击状态栏中的"最小化视口"按钮 即可。

相对于图纸空间来说，浮动视口是一个对象。因此，在图纸空间中，用户可像编辑普通对象一样编辑浮动视口、边界；用户可在图纸空间创建多个浮动视口，且各浮动视口之间可以重叠。

7．布局图的管理

要删除、新建、重命名、移动或复制布局，可以右击布局选项卡，弹出"布局"快捷菜单，从中选择适当选项即可，如图 4-2-38 所示。

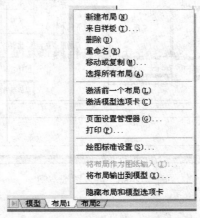

图 4-2-38 "布局"快捷菜单

如果想要修改页面布局，可从图 4-2-38 所示的快捷菜单中选择"页面设置管理器"命令或者选择"应用程序菜单"→"打印"命令，即可对打印页面进行各种设置。

8. 主要的布局设置参数

在"页面设置管理器"对话框中选中"布局 1"，然后单击"修改"按钮，即可弹出"页面设置–布局 1"对话框，在"页面设置–布局 1"对话框中，用户除了可以选择打印设备和打印样式表外，还可以设置如下参数，如图 4-2-39 所示。

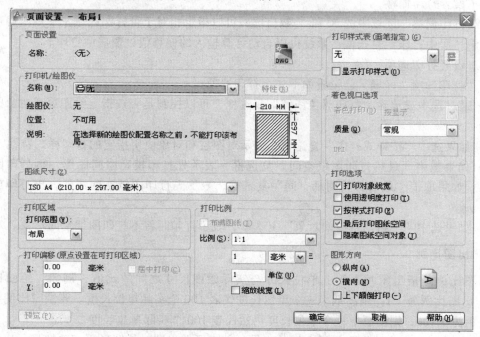

图 4-2-39　"页面设置–布局 1"对话框

（1）设置图纸尺寸和图纸单位

在"图纸尺寸"区域，可选择使用的图纸尺寸，以及图纸尺寸的表示单位。我国对图形均采用公制，图纸单位通常都应选择"毫米"。

（2）设置图形方向

在"图形方向"区域，可以设置图形在图纸上的放置方向（纵向或横向）。如果选中"上下颠倒打印"复选框，表示将图形旋转 180°打印。

（3）设置打印区域

在"打印区域"设置区可以选择打印的区域，其默认设置为"布局"，表示打印布局选项卡中图纸尺寸边界内的所有图形。各设置项的意义如下：

① 布局：将设置的图形界限范围作为图形的打印区域，也就是选择"格式"→"图形界限"命令所设置的绘图区域。

② 窗口：打印用户所指定的区域。用户可单击其后的按钮在绘图区中指定一个矩形区域作为打印区域。

③ 范围：打印绘图区中所有的图形对象。

④ 显示：打印当前绘图区中所有显示的图形。

（4）设置打印比例

在"打印比例"区域，可以选择标准缩放比例，或者输入自定义值。如果选择标准比例，该值将显示在"自定义"中。

布局空间的默认比例为 1:1，表示打印效果与局部视图完全一致；模型空间的默认比例为"按图纸空间缩放"，表示系统自动根据图纸尺寸和图形尺寸调整打印比例。

（5）设置打印偏移

在"打印偏移"区域中的 X 和 Y 数值框，可以指定相对于可打印区域左下角的偏移量。如果选中"居中打印"复选框，系统可以自动计算输入的偏移值以便居中打印。

（6）设置打印选项

在"打印选项"区域，已设置如下 4 个打印选项：

① 通过选中或清除"打印对象线宽"复选框，可以控制是否按指定给图层或对象的线宽打印。

② 如果选中"按样式打印"复选框，表示对图层和对象应用指定的打印样式特性。

③ 如果选中"最后打印图纸空间"复选框，表示先打印模型空间图形，再打印图纸空间图形。如果取消"最后打印图纸空间"复选框，表示先打印图纸空间图形，再打印模型空间图形。

④ 如果选中"隐藏图纸空间对象"复选框，表示打印时将不打印图纸空间对象。

9. 出图比例

出图比例是指出图时图纸上单位尺寸与实际绘图尺寸之间的比值。例如，绘图比例为 1:100，出图比例为 1:1，则图纸上一个单位长度代表 100 个实际单位长度。若绘图比例为 1:1，出图比例为 1:100，则图纸上一个单位长度仍然代表 100 个实际单位长度。

① 在 AutoCAD 中为图形设置合适的出图比例，可在出图时使图形更完整地显示出来。绘图比例指的是在绘制图形过程中所采用的比例，即绘图比例，例如，在绘图过程中用 1 个单位图形长度代表真实长度为 150 个单位的事物，则绘图比例为 1:150。

② 在 CAD 中绘图界限不设限制，建议绘图时以 1:1 的比例绘制，在出图时再控制出图的比例。与输出到图纸上的图形有关的还有线型比例和尺寸标注比例，这两种比例不会影响图纸尺寸的大小，但要影响除实线外的线型和尺寸标注的形状和比例。

③ 了解出图比例的相关概念后，则可在"打印"对话框的"打印比例"区域中设置图形的出图比例。系统默认是按图纸空间缩放图形，用户可根据实际情况在"比例"下拉列表框中确定出图比例。

10. 发布图形

在 AutoCAD 中除了可以打印输出图形。系统还提供了"发布"命令，将绘制好的图形进行电子传输，实时发布给相关单位，节约时间和成本。发布提供了一种简单的方法来创建图纸图形集或电子图形集。电子图形集是打印的图形集的数字形式。通过将图形发布至 Design Web Format™（DWF™）文件来创建电子图形集。

通过图纸集管理器可以发布整个图纸集。仅单击一次鼠标，即可通过将图纸集发布至单个的多页 DWF 文件来创建电子图形集。可以通过将图纸集发布至每个图纸页面设置中指定的绘图仪来创建图纸图形集。其方法如下：

① 打开图形后，选择"应用程序菜单"→"发布"命令，弹出"发布"对话框。在该对话框中设置需要发布的打印样式，如图 4-2-40 所示。

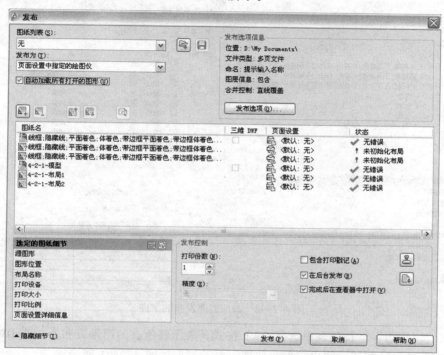

图 4-2-40　"发布"对话框

② 在"发布"对话框中单击"添加图纸"按钮，弹出"选择图形"对话框。在该对话框中选中需要添加的图形文件，如图 4-2-41 所示。然后，单击"选择"按钮，即可将选中的图纸添加到"发布"对话框的文件列表中，如图 4-2-42 所示。

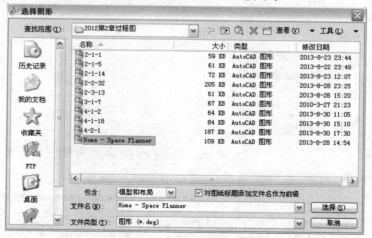

图 4-2-41　"选择图形"对话框

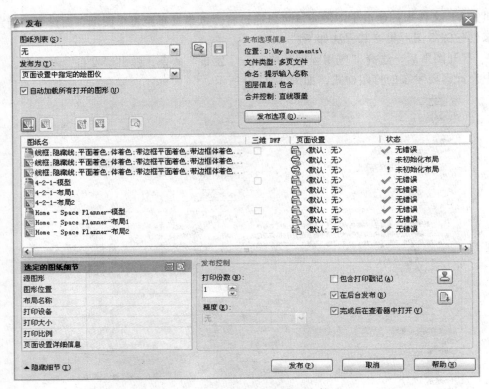

图 4-2-42　添加需要发布的文件

③ 在"发布为"下拉列表中选择 DWF 格式，表示将所有的图形发布为一个 DWF 文件。再单击"发布选项"按钮，弹出"发布选项"对话框，如图 4-2-43 所示。

④ 在"发布选项"对话框中，进行各种参数设置后。单击"确定"按钮，返回到"发布"对话框。

⑤ 在"发布"对话框中单击"发布"按钮，即可将该图纸集在后台进行发布，发布过程如图 4-2-44 所示。

图 4-2-43　"发布选项"对话框

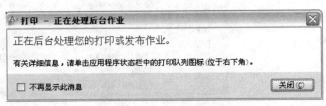

图 4-2-44　发布过程

思考与练习 4-2

1．问答题

（1）简述模型空间和图纸空间的特点。

（2）简述出图比例的应用特点。

2．上机操作题

（1）参照本章所学的知识，在模型空间打印如图 4-2-45 所示的"室内设计图"。

（2）参照本章所学的知识，在图纸空间打印如图 4-2-46 所示的"沙发背景屏风立面图"。

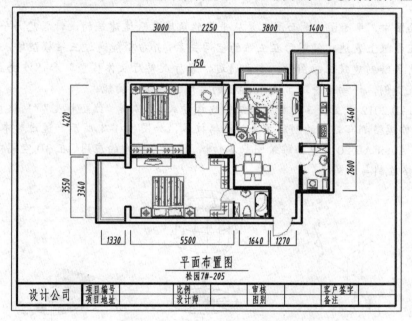

图 4-2-45　打印"室内设计图"

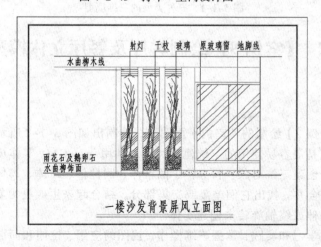

图 4-2-46　打印"沙发背景屏风立面图"

第5章 绘制立体图形

在建筑绘图中，平面图、剖面图只是从平面的角度来表达建筑的设计思想与平面关系。设计师更希望在图纸上表达建筑图形在三维的空间关系，并希望能通过三维模型给人们以感性的认识，这就需要绘制建筑三维图形。本章通过"客厅及餐厅立体模型"和"沙发立体模型"2个典型的建筑实例，详细地讲述了 AutoCAD 的常用三维绘图功能。

在 AutoCAD 2012 中支持 3 种类型的三维建模方式，分别是"线框模型""网格模型"和"实体模型"，每种模型都有自己的创建方法和编辑技术，如图 5-1-1 所示。通过对本章的学习和实践，掌握在 AutoCAD 2012 中三维绘图基本知识、三维坐标系的应用、在 3D 空间中编辑对象、3D 曲线、网格绘制与编辑。

图 5-1-1　三种类型的三维模型

5.1 【案例9】绘制客厅及餐厅立体模型

案例效果

本例将根据【案例2】绘制的"室内平面图"，绘制出如图 5-1-2 所示的"客厅及餐厅立体模型"。实体建模是最容易使用的三维建模类型。利用 AutoCAD 实体模型，可以通过创建以下基本三维形状来创建三维对象：长方体、圆锥体、圆柱体、球体、楔体和圆环体实体。然后，对这些形状进行合并，找出它们差集或交集部分，结合起来生成更为复杂的实体。也可以将二维对象沿路径延伸或绕轴旋转来创建实体。

通过对本案例的学习和实践，掌握三维操作、视图的应用、拉伸和面域等命令的使用和在三维空间中编辑实体对象的方法。

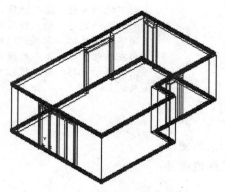

图 5-1-2 客厅及餐厅立体模型

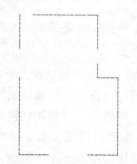

图 5-1-3 删除多余的图形

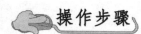 操作步骤

1．绘制地面和墙体模型

① 打开【案例 2】绘制的"室内平面图"，将其另存为"客厅及餐厅三维模型"。单击
"修改"面板中的"修剪"按钮 ✂ 和"删除"按钮 ✐，将多余的图形删除，只留下客厅和餐厅
的轴线，其效果如图 5-1-3 所示，然后将左上角的线段向上延伸 120 mm。

命令行窗口提示操作步骤如下：
命令：_SAVEAS↵
命令：_TRIM↵
当前设置：投影=UCS，边=无
选择剪切边…
选择对象或<全部选择>：
指定对角点：找到 18 个
选择对象：↵
选择要修剪的对象，或按住【Shift】键选择要延伸的对象，
或[栏选(F)/窗交(C)/投影(P)/边(E)/删除(R)/放弃(U)]：　（框选或单击需要修剪的线段）
选择要修剪的对象，或按住【Shift】键选择要延伸的对象，
或[栏选(F)/窗交(C)/投影(P)/边(E)/删除(R)/放弃(U)]：　（框选或单击需要修剪的线段）
……　　　　　　　　　　　　　　　　　　　　　　　　　（相同的操作步骤略）
选择要修剪的对象，或按住【Shift】键选择要延伸的对象，
或[栏选(F)/窗交(C)/投影(P)/边(E)/删除(R)/放弃(U)]：↵　（确认）
命令：_ERASE↵
选择对象：
指定对角点：找到 24 个
选择对象：↵

② 将图层切换到"墙体"层，单击"绘图"面板中的"直线"按钮
✐，按照命令行窗口的提示，以轴线作为基准，绘制一个封闭的线段作
为地面模型，如图 5-1-4 所示。

命令行窗口提示操作步骤如下：
命令：_LAYER↵
命令：_LINE↵
指定第一点：4850↵

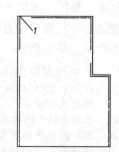

图 5-1-4 绘制线段

（向右拖动鼠标，输入线段的长度）

指定下一点或[放弃(U)]:3950↵ （向下拖动鼠标，输入线段的长度）
指定下一点或[放弃(U)]:1235↵ （向右拖动鼠标，输入线段的长度）
指定下一点或[闭合(C)/放弃(U)]:4920↵ （向下拖动鼠标，输入线段的长度）
指定下一点或[闭合(C)/放弃(U)]:6205↵ （向左拖动鼠标，输入线段的长度）
指定下一点或[闭合(C)/放弃(U)]:8870↵ （向上拖动鼠标，输入线段的长度）
指定下一点或[闭合(C)/放弃(U)]:C↵ （确认）

③ 将"轴线"层隐藏，单击"常用"选项卡，在"图层和视图"面板中"三维导航"的下拉列表中单击"西南等轴测"按钮 ◎，将视图切换为西南等轴测视图。再使用 PEDIT（编辑多段线）命令，将作为地面的黑色线段合并为 1 个整体，如图 5-1-5 所示。

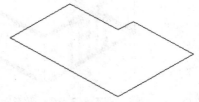

图 5-1-5　切换为西南等轴测视图

命令行窗口提示操作步骤如下：
命令:_LAYER↵
命令:_VIEW↵
输入选项 [?/删除(D)/正交(O)/恢复(R)/保存(S)/设置(E)/窗口(W)]:_SWISO↵
正在重生成模型。
命令:_PEDIT↵ （输入编辑多段线命令）
选择多段线或[多条(M)]: （单击任意 1 条黑色的线段）
选定的对象不是多段线
是否将其转换为多段线？ <Y>↵ （确认）
输入选项 [闭合(C)/合并(J)/宽度(W)/编辑顶点(E)/拟合(F)/样条曲线(S)/非曲线化(D)/线型生成(L)/反转(R)/放弃(U)]:J↵ （输入合并选项）
选择对象:
指定对角点: 找到 6 个 （单击所有黑色的线段）
选择对象:↵
多段线已增加 5 条线段
输入选项 [闭合(C)/合并(J)/宽度(W)/编辑顶点(E)/拟合(F)/样条曲线(S)/非曲线化(D)/线型生成(L)/反转(R)/放弃(U)]:↵ （确认）

操作提示:

在 AutoCAD 中必须将连接的线段合并为 1 个整体多段线，或转换为面域，才能对其进行三维操作。

④ 在快速访问工具栏的"工作空间"的下拉列表中选择"三维建模"选项，将工作空间转换为"三维建模"，单击"常用"选项卡中"建模"面板中的"拉伸"按钮 ，按照命令行窗口的提示，将地面图形拉伸成立体模型，完成后的效果如图 5-1-6 所示。

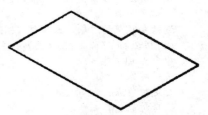

图 5-1-6　拉伸地面图形

命令行窗口提示操作步骤如下：
命令:_EXTRUDE↵
当前线框密度: ISOLINES=10，闭合轮廓创建模式 = 实体
选择要拉伸的对象或 [模式(MO)]:_MO 闭合轮廓创建模式 [实体(SO)/曲面(SU)] <实体>:_SO
选择要拉伸的对象或 [模式(MO)]: 找到 1 个 （单击地面图形）
选择要拉伸的对象或 [模式(MO)]:
指定拉伸的高度或 [方向(D)/路径(P)/倾斜角(T)/表达式(E)]:120↵ （输入拉伸高度）
⑤ 右击绘图区空白处，在弹出的快捷菜单中选择"隔离" → "隐藏对象"命令，将地

面对象隐藏，显示"轴线"层，将"墙体"置为当前层，
单击"绘图"面板中的"多段线"按钮 ，按照命令行
窗口的提示，绘制一条多段线，作为墙体，如图 5-1-7
所示。

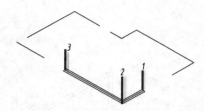

图 5-1-7　绘制多段线

命令行窗口提示操作步骤如下：
命令：_PLINE ↵
指定起点：
当前线宽为 0
指定下一个点或 [圆弧 (A) / 半宽 (H) / 长度 (L) / 放弃 (U) / 宽度 (W)] :W ↵　　　（输入宽度选项）
指定起点宽度 <0>:240 ↵　　　　　　　　　　　　　　　　　　　　　（输入宽度值）
指定端点宽度 <240>: ↵　　　　　　　　　　　　　　　　　　　　　（确认宽度值）
指定下一个点或 [圆弧 (A) / 半宽 (H) / 长度 (L) / 放弃 (U) / 宽度 (W)] :　　　（单击点 2）
指定下一点或 [圆弧 (A) / 闭合 (C) / 半宽 (H) / 长度 (L) / 放弃 (U) / 宽度 (W)] :　（单击点 3）
指定下一点或 [圆弧 (A) / 闭合 (C) / 半宽 (H) / 长度 (L) / 放弃 (U) / 宽度 (W)] : ↵　（确认）

　⑥　选中刚绘制的多段线，右击，弹出如图 5-1-8 所示快捷菜单，选择"特性"命令，弹出
"特性"面板。在该面板中设置多段线的"厚度"为 2 800，表示墙的高度为 2.8 m，如图 5-1-9
所示，然后按【Enter】键确认操作，关闭"特性"面板。此时的多段线如图 5-1-10 所示。

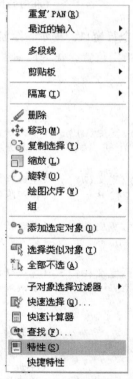

图 5-1-8　快捷菜单

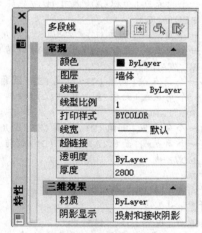

图 5-1-9　特性面板

命令行窗口提示操作步骤如下：
命令：_PROPERTIES ↵
　⑦　用相同的方法，绘制出其他墙体模型，完成后的效果如图 5-1-11 所示。

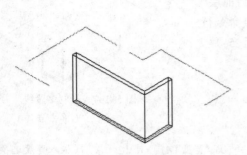
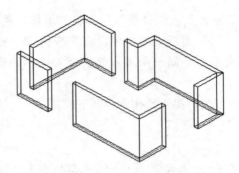

图 5-1-10　设置厚度后的多段线　　　　图 5-1-11　完成其他墙体的绘制

命令行窗口提示操作步骤如下：

命令：_PLINE↵
指定起点：（单击点）
当前线宽为 240
指定下一个点或[圆弧(A)/半宽(H)/长度(L)/放弃(U)/宽度(W)]：　　　　　　　（单击点）
指定下一点或[圆弧(A)/闭合(C)/半宽(H)/长度(L)/放弃(U)/宽度(W)]：　　　　（单击点）
指定下一点或[圆弧(A)/闭合(C)/半宽(H)/长度(L)/放弃(U)/宽度(W)]：↵　　　（确认）
……　　　　　　　　　　　　　　　　　　　　　　　　　（相同的操作步骤略）

命令：_PROPERTIES↵

⑧ 单击"绘图"面板中的"矩形"按钮 ▢，按照命令行窗口的提示，绘制 4 个矩形。再单击"修改"面板中的"移动"按钮 ✛，将矩形移动到指定位置，作为门窗上的墙体，并将隐藏"轴线"层，如图 5-1-12 所示。

命令行窗口提示操作步骤如下：

命令：_RECTANG↵
指定第一个角点或[倒角(C)/标高(E)/圆角(F)/厚度(T)/宽度(W)]：（单击任意点）
指定另一个角点或[面积(A)/尺寸(D)/旋转(R)]：@700,240↵　　　（输入厨房门墙的长宽值）
命令：_RECTANG↵
指定第一个角点或[倒角(C)/标高(E)/圆角(F)/厚度(T)/宽度(W)]：（单击任意点）
指定另一个角点或[面积(A)/尺寸(D)/旋转(R)]：@2400,240↵　　　（输入阳台门墙的长宽值）
命令：_RECTANG↵
指定第一个角点或[倒角(C)/标高(E)/圆角(F)/厚度(T)/宽度(W)]：（单击任意点）
指定另一个角点或[面积(A)/尺寸(D)/旋转(R)]：@240,1800↵　　　（输入卧室门墙的长宽值）
命令：_RECTANG↵
指定第一个角点或[倒角(C)/标高(E)/圆角(F)/厚度(T)/宽度(W)]：（单击任意点）
指定另一个角点或[面积(A)/尺寸(D)/旋转(R)]：@240,900↵　　　（输入入户门墙的长宽值）
命令：_MOVE↵
选择对象：
指定对角点：找到 1 个　　　　　　　　　　　　　　　　　　　（选择矩形）
选择对象：↵
指定基点或[位移(D)]<位移>：　　　　　　　　　　　　　　　（单击一侧的中点）
指定第二个点或<使用第一个点作为位移>：　　　　　　　　　　（单击墙线中点）
……　　　　　　　　　　　　　　　　　　　　　　　　　（相同的操作步骤略）

⑨ 单击"建模"面板中的"拉伸"按钮 ▨，按照命令行窗口的提示，将刚绘制的 4 个矩形向下拉伸成立体模型，完成后的效果如图 5-1-13 所示。

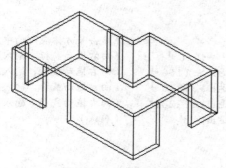

图 5-1-12　绘制矩形

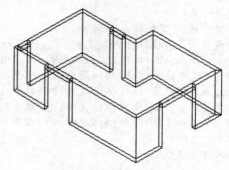

图 5-1-13　拉伸矩形

命令行窗口提示操作步骤如下：

命令：_EXTRUDE↵
当前线框密度： ISOLINES=10，闭合轮廓创建模式 = 实体
选择要拉伸的对象或 [模式(MO)]：_MO 闭合轮廓创建模式 [实体(SO)/曲面(SU)] <实体>：_SO
选择要拉伸的对象或 [模式(MO)]：找到 1 个　　　　　　　　　　　　（单击矩形）
选择要拉伸的对象或 [模式(MO)]：找到 1 个，总计 2 个　　　　　　　（单击矩形）
选择要拉伸的对象或 [模式(MO)]：找到 1 个，总计 3 个　　　　　　　（单击矩形）
选择要拉伸的对象或 [模式(MO)]：找到 1 个，总计 4 个　　　　　　　（单击矩形）
选择要拉伸的对象或 [模式(MO)]：↵　　　　　　　　　　　　　　　　（确认选择）
指定拉伸的高度或[方向(D)/路径(P)/倾斜角(T)/表达式(E)]<-300>：-240↵（输入拉伸高度）

2．绘制门窗模型

① 将图层切换到"门窗"层，在命令行窗口输入 UCS 命令，按照命令行窗口的提示，设置坐标系，此时的坐标系图标如图 5-1-14 所示。

命令行窗口提示操作步骤如下：

命令：_LAYER↵
命令：UCS↵
当前 UCS 名称：*世界*
指定 UCS 的原点或 [面(F)/命名(NA)/对象(OB)/上一个(P)/视图(V)/世界(W)/X/Y/Z/Z
轴(ZA)] <世界>：3P　　　　　　　　　　　　　　　　　　　　　　　（输入 3 点选项）
指定新原点<0,0,0>：　　　　　　　　　　　　　　　　　　　　　　　（单击点 1）
在正 X 轴范围上指定点< 18304,-1665,0>：　　　　　　　　　　　　　（单击点 2）
在 UCS XY 平面的正 Y 轴范围上指定点< 18303,-1664,0>：　　　　　　（单击点 3）

② 单击"建模"面板中的"长方体"按钮，按照命令行窗口的提示，绘制一个长方体，作为阳台门框。再单击"修改"面板中的"复制"按钮，将门框复制 4 个。然后，单击"视图"选项卡的"视图样式"面板中的"隐藏"按钮，消除隐线，完成后的效果如图 5-1-15 所示。

命令行窗口提示操作步骤如下：

命令：_BOX↵
指定第一个角点或 [中心(C)]：0,0,0　　　　　　　　　　　　　　　　（输入坐标原点）
指定其他角点或 [立方体(C)/长度(L)]：L↵　　　　　　　　　　　　　　（输入长度选项）
指定长度：2560↵　　　　　　　　　　　　　　　　　　　　　　　　　（输入长度值）
指定宽度：80↵　　　　　　　　　　　　　　　　　　　　　　　　　　（输入宽度值）
指定高度或 [两点(2P)] <-240>：80↵　　　　　　　　　　　　　　　　（输入高度值）
命令：_COPY
选择对象：找到 1 个　　　　　　　　　　　　　　　　　　　　　　　（选择长方体）

```
选择对象：↵
当前设置： 复制模式 = 多个
指定基点或 [位移(D)/模式(O)] <位移>：                        （单击长方体底部的中点）
指定第二个点或[阵列(A)]<使用第一个点作为位移>：580↵        （向右拖动鼠标，输入距离）
指定第二个点或[阵列(A)/退出(E)/放弃(U)]<退出>：1160↵       （向右拖动鼠标，输入距离）
指定第二个点或[阵列(A)/退出(E)/放弃(U)]<退出>：1740↵       （向右拖动鼠标，输入距离）
指定第二个点或[阵列(A)/退出(E)/放弃(U)]<退出>：2320↵       （向右拖动鼠标，输入距离）
指定第二个点或[阵列(A)/退出(E)/放弃(U)]<退出>：↵           （确认）
命令：_HIDE↵
正在重生成模型
```

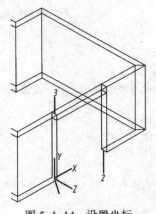　　　　　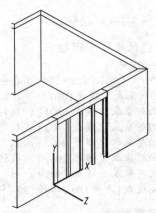

图 5-1-14　设置坐标　　　　　　　图 5-1-15　绘制门框并复制

③ 再次单击"长方体"按钮▢和"复制"按钮◔，按照命令行窗口的提示，绘制一个长方体，作为阳台门底部的框。再将其复制一个，作为顶部的门框，完成后的效果如图 5-1-16 所示。

命令行窗口提示操作步骤如下：

```
命令：_BOX↵
指定第一个角点或 [中心(C)]：0,0,0                           （输入坐标原点）
指定其他角点或 [立方体(C)/长度(L)]：L↵                     （输入长度选项）
指定长度：2400↵                                            （输入长度值）
指定宽度：80↵                                              （输入宽度值）
指定高度或 [两点(2P)] : 80↵                                （输入高度值）
命令：_COPY↵
选择对象：找到 1 个                                         （选择长方体）
选择对象：
当前设置： 复制模式 = 多个
指定基点或 [位移(D)/模式(O)] <位移>：                       （单击长方体底部的中点）
指定第二个点或[阵列(A)]<使用第一个点作为位移>：2560↵        （向上拖动鼠标，输入距离）
指定第二个点或[阵列(A)/退出(E)/放弃(U)]<退出>：↵            （确认）
```

④ 再次单击"长方体"按钮▢，按照命令行窗口的提示，绘制一个长方体，作为阳台门的玻璃，完成后的效果如图 5-1-17 所示。

命令行窗口提示操作步骤如下：

```
命令：_BOX↵
指定第一个角点或 [中心(C)]：0,0,0                           （输入坐标原点）
指定其他角点或 [立方体(C)/长度(L)]：L↵                     （输入长度选项）
```

指定长度:2560↵　　　　　　　　　　　　　　（输入长度值）
指定宽度:2400↵　　　　　　　　　　　　　　（输入宽度值）
指定高度或 [两点(2P)] :30↵　　　　　　　（输入高度值）

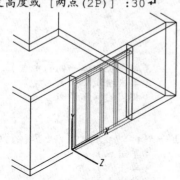

图 5-1-16　绘制推拉门框并复制

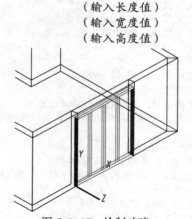

图 5-1-17　绘制玻璃

⑤ 之前的坐标系是建立在阳台所在墙面的平面内,如果要绘制入户门的门框,需要在入户门所在的墙面重新建立坐标系,再单击"长方体"按钮 ▣ 和"移动"按钮 ✛ ,按照命令行窗口的提示,绘制 3 个长方体,作为入户门的门框,再将其移动到适当的位置。厨房门和过道门门框的绘制同样需要先在其所在的墙面建立新的坐标系,然后再绘制长方体作为门框,消隐后的效果如图 5-1-18 所示。至此,模型制作完成。如果需要屋顶,将地面模型向上移动并复制一个即可。

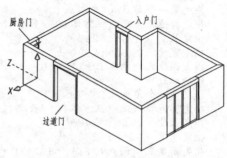

图 5-1-18　绘制木门框

命令行窗口提示操作步骤如下:
命令: UCS↵
当前 UCS 名称: *没有名称*
　指定 UCS 的原点或 [面(F)/命名(NA)/对象(OB)/上一个(P)/视图(V)/世界(W)/X/Y/Z/Z轴(ZA)] <世界>:　　　　　　　　　　　（单击点）
　指定 X 轴上的点或 <接受>:　　　　　　　　（单击点）
　指定 XY 平面上的点或 <接受>:　　　　　　（单击点）
命令:_BOX↵
　指定第一个角点或 [中心(C)]:　　　　　　　（单击任意点）
　指定其他角点或 [立方体(C)/长度(L)]: L↵　（输入长度选项）
　指定长度 <1800>:240↵　　　　　　　　　　（输入卧室门顶部框的长度值）
　指定宽度 <240>: 1800↵　　　　　　　　　　（输入卧室门顶部框的宽度值）
　指定高度或 [两点(2P)] <1800>: 80↵　　　（输入卧室门顶部框的高度值）
命令:_BOX↵
　指定第一个角点或[中心点(C)]:　　　　　　（单击任意点）
　指定其他角点或 [立方体(C)/长度(L)]:L↵　（输入长度选项）
　指定长度 <240>: 240↵　　　　　　　　　　（输入卧室门侧面框的长度值）
　指定宽度 <1800>: 2480　　　　　　　　　　（输入卧室门侧面框的宽度值）
　指定高度或 [两点(2P)] <80>:80↵　　　　　（输入卧室门侧面框的高度值）
命令:_BOX↵
　指定第一个角点或[中心点(C)]:　　　　　　（单击任意点）
　指定其他角点或 [立方体(C)/长度(L)]:L↵　（输入长度选项）

```
指定长度 <240>: 240↵                                （输入卧室门侧面框的长度值）
指定宽度 <2560>: 2480↵                              （输入卧室门侧面框的宽度值）
指定高度或 [两点(2P)] <80>:80↵                      （输入卧室门侧面框的高度值）
命令: _MOVE↵
选择对象:
指定对角点: 找到 1 个                                （选择长方体）
选择对象: ↵
指定基点或[位移(D)]<位移>:                           （单击长方体一侧的中点）
指定第二个点或<使用第一个点作为位移>:                 （单击墙线中点）
……                                                （相同的操作步骤略）
命令: UCS↵
当前 UCS 名称: *没有名称*
指定 UCS 的原点或 [面(F)/命名(NA)/对象(OB)/上一个(P)/视图(V)/世界(W)/X/Y/Z/Z
轴(ZA)] <世界>:                                     （单击点）
指定 X 轴上的点或 <接受>:                            （单击点）
指定 XY 平面上的点或 <接受>:                         （单击点）
命令: _BOX↵
指定第一个角点或[中心点(C)]:                         （单击任意点）
指定其他角点或 [立方体(C)/长度(L)]:L↵               （输入长度选项）
指定长度 <240>: 240↵                                （输入入户门侧面框的长度值）
指定宽度 <2560>: 900↵                               （输入入户门侧面框的宽度值）
指定高度或 [两点(2P)] <80>:80↵                      （输入入户门侧面框的高度值）
命令: _BOX↵
指定第一个角点或[中心点(C)]:                         （单击任意点）
指定其他角点或 [立方体(C)/长度(L)]:L↵               （输入长度选项）
指定长度 <240>: 240↵                                （输入入户门侧面框的长度值）
指定宽度 <900>: 2480↵                               （输入入户门侧面框的宽度值）
指定高度或 [两点(2P)] <80>:80↵                      （输入入户门侧面框的高度值）
命令: _BOX↵
指定第一个角点或[中心点(C)]:                         （单击任意点）
指定其他角点或 [立方体(C)/长度(L)]:L↵               （输入长度选项）
指定长度 <240>: 240↵                                （输入入户门侧面框的长度值）
指定宽度 <2560>: 2480↵                              （输入入户门侧面框的宽度值）
指定高度或 [两点(2P)] <80>:80↵                      （输入入户门侧面框的高度值）
命令: _MOVE↵
选择对象:
指定对角点: 找到 1 个                                （选择长方体）
选择对象: ↵
指定基点或[位移(D)]<位移>:                           （单击长方体一侧的中点）
指定第二个点或<使用第一个点作为位移>:                 （单击墙线中点）
……                                                （相同的操作步骤略）
命令: UCS↵
当前 UCS 名称: *没有名称*
指定 UCS 的原点或 [面(F)/命名(NA)/对象(OB)/上一个(P)/视图(V)/世界(W)/X/Y/Z/Z
轴(ZA)] <世界>:                                     （单击点）
指定 X 轴上的点或 <接受>:                            （单击点）
指定 XY 平面上的点或 <接受>:                         （单击点）
命令: _BOX↵
指定第一个角点或[中心点(C)]:                         （单击任意点）
指定其他角点或 [立方体(C)/长度(L)]:L↵               （输入长度选项）
指定长度 <240>: 700↵                                （输入厨房门侧面框的长度值）
指定宽度 <2560>: 80↵                                （输入厨房门侧面框的宽度值）
指定高度或 [两点(2P)] <80>:240↵                     （输入厨房门侧面框的高度值）
命令: _BOX↵
指定第一个角点或[中心点(C)]:                         （单击任意点）
```

指定其他角点或 [立方体(C)/长度(L)]:L↵　　　　　　　（输入长度选项）
指定长度 <700>: 80↵　　　　　　　　　　　　　　　（输入厨房门侧面框的长度值）
指定宽度 <80>: 2480↵　　　　　　　　　　　　　　（输入厨房门侧面框的宽度值）
指定高度或 [两点(2P)] <80>:240↵　　　　　　　　　（输入厨房门侧面框的高度值）
命令:_BOX↵
指定第一个角点或[中心点(C)]:　　　　　　　　　　　（单击任意点）
指定其他角点或 [立方体(C)/长度(L)]:L↵　　　　　　　（输入长度选项）
指定长度 <80>: 80↵　　　　　　　　　　　　　　　（输入厨房门侧面框的长度值）
指定宽度 <2560>: 2480↵　　　　　　　　　　　　　（输入厨房门侧面框的宽度值）
指定高度或 [两点(2P)] <240>:240↵　　　　　　　　　（输入厨房门侧面框的高度值）
命令:_MOVE↵
选择对象:
指定对角点: 找到 1 个　　　　　　　　　　　　　　　（选择长方体）
选择对象:↵
指定基点或[位移(D)]<位移>:　　　　　　　　　　　　（单击长方体一侧的中点）
指定第二个点或<使用第一个点作为位移>:　　　　　　　（单击墙线中点）
……　　　　　　　　　　　　　　　　　　　　　　　（相同的操作步骤略）
命令:_MOVE↵
选择对象:
指定对角点: 找到 1 个　　　　　　　　　　　　　　　（选择长方体）
选择对象:↵
指定基点或[位移(D)]<位移>:　　　　　　　　　　　　（单击长方体一侧的中点）
指定第二个点或<使用第一个点作为位移>:　　　　　　　（单击墙线中点）
命令:_HIDE↵
正在重生成模型。

⑥ 单击"修改"面板中的"复制"按钮 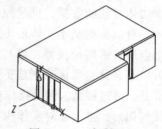，将地面模型向上移动并复制，作为屋顶。然后，单击"视图"选项卡中"视觉样式"面板中"隐藏"按钮，消除隐线，完成后的效果如图 5-1-19 所示。

图 5-1-19　复制屋顶

命令行窗口提示操作步骤如下:
命令:_COPY↵
选择对象: 找到 1 个
选择对象:↵　　　　　　　　　　　　　　　　　　　　（选择地面模型）
指定基点或 [位移(D)]<位移>:　　　　　　　　　　　　（单击长方体底部的中点）
指定第二个点或[阵列(A)] <使用第一个点作为位移>:2800↵　（向上拖动鼠标，输入距离）
指定第二个点或[阵列(A)/退出(E)/放弃(U)]<退出>:↵　　（确认）
命令:_HIDE↵
正在重生成模型

相关知识

1. 创建面域和向对象添加三维厚度

（1）创建面域

面域是使用形成闭合环的对象创建的二维封闭区域，如图 5-1-20 所示。可以将现有面域组合成单个、复杂的面域来计算面积。环可以是直线、多段线、圆、圆弧、椭圆、椭圆弧和样条曲线的组合。组成环的对象必须闭合或通过与其他对象共享端点而形成闭合的区域。

（2）向对象添加三维厚度

厚度是使特定对象具有三维外观的特性，如图 5-1-21 所示。对象的三维厚度是对象于所在的空间位置向上或向下延伸或加厚的距离。正的厚度按 Z 轴正向向上拉伸，负的厚度按 Z 轴负向向下拉伸。零厚度表示对象没有三维厚度。Z 方向由创建对象时的 UCS 的方向确定。可以对具有非零厚度的对象进行着色，也可以在其后面隐藏其他对象。

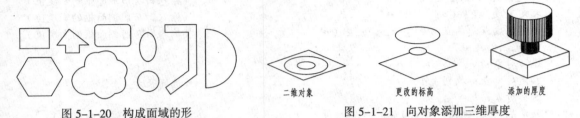

图 5-1-20　构成面域的形　　　　　　　　图 5-1-21　向对象添加三维厚度

2. 创建实体模型

实体对象表示整个对象的体积，可在"实体"选项卡的"图元"面板选择需要创建的实体，如图 5-1-22 所示。在各类三维建模中，实体的信息最完整，歧义最少。复杂实体形比线框和网格更容易构造和编辑。与网格类似，实体显示为线框，直至用户将其隐藏、着色或渲染。另外，还可以分析实体的质量特性（体积、惯性矩、重心等）。可以输

图 5-1-22　"图元"面板

出实体对象的数据，供数控铣床使用或进行 FEM（有限元法）分析。

可以根据基本实体形（长方体、圆锥体、圆柱体、球体、圆环体和楔体）来创建实体，也可以通过沿路径拉伸二维对象或者绕轴旋转二维对象来创建实体。以这种方式创建实体之后，可以组合这些实体来创建更复杂的形状。可以合并这些实体，获得它们的差集或交集（重叠）部分。通过圆角、倒角操作或修改边的颜色，可以对实体进行进一步修改。因为无须绘制新的几何图形，也无须对实体执行布尔运算，所以操作实体上的面较为容易。创建各类实体模型的方法如下：

（1）创建长方体

单击"图元"面板中的"长方体"按钮，然后在绘图区指定长方体的角点与高度，即可绘制出一个长方体，如图 5-1-23 所示。长方体的底面总与当前 UCS 的 XY 平面平行。

命令行窗口提示操作步骤如下：

```
命令：_BOX ↵
指定第一个角点或[中心(C)]<0,0,0>：                        （单击点 1）
指定其他角点或[立方体(C)/长度(L)]：                        （单击点 2）
指定高度或 [两点(2P)]：                                     （单击点 3）
```

（2）创建圆锥体

圆锥体是由圆或椭圆底面及顶点所定义的。默认情况下，圆锥体的底面位于当前 UCS 的 XY 平面上。高度可为正值或负值，且平行于 Z 轴。顶点确定圆锥体的高度和方向。

单击"图元"面板中"多段体"下拉列表中的"圆锥体"按钮，然后指定圆锥体的角点与高度，即可绘制出一个圆锥体，如图 5-1-24 所示。

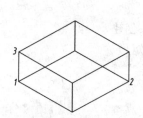

图 5-1-23　创建长方体

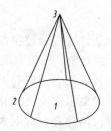

图 5-1-24　创建圆锥体

命令行窗口提示操作步骤如下：

命令：_CONE ↵
指定底面的中心点或 [三点(3P)/两点(2P)/切点、切点、半径(T)/椭圆(E)]：　　（单击点 1）
指定底面半径或 [直径(D)]：　　　　　　　　　　　　　　　　　　　　　　（单击点 2）
指定高度或 [两点(2P)/轴端点(A)/顶面半径(T)]：　　　　　　　　　　　　　（单击点 3）

（3）创建圆环体

可以使用 TORUS 命令创建与轮胎内胎相似的环形体。圆环体与当前 UCS 的 *XY* 平面平行且被该平面平分。

单击"图元"面板中"多段体"下拉列表中的 "圆环体"按钮◎，然后指定圆环体的中心与半径，再指定圆管半径，即可绘制出一个圆环体，如图 5-1-25 所示。

命令行窗口提示操作步骤如下：

命令：ISOLINES ↵
输入 ISOLINES 的新值 <10>：5　　　　　　　　　　　　　　　　（输入当前线框密度）
命令：_TORUS ↵
指定中心点或 [三点(3P)/两点(2P)/切点、切点、半径(T)]：　　　　　（在圆心处单击）
指定半径或 [直径(D)] <50.0000>：50　　　　　　　　　　　　　（输入圆环体半径值）
指定圆管半径或 [两点(2P)/直径(D)] <20.0000>：20　　　　　　　（输入圆管半径值）

（4）创建楔体

可以使用 WEDGE 命令创建楔体。楔体的底面平行于当前 UCS 的 *XY* 平面，斜面正对第一个角点。高度可以为正值或负值且平行于 *Z* 轴。

单击"图元"面板中"多段体"下拉列表中的"楔体"按钮◁，然后指定楔体的角点与高度，即可绘制出一个楔体，如图 5-1-26 所示。

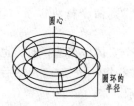

图 5-1-25　创建圆环体

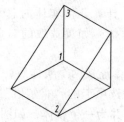

图 5-1-26　创建楔体

命令行窗口提示操作步骤如下：

命令：_WEDGE ↵
指定第一个角点或 [中心(C)]：　　　　　　　　　　　　　　　　　　　　　（单击点 1）
指定其他角点或 [立方体(C)/长度(L)]：　　　　　　　　　　　　　　　　　（单击点 2）
指定高度或 [两点(2P)]：　　　　　　　　　　　　　　　　　　　　　　　（单击点 3）

（5）创建拉伸实体

使用"拉伸"命令，可以通过拉伸选定的对象来创建
实体。可以拉伸闭合的对象，例如多段线、多边形、矩形、
圆、椭圆、闭合的样条曲线、圆环和面域。不能拉伸三维
对象、包含在块中的对象、有交叉或横断部分的多段线，
或非闭合多段线。可以沿路径拉伸对象，也可以指定高度
值和斜角，如图 5-1-27 所示。

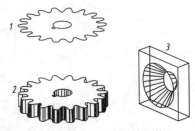

图 5-1-27　创建拉伸实体

对于侧面成一定角度的零件来说，倾斜拉伸特别有用。
例如，铸造车间用来制造金属产品的铸模。但应避免使用太大的倾斜角度。如果角度过大，轮
廓可能在达到所指定高度以前就倾斜为一个点。

（6）创建旋转实体

单击"旋转"按钮🔘，可以通过将一个闭合对象围绕当前 UCS 的 X 轴或 Y 轴旋转一定角
度来创建实体，如图 5-1-28 所示。也可以围绕直线、多段线或两个指定的点旋转对象，如
图 5-1-29 所示。与"拉伸"命令类似，如果对象包含圆角或其他使用普通轮廓很难制作的
细部图，就可以使用旋转命令。如果用与多段线相交的直线或圆弧创建轮廓，可用 PEDIT 命
令的"合并"选项将其转换为单个多段线对象，然后使用"旋转"命令。

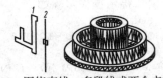

图 5-1-28　绕轴旋转一定角度　　　　图 5-1-29　围绕直线、多段线或两个点旋转对象

不能对以下对象使用"旋转"命令：三维对象、包含在块中的对象、有交叉或横断部分的
多段线或非闭合多段线。

3. 创建布尔组合实体

（1）使用"并集"命令创建组合实体

使用"并集"（UNION）命令，可以合并两个或多个实体（或面域），构成一个组合
对象。该命令用于计算几个实体的总和，将两个以上的"面域"或"实体"对象，连接成
组合面域或复合实体。如果选取的对象不能连接，则命令行将提示"至少必须选择 2 个实
体或共面的面域"。

用"并集"命令连接两个实体后，它们成为一个实体。在选择时，也将作为一个实体被选
择。单击"实体"选项卡的"布尔值"面板中的"并集"按钮◎◎，然后选择需要合并的多个
图形，即可将其合并为一个整体，如图 5-1-30 所示。

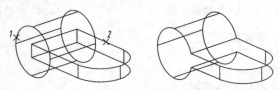

图 5-1-30　使用"并集"命令创建组合实体

命令行窗口提示操作步骤如下：

命令：_UNION ↵
选择对象：找到 1 个　　　　　　　　　　　（选择图形）
选择对象：找到 1 个，总计 2 个　　　　　（选择图形）
选择对象：↵　　　　　　　　　　　　　　　（确认）

（2）使用"交集"命令创建组合实体

使用"交集"命令，可以用两个或多个重叠实体的公共部分创建组合实体。

单击"实体"选项卡中"布尔值"面板中的"交集"按钮⊚⊚，然后选择需要交集处理的多个图形，即可将其进行交集处理，形成一个新的模型，如图 5-1-31 所示。

（3）使用"差集"命令创建组合实体

"差集"命令用于从所选三维实体或面域中减去一个或多个实体或面域，并得到一个新的实体或面域。当选择的实体或面域不相交时，负构件将被删除。例如，可以使用 SUBTRACT 命令在对象上减去圆柱，从而在机械零件上增加孔。

单击"实体"选项卡"布尔值"面板中的"差集"命令按钮⊚⊚，然后分别选择需要差集处理的多个图形，即可将其进行差集处理，形成一个新的模型，如图 5-1-32 所示。

图 5-1-31　使用"交集"命令创建组合实体　　图 5-1-32　使用"差集"命令创建组合实体

4．对象的隐藏

通常建立起一个三维观察方向后，图形仍以网格线条的方式显示所有物体的空间几何形状，即使被其他物体遮住了的部分也会显示出来。单击"视觉样式"面板中的"隐藏"按钮⊚将在屏幕上重新生成一个用于观察消除了隐藏线的图形。消隐前的图形如图 5-1-33 所示，消隐后的图形如图 5-1-34 所示。

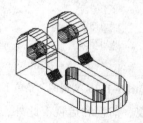　　　　　　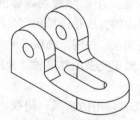

图 5-1-33　消隐前的图形　　　　　图 5-1-34　消隐后的图形

消隐具有以下特性：

① 消隐命令不显示被遮挡住的线条，从而使视图更加清晰和直观，更具有立体感和真实感。启动"消隐"命令后，用户无须进行目标选择，AutoCAD 将对当前视窗内的所有实体进行消隐，并在数秒之后显示出消隐后的图形。消隐只是将某些线条隐藏起来，而不是将其删掉，因此消隐和删除有着本质的区别。

② 在 AutoCAD 中，当隐线消除后，在圆弧倒角的部分还有一大堆残留的线框。要想将其

消除，可选择"应用程序菜单"→"选项"命令，在弹出的"选项"对话框中选择"显示"选项卡，选中"绘制实体和曲面的真实轮廓"复选框，如图 5-1-35 示。然后单击"应用"和"确定"按钮，即可解决消隐后残留的线框问题。

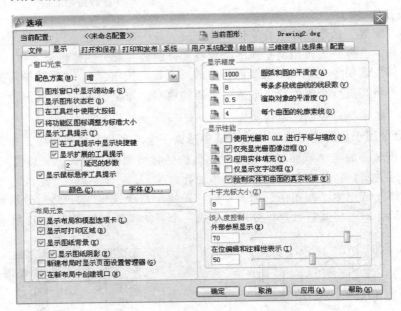

图 5-1-35　"选项"（显示）对话框

5．三维视图的应用

（1）使用预制三维视图

在三维空间工作时，经常要显示几个不同的视图，以便可以轻易地验证图形的三维效果。最常用的视点是等轴测视图，使用它可以减少视觉上重叠对象的数目。通过选定的视点，可以创建新的对象、编辑现有对象、生成隐藏线或着色视图。

快速设置视图的方法是选择预定义的三维视图。可以根据名称或说明在"视图"选项卡的"视图"面板中选择预定义的标准正交视图和等轴测视图，如图 5-1-36 所示。

图 5-1-36　"视图"菜单下的"三维视图"

这些视图代表常用的选项：俯视、仰视、左视、右视、前视和后视。此外，还可以从等轴测选项设置视图，包括：SW（西南）等轴测、SE（东南）等轴测、NE（东北）等轴测和 NW（西北）等轴测。要理解等轴测视图的表现方式，可想象正在俯视盒子的顶部。如果朝盒子的左下角移动，可以从西南等轴测视图观察盒子。如果朝盒子的右上角移动，可以从东北等轴测视图观察盒子，如图 5-1-37 所示。

（2）使用坐标值或角度定义三维视图

通过输入一个点的坐标值或测量两个旋转角度定义观察方向，如图 5-1-38 所示。此点表示朝原点（0,0,0）观察模型时，用户在三维空间中的位置。视点坐标值相对于世界坐标系，除非修改 WORLDVIEW 系统变量。定义建筑(AEC)设计的标准视图约定与机械设计的约定不同。在 AEC 设计中，*XY* 平面的正交视图是俯视图或平面视图，在机械设计中，*XY* 平面的正交视图是主视图。

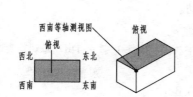

图 5-1-37　等轴测视图的表现方式

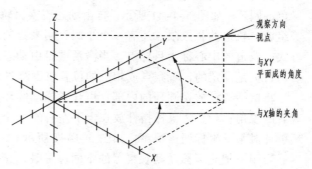

图 5-1-38　使用坐标值或角度定义三维视图

6. 以交互方式指定三维视图

(1)显示透视图

图 5-1-39 显示了同一个线框模型在平行投影中和透视图中不同的表现方式。两者都基于相同的观察方向。定义透视图和定义平行投影之间的差别是：透视图取决于理论相机和目标点之间的距离。较小的距离产生明显的透视效果，较大的距离产生轻微的效果。在透视效果关闭或在其位置定义新视图之前，透视图将一直保持其效果。

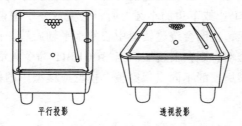

图 5-1-39　透视图中不同的表现方式

(2)设置剪裁平面

通过定位前向剪裁和后向剪裁平面(用于根据理论相机的距离来控制对象的可见性)，可以创建图形的剖面视图。可以移动垂直于相机和目标(指向相机)之间视线的剪裁平面。剪裁将自剪裁平面的前向和后向删除对象的显示，如图 5-1-40 所示。

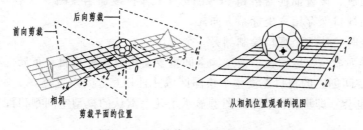

图 5-1-40　剪裁平面的表现方式

（3）自由动态观察

在动态观察时，可以在更改视图的同时显示更改视点的效果。执行"自由动态观察"命令后，即可在视图中显示出一个绿色的圆环，如图 5-1-41 所示。自由动态观察由轨道、指南针等组成，轨道的各象限点还有一个小圆，用来控制对象的转动方式，轨道的中心称为目标点。当激活"自由动态观察"命令后，目标是固定的，观察点或相机的位置将围绕着目标转动。

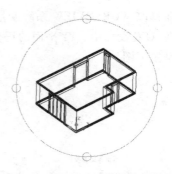

图 5-1-41　自由动态观察调整
观看的视角

将鼠标指针放在圆环的内部，可任意拖动圆环，调整图形观看的视角；如果将鼠标指针放在上下左右的 4 个小圆圈中，还可针对某一坐标调整视角，如图 5-1-41 所示。

当用户把光标移动到观察器的不同位置时，光标的形式也不相同，不同的形式代表着不同的旋转方式。由此，用户可以方便地从不同方位观察物体。

① 当光标位于轨道之内时，它的图标是一个有两条线的小球 ⊕，此时按下拾取键并拖动鼠标移动，视点就会绕对象旋转。此时光标就像附在一个包围对象的球面上一样，通过拖动可使晃点随球绕目标做任意方向的旋转，用户可以水平拖动、垂直拖动或沿任意方向拖动。

② 当光标位于轨道之外时，图标由一个小圆和一个箭头组成 ⊙。此时按下鼠标左键并拖动，视图会绕过轨道中心，与计算机屏幕垂直的轴旋转。

③ 当光标位于轨道左边或右边的小圆上时，会变成一个水平椭圆围绕着一个小球的形状，此时按下左键并水平拖动鼠标，视图会绕过轨道中心的垂直轴旋转。

④ 当光标位于轨道的上边或下边的小圆上时，会变成一个垂直椭圆围绕着一个小球，此时按下左键并垂直拖动光标，视图会绕过轨道中心的水平轴旋转。使用 3DORBIT 命令，可以激活当前视口中交互的三维动态观察器视图。当 3DORBIT 命令激活时，可以使用定点设备操作模型的视图。可以从模型周围的不同点观察整个模型或模型中的任何对象。

7. 定义多视口视图区域

（1）在"模型"空间中创建视口

视口是显示用户模型的不同视图的区域。在"模型"空间，可以将绘图区域拆分成一个或多个相邻的矩形视图，称为模型空间视口。在大型或复杂的图形中，显示不同的视图可以缩短在单一视图中缩放或平移的时间。而且，在一个视图中出现的错误可能会在其他视图中表现出来。使用模型空间视口，可以完成以下操作：

① 平移、缩放、设置捕捉栅格和 UCS 图标模式及恢复命名视图。

② 用单独的视口保存用户坐标系方向。

③ 执行命令时，从一个视口绘制到另一个视口。

④ 为视口排列命名，以便在"模型"空间重复使用或者将其插入布局选项卡。

在"模型"空间创建的视口充满整个绘图区域并且相互之间不重叠。在一个视口中做出修改后，其他视口也会立即更新。下面的图例显示了几个默认的模型空间视口配置，如图 5-1-42 所示。

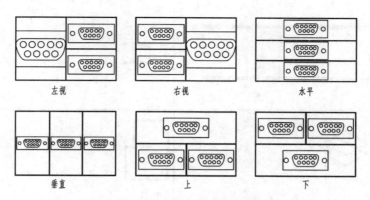

图 5-1-42　显示了三个模型空间视口

（2）在布局空间创建视口

也可以在布局空间创建视口。使用这些视口（称为布局视口）可以在图纸上排列图形的视图。还可以移动和调整布局视口的大小，通过使用布局视口可以对显示进行更多控制。例如，可以冻结一个布局视口中的特定图层，而不影响其他视口。

（3）配置多视口显示

① 单击"视图"选项卡中"视口"面板中的"命名"按钮，弹出"视口"对话框。在该对话框中选择"新建视口"选项卡，如图 5-1-43 所示。

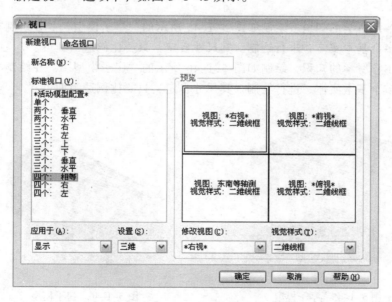

图 5-1-43　"视口"（新建视口）对话框

② 在"新建视口"选项卡左侧的"标准视口"列表框中选中"四个:相等"选项，其右侧的预览框中显示出当前选择的视口效果；然后在"设置"下拉列表框中选择"三维"选项，表示使用 3D 视口，如图 5-1-43 所示。单击"确定"按钮，完成视口设置，其效果如图 5-1-44 所示。

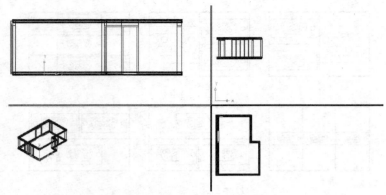

图 5-1-44 多视口显示对象

思考与练习 5-1

1．问答题

（1）简述消隐的特性。

（2）简述如何设置剪裁平面。

2．上机操作题

（1）参照本章所学的知识，绘制如图 5-1-45 所示的"亭子模型"。在绘制本例时，可将该模型拆分为多个基本实体，进行绘制。其尺寸自定，只要比例适当即可。

（2）参照本章所学的知识，绘制如图 5-1-46 所示的"房子模型"。在绘制本例时，可将该模型拆分为多个基本实体，进行绘制。其尺寸自定，只要比例适当即可。

图 5-1-45 亭子模型

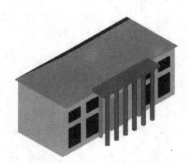

图 5-1-46 房子模型

5.2 【案例 10】绘制沙发立体模型

◎ 案例效果

本例将绘制如图 5-2-1 所示的"沙发立体模型"。网格建模比线框建模更为复杂，它不仅定义三维对象的边而且定义面。AutoCAD 网格模型使用多边形网格定义镶嵌面。由于网格面是平面的，因此网格只能近似于面。为了区分这两种网格，AutoCAD 称镶嵌面为网格。

通过对本例的学习和实践，掌握"拉伸面""直纹网格""边界网格""三维操作""定义坐标轴"等命令，以及在三维空间中编辑表面模型的方法。

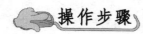 **操作步骤**

图 5-2-1　沙发立体模型

1. 绘制扶手模型

① 将图层切换到"轴线"层，单击"视图"选项卡中"视图"面板中的"西南等轴测视图"按钮 ◈，将视图切换为西南等轴测视图。再单击"绘图"面板中的"矩形"按钮 ▭，按照命令行窗口的提示，绘制一个矩形，作为参照图形，如图 5-2-2 所示。

命令行窗口提示操作步骤如下：

```
命令:_LAYER ↵
命令:_RECTANG ↵
指定第一个角点或[倒角(C)/标高(E)/圆角(F)/厚度(T)/宽度(W)]:0,0↵   （输入起点坐标值）
指定另一个角点或[面积(A)/尺寸(D)/旋转(R)]: 1500,500↵            （输入长宽值）
```

② 使用 UCS 命令，按照命令行窗口的提示，将坐标轴进行旋转，此时的坐标轴如图 5-2-3 所示。

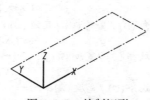

图 5-2-2　绘制矩形

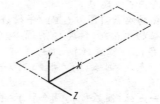

图 5-2-3　旋转坐标系

命令行窗口提示操作步骤如下：

```
命令:_UCS ↵
当前 UCS 名称: *世界*
指定 UCS 的原点或 [面(F)/命名(NA)/对象(OB)/上一个(P)/视图(V)/世界(W)/X/Y/Z/Z
轴(ZA)] <世界>: X↵
                                         （输入 X 轴选项）
指定绕 X 轴的旋转角度 <90>:↵
                                         （确认旋转的角度）
```

③ 单击"常用"选项卡"坐标"面板中的"UCS 图标"命令 ▣，弹出"UCS 图标"对话框。在该对话框中将"UCS 图标大小"设置为 5，如图 5-2-4 所示。然后，单击"确定"按钮，将 UCS 图标缩小以方便观察图形。

命令行窗口提示操作步骤如下：

```
命令:_UCSICON ↵
输入选项 [开(ON)/关(OFF)/全部(A)/非原点(N)/原点(OR)/可选(S)/特性(P)] <开>:_P↵
```

④ 将图层切换到"扶手层"，单击"绘图"面板中的"多段线"按钮 ⋑，按照命令行窗口的提示，绘制 1 条封闭的线段，作为沙发扶手的截面图形，如图 5-2-5 所示。

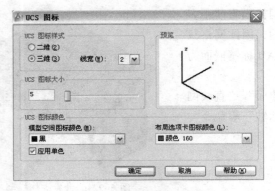

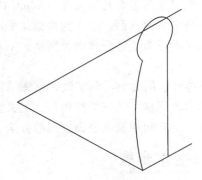

图 5-2-4　"UCS 图标"对话框　　　　图 5-2-5　绘制扶手截面图形

命令行窗口提示操作步骤如下：

命令：'_LAYER↵

命令：_PLINE↵

指定起点：0,0↵　　　　　　　　　　　　　　　　　　　　　　　　（输入起点值）

当前线宽为 0

指定下一个点或 [圆弧(A)/半宽(H)/长度(L)/放弃(U)/宽度(W)]：A↵　　（输入圆弧选项）

指定圆弧的端点或 [角度(A)/圆心(CE)/方向(D)/半宽(H)/直线(L)/半径(R)/第二个点(S)/放弃(U)/宽度(W)]：A↵　　　　　　　　　　　　　　　　　　　　　　　（输入角度选项）

指定包含角：-30↵　　　　　　　　　　　　　　　　　　　　　　（输入角度值）

指定圆弧的端点或 [圆心(CE)/半径(R)]：0,400↵　　　　　　　　　（输入圆弧的长度）

指定圆弧的端点或 [角度(A)/圆心(CE)/闭合(CL)/方向(D)/半宽(H)/直线(L)/半径(R)/第二个点(S)/放弃(U)/宽度(W)]：A↵　　　　　　　　　　　　　　　　　（输入圆弧闭选项）

指定包含角：-270↵　　　　　　　　　　　　　　　　　　　　　（输入角度选项）

指定圆弧的端点 [圆心(CE)/半径(R)]：100,400↵　　　　　　　　　（输入圆弧的长度）

指定圆弧的端点或 [角度(A)/圆心(CE)/闭合(CL)/方向(D)/半宽(H)/直线(L)/半径(R)/第二个点(S)/放弃(U)/宽度(W)]：L↵　　　　　　　　　　　　　　　　　　（输入直线选项）

指定下一点或 [圆弧(A)/闭合(C)/半宽(H)/长度(L)/放弃(U)/宽度(W)]：400↵　（输入直线的长度）

指定下一点或 [圆弧(A)/闭合(C)/半宽(H)/长度(L)/放弃(U)/宽度(W)]：C↵　（输入闭合选项）

⑤ 依次使用 SURFTAB1 和 SURFTAB2 命令，设置网格的密度，其中 SURFTAB1 表示 X 轴向上的网格密度，SURFTAB2 表示 Y 轴向上的网格密度。单击"修改"面板中的"复制"按钮 ，按照命令行窗口的提示，复制一个扶手截面图形，如图 5-2-6 所示。

命令行窗口提示操作步骤如下：

命令：SURFTAB1↵

输入 SURFTAB1 的新值<6>：24↵　　　　　　　　　　　　　　　（输入网格的密度值）

命令：SURFTAB2↵

输入 SURFTAB2 的新值<6>：24↵　　　　　　　　　　　　　　　（输入网格的密度值）

命令：_COPY↵

选择对象：

指定对角点：找到 1 个　　　　　　　　　　　　　　　　　　　　（选择扶手截面图形）

选择对象：↵

当前设置：复制模式 = 多个

指定基点或 [位移(D)/模式(O)] <位移>：　　　　　　　　　　　　（单击点 1）

指定第二个点或[阵列(A)]<使用第一个点作为位移>：　　　　　　　（单击点 2）

指定第二个点或[阵列(A)/退出(E)/放弃(U)] <退出>：　　　　　　　（确认）

⑥ 单击"网格"选项卡 "图元"面板中的"直纹曲面"按钮 ，按照命令行窗口的提示，在两条曲线之间创建直纹网格，如图 5-2-7 所示。同时，将 2 个截面图形转换为面域。

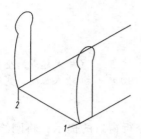

图 5-2-6　复制截面图形

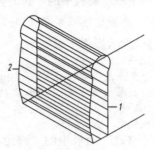

图 5-2-7　直纹网格

命令行窗口提示操作步骤如下：

命令:_RULESURF↵
当前线框密度:SURFTAB1=24
选择第一条定义曲线:　　　　　　　　　　　　　（单击线段1）
选择第二条定义曲线:　　　　　　　　　　　　　（单击线段2）

⑦ 单击"视图"选项卡 "视觉样式"面板中的"隐藏"按钮 ，消隐后的效果如图 5-2-8 所示。

命令行窗口提示操作步骤如下：

命令:_HIDE↵
正在重生成模型

⑧ 单击"修改"面板中的"镜像"按钮，按照命令行窗口的提示，将左侧的扶手图形向右镜像并复制一个，消隐后的效果如图 5-2-9 所示。

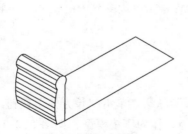

图 5-2-8　隐藏后的图形

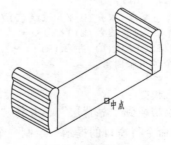

图 5-2-9　镜像图形

命令行窗口提示操作步骤如下：

命令:_MIRROR↵
选择对象:找到 1 个
选择对象:找到 1 个,总计 2 个
选择对象:找到 1 个,总计 3 个　　　　　　　　（选择作为扶手的 3 个图形）
选择对象:↵
指定镜像线的第一点:　　　　　　　　　　　　（单击中点）
指定镜像线的第二点:　　　　　　　　　　　　（向上拖动鼠标并单击）
要删除源对象吗? [是(Y)/否(N)] <N>:↵　　　（确认）
命令:_HIDE↵
正在重生成模型

2. 绘制座垫和靠背模型

① 单击"建模"面板中的"长方体"按钮⬜，按照命令行窗口的提示，绘制一个长方体，作为底座模型，消隐后的效果如图 5-2-10 所示。

命令行窗口提示操作步骤如下：

```
命令：_BOX↵
指定第一个角点或 [中心(C)]：100,100,0↵            （输入起点的坐标值）
指定其他角点或 [立方体(C)/长度(L)]：@1300,200,-500↵   （输入长度、宽度和高度值）
命令：_HIDE↵
正在重生成模型
```

② 单击"修改"面板中的"圆角"按钮⬜，按照命令行窗口的提示，将刚绘制的矩形进行圆角处理，消隐后的效果如图 5-2-11 所示。

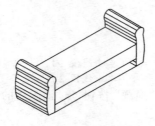 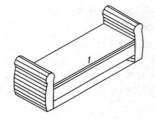

图 5-2-10　绘制矩形　　　　　　　图 5-2-11　圆角矩形

命令行窗口提示操作步骤如下：

```
命令：_FILLET↵
当前设置：模式=修剪，半径= 10.0000
选择第一个对象或[放弃(U)/多段线(P)/半径(R)/修剪(T)/多个(M)]：R↵   （输入半径选项）
指定圆角半径<30>：30↵                              （输入半径值）
选择第一个对象或[放弃(U)/多段线(P)/半径(R)/修剪(T)/多个(M)]：     （单击线段1）
输入圆角半径或[表达式(E)]<30>：↵                     （确认）
选择边或[链(C)/环(L)/半径(R)]：↵                    （确认）
已选定 1 个边用于圆角。
命令：_HIDE↵
正在重生成模型
```

③ 将图层切换到"靠背层"，并将"轴线层"隐藏。单击"长方体"按钮⬜和"圆角"按钮⬜，按照命令行窗口的提示，绘制一个长方体，作为座垫模型，如图 5-2-12 所示。再将其进行圆角处理，如图 5-2-13 所示。

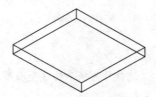 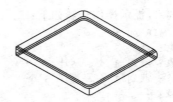

图 5-2-12　绘制长方体　　　　　　图 5-2-13　圆角长方体

命令行窗口提示操作步骤如下：

```
命令：'_LAYER↵
命令：_BOX↵
```

```
指定长方体的角点或[中心点(CE)]<0,0,0>:↵                    (确认起点值)
指定角点或[立方体(C)/长度(L)]:@400,50,-433.3↵              (输入长度、宽度
和高度值)
命令:_FILLET↵
当前设置:模式=修剪,半径= 30.0000
选择第一个对象或[放弃(U)/多段线(P)/半径(R)/修剪(T)/多个(M)]:R↵   (输入半径选项)
指定圆角半径<30>:10↵                          (输入圆角半径值)
选择第一个对象或[放弃(U)/多段线(P)/半径(R)/修剪(T)/多个(M)]:M↵   (输入多个选项)
选择第一个对象或[放弃(U)/多段线(P)/半径(R)/修剪(T)/多个(M)]:  (单击长方体顶部的线段)
输入圆角半径或[表达式(E)]< 10.0000>:↵        (确认)
选择边或[链(C)/ 环(L)/半径(R)]:                (依次单击长方体顶部的 4 条线段)
选择边或[链(C)/ 环(L)/半径(R)]:                (依次单击长方体顶部的 4 条线段)
选择边或[链(C)/ 环(L)/半径(R)]:                (依次单击长方体顶部的 4 条线段)
选择边或[链(C)/ 环(L)/半径(R)]:                (依次单击长方体顶部的 4 条线段)
选择边或[链(C)/ 环(L)/半径(R)]:                (依次单击长方体底部的 4 条线段)
选择边或[链(C)/ 环(L)/半径(R)]:                (依次单击长方体底部的 4 条线段)
选择边或[链(C)/ 环(L)/半径(R)]:                (依次单击长方体底部的 4 条线段)
选择边或[链(C)/ 环(L)/半径(R)]:                (依次单击长方体底部的 4 条线段,并按
空格键确认)
已选定 8 条边用于圆角
选择第一个对象或 [放弃(U)/多段线(P)/半径(R)/修剪(T)/多个(M)]:↵ (确认)
```

④ 单击"修改"面板中的"复制"按钮🔲和"移动"按钮✣,按照命令行窗口的提示,将座垫模型复制 2 个,再移动到沙发上,消隐后的效果如图 5-2-14 所示。

命令行窗口提示操作步骤如下:

```
命令:_COPY↵
选择对象:
指定对角点:找到 1 个                         (选择座垫模型)
选择对象:↵                                  (确认)
当前设置: 复制模式 = 多个
指定基点或[位移(D) /模式(O)] <位移>:         (单击左下角的点)
指定第二个点或[阵列(A)]<使用第一个点作为位移>:400↵  (向右拖动鼠标,输入距离值)
指定第二个点或[阵列(A)/退出(E)/放弃(U)]<退出>:800↵  (向右拖动鼠标,输入距离值)
指定第二个点或[阵列(A)/退出(E)/放弃(U)]<退出>:↵     (确认)
命令:MOVE↵
选择对象:
指定对角点:找到 3 个                         (选择 3 个座垫模型)
选择对象:↵                                  (确认)
指定基点或[位移(D)]<位移>:                    (单击中点)
指定第二个点或<使用第一个点作为位移>:          (单击底座模型的中点)
命令:_HIDE↵
正在重生成模型
```

⑤ 使用 UCS 命令,按照命令行窗口的提示设置坐标系,如图 5-2-15 所示。

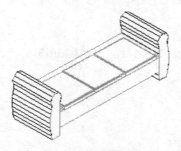
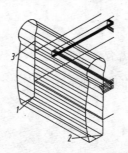

图 5-2-14 复制并移动座垫   图 5-2-15 设置坐标

命令行窗口提示操作步骤如下：

命令:UCS ↵
当前 UCS 名称：＊没有名称＊
指定 UCS 的原点或 [面(F)/命名(NA)/对象(OB)/上一个(P)/视图(V)/世界(W)/X/Y/Z/Z
轴(ZA)] <世界>:3P↵　　　　　　　　　　　　　　　　　　　　（输入 3 点选项）
指定新原<0,0,0>:　　　　　　　　　　　　　　　　　　　　　　（单击点 1）
在正 X 轴范围上指定点<101,0,-500>:　　　　　　　　　　　　　（单击点 2）
在 UCS XY 平面的正 Y 轴范围上指定点<100,1,-500>:　　　　　　（单击点 3）
⑥ 单击"绘图"面板中的"多段线"按钮 🖉，按照命令行窗口的提示，绘制 1 条封闭的
线段，作为沙发靠背的截面图形，如图 5-2-16 所示。

命令行窗口提示操作步骤如下：

命令:_PLINE ↵
指定起点:0,200 ↵　　（输入起点值）
当前线宽为 0
指定下一个点或[圆弧(A)/半宽(H)/长度(L)/放弃(U)/宽度(W)]:-200,600 ↵　（输入坐标值）
指定下一点或[圆弧(A)/闭合(C)/半宽(H)/长度(L)/放弃(U)/宽度(W)]:A↵　（输入圆弧选项）
指定圆弧的端点或[角度(A)/圆心(CE)/闭合(CL)/方向(D)/半
宽(H)/直线(L)/半径(R)/第二个点(S)/放弃(U)/宽度(W)]:A↵　　（输入角度选项）
指定包含角:-270↵　　　　　　　　　　　　　　　　　　　　　（输入角度值）
指定圆弧的端点或[圆心(CE)/半径(R)]: @100,0↵　　　　　　　　（输入圆弧长度）
指定圆弧的端点或[角度(A)/圆心(CE)/闭合(CL)/方向(D)/半宽(H)/直线(L)/半径(R)/第二
个点(S)/放弃(U)/宽度(W)]:A↵　　　　　　　　　　　　　　　　（输入角度选项）
指定包含角:-45↵　　　　　　　　　　　　　　　　　　　　　　（输入角度值）
指定圆弧的端点或[圆心(CE)/半径(R)]: 100,200 ↵　　　　　　　　（输入圆弧长度）
指定圆弧的端点或[角度(A)/圆心(CE)/闭合(CL)/方向(D)/半
宽(H)/直线(L)/半径(R)/第二个点(S)/放弃(U)/宽度(W)]:L↵　　（输入直线选项）
指定下一点或[圆弧(A)/闭合(C)/半宽(H)/长度(L)/放弃(U)/宽度(W)]:C↵（输入闭合选项）
⑦ 单击"修改"面板中的"复制"按钮 🖇，按照命令行窗口的提示，将靠背截面图形向
右复制一个，如图 5-2-17 所示。

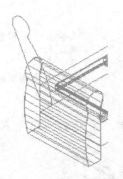
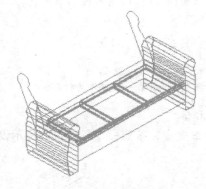

图 5-2-16　绘制靠背截面图形　　　　　图 5-2-17　复制截面图形

命令行窗口提示操作步骤如下：

命令:_COPY ↵
选择对象：
指定对角点：找到 1 个　　　　　　　　　　　　　　　　　（选择靠背截面图形）
选择对象：↵

当前设置：复制模式 = 多个
指定基点或 [位移(D)/模式(O)] <位移>：　　　　　　　　　　　　　（单击图形左下的点）
指定第二个点或 [阵列(A)]<使用第一个点作为位移>：　　　　　　　（单击右侧的点）
指定第二个点或 [阵列(A)/退出(E)/放弃(U)]<退出>：↵　　　　　　　（确认）

⑧ 单击"网格"选项卡"图元"面板中的"直纹曲面"按钮，按照命令行窗口的提示，在两个截面之间创建直纹网格，制作出靠背的网格模型，如图 5-2-18 所示。同时将靠背的 2 个截面图形转换为面域。

命令行窗口提示操作步骤如下：

命令：_RULESURF ↵
当前线框密度：SURFTAB1=24
选择第一条定义曲线：　　　　　　　　　　　　　　　　　　　　　（单击左侧的线段）
选择第二条定义曲线：　　　　　　　　　　　　　　　　　　　　　（单击右侧的线段）

⑨ 单击"视图"选项卡 "视觉样式"面板中的"隐藏"命令，消隐后的效果如图 5-2-19 所示。

图 5-2-18　制作出靠背的网格模型

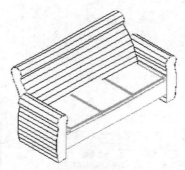

图 5-2-19　隐藏后的图形

命令行窗口提示操作步骤如下：

命令：_HIDE ↵
正在重生成模型。

3. 添加材质和灯光

① 单击"渲染"选项卡"材质"面板中的"材质编辑器"按钮，弹出"材质编辑器"面板，如图 5-2-20 所示，为图形添加材质。

② 单击材质"名称"文本框的后面"显示材质浏览"按钮，弹出"材质浏览器"面板，如图 5-2-21 所示，从中选择"织物"下的蓝色，将材质赋予对象。再次单击"显示材质浏览"按钮，关闭材质浏览器面板，返回材质编辑器面板。

③ 在"材质编辑器"面板中选中"反射率"复选框，"直接"后的数值设为 50。再分别选中"透明度"和"自发光"复选框，在"自发光"区域单击"过滤颜色"后的下拉列表框，单击"编辑颜色"弹出"选择颜色"对话框，设置"过滤颜色"为青蓝色，如图 5-2-22 所示。然后，单击"确定"按钮，关闭该对话框并返回"材质编辑器"面板。

④ 在"渲染"面板的"渲染预设"下拉列表中选择"高"选项，然后单击 "渲染"按钮，弹出"渲染"对话框，如图 5-2-23 所示。对图形进行渲染，完成后的效果如图 5-2-1 所示。

图 5-2-20　"材质编辑器"面板

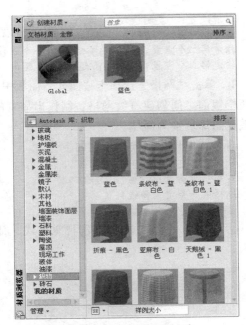

图 5-2-21　设置墙面材质

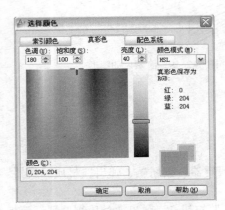

图 5-2-22　"选择颜色"对话框

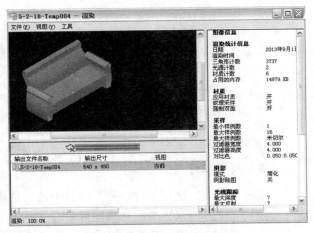

图 5-2-23　"渲染"对话框

相关知识

1. 了解网格构造

① 网格建模使用多边形网格创建镶嵌面，可在"网格"选项卡的"图元"面板中选择需要创建的网格，如图 5-2-24 所示。由于网格面是平面的，因此网格只能近似于真实的网格。网格常用于创建不规则的几何图形，如山脉的三维地形模型。

除非使用 HIDE、RENDER 或 SHADEMODE 命令，否

图 5-2-24　"三维建模"面板

则网格都显示为线框形式。使用 REGEN（使用 HIDE 之后）和 SHADEMODE 可恢复线框显示。

　　② 网格密度控制网格上镶嵌面的数目，它由包含 M、N 个顶点的矩阵定义，类似于由行和列组成的栅格。M 和 N 分别指定给顶点列和行的位置。网格可以是开放的，也可以是闭合的。如果在某个方向上网格的起始边和终止边没有接触，则网格就是开放的，如图 5-2-25 所示。

2．创建网格对象

（1）直纹网格

在两条直线或曲线之间创建一个表示直纹网格的多边形网格，如图 5-2-26 所示。使用 RULESURF 命令，可以在两条直线或曲线之间创建网格。可以使用以下两个不同的对象定义直纹网格的边界：直线、点、圆弧、圆、椭圆、椭圆弧、二维多段线、三维多段线或样条曲线。作为直纹网格"轨迹"的两个对象必须都开放或都闭合。点对象可以与开放或闭合对象成对使用。

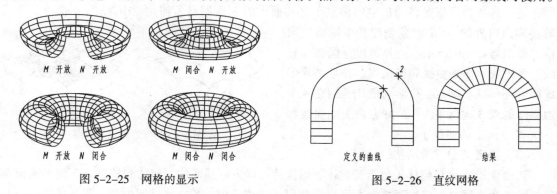

图 5-2-25　网格的显示　　　　　　图 5-2-26　直纹网格

可以在闭合曲线上指定任意两点来完成 RULESURF 命令功能。对于开放曲线，将基于曲线上指定点的位置构造直纹网格，如图 5-2-27 所示。

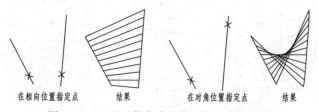

图 5-2-27　基于指定点的位置构造直纹网格

（2）平移网格

使用 TABSURF 命令可以创建平移网格，表示由路径曲线和方向矢量定义的基本平移网格。路径曲线可以是直线、圆弧、圆、椭圆、椭圆弧、二维多段线、三维多段线或样条曲线。方向矢量可以是直线，也可以是开放的二维或三维多段线。可以将使用 TABSURF 命令创建的网格看作是指定路径上的一系列平行多边形。必须事先绘制原对象和方向矢量，如图 5-2-28 所示。

（3）旋转网格

通过将路径曲线或轮廓（直线、圆、圆弧、椭圆、椭圆弧、闭合多段线、多边形、闭合样条曲线或圆环）绕指定的轴旋转，可以创建一个近似于旋转网格的多边形网格。使用 REVSURF 命令通过绕轴旋转对象来创建旋转网格，如图 5-2-29 所示。REVSURF 命令适用于对称旋转的网格。它可以是直线、圆、圆弧、椭圆、椭圆弧、多段线、样条曲线、闭合多段线、多边形、闭合样条曲线或圆环的任意组合。

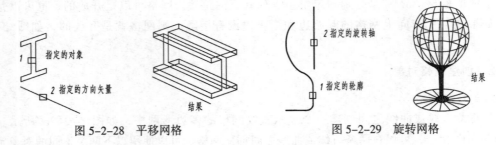

图 5-2-28　平移网格　　　　　　　　　　图 5-2-29　旋转网格

（4）边界定义的网格

创建一个近似于一个由 4 条邻接边定义的孔斯网格片网格。孔斯网格片网格是一个在 4 条邻接边（这些边可以是普通的空间曲线）之间插入的 3 次网格。使用 EDGESURF 命令，可以通过称为边界的 4 个对象创建孔斯网格片网格，如图 5-2-30 所示。边界可以是圆弧、直线、多段线、样条曲线和椭圆弧，并且必须形成闭合环和共享端点。孔斯网格片是插在 4 个边界间的双 3 次网格（一条 M 方向上的曲线和一条 N 方向上的曲线）。

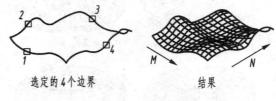

选定的 4 个边界　　　　　结果

图 5-2-30　边界定义的网格

（5）预定义的三维网格

该命令沿常见几何体（包括长方体、圆锥体、球体、圆环体、楔体和棱锥体）的外表面创建三维多边形网格。三维网格命令可以创建以下三维造型：长方体、圆锥体、下半球面、上半球面、网格、棱锥面、球体、圆环和楔体，如图 5-2-31 所示。

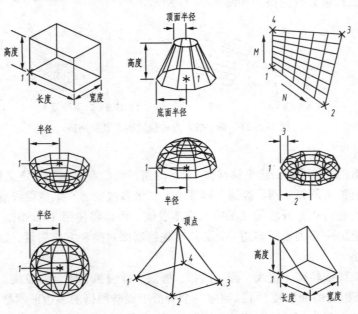

图 5-2-31　预定义的三维网格

3．编辑三维实体的面

在编辑实体对象时，在"实体编辑"面板选择对边或面进行编辑的命令，如图 5-2-32 所示。可以对边或面进行移动、旋转、偏移、倾斜、删除、拉伸或复制实体对象，或者改变面的颜色等操作。

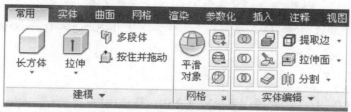

图 5-2-32　"实体编辑"面板

（1）拉伸对象的面

单击"拉伸面"按钮，可以沿一条路径拉伸三维实体的平面，或者指定一个高度值和倾斜角。每个面都有一个正边，该边在面（正在处理的面）的法向上。输入一个正值可沿正方向拉伸面（通常是向外的）；输入一个负值可沿负方向拉伸面（通常是向内的）。

单击"实体编辑"面板中"拉伸面"按钮，按照命令行窗口的提示，选择 1 个面将其拉伸，如图 5-2-33 所示。

命令行窗口提示操作步骤如下：

命令：_SOLIDEDIT↵
实体编辑自动检查：SOLIDCHECK=1
输入实体编辑选项[面(F)/边(E)/体(B)/放弃(U)/退出(X)]<退出>:_FACE
输入面编辑选项[拉伸(E)/移动(M)/旋转(R)/偏移(O)/倾斜(T)/删除(D)/复制(C)/颜色(L)/材质(A)/放弃(U)/退出(X)]<退出>:_EXTRUDE
选择面或[放弃(U)/删除(R)]:找到一个面。↵　　　　　　　　　（选择圆弧面）
选择面或[放弃(U)/删除(R)/全部(ALL)]:↵　　　　　　　　　（确认）
指定拉伸高度或[路径(P)]:50↵　　　　　　　　　　　　　　　（输入高度值）
指定拉伸的倾斜角度<0>:15↵　　　　　　　　　　　　　　　　（输入角度值）
已开始实体校验。
已完成实体校验。
输入面编辑选项
[拉伸(E)/移动(M)/旋转(R)/偏移(O)/倾斜(T)/删除(D)/复制(C)/颜色(L)/材质(A)/放弃(U)/退出(X)]　<退出>：X↵
　　　　　　　　　　　　　　　　　　　　　　　　　　　　　（确认）
实体编辑自动检查：　SOLIDCHECK=1
输入实体编辑选项　[面(F)/边(E)/体(B)/放弃(U)/退出(X)]　<退出>：X↵　（确认）

（2）移动对象的面

单击"移动面"按钮，可以编辑三维实体对象，通过移动面来编辑三维实体对象。AutoCAD 只移动选定的面而不改变其方向。使用 AutoCAD 可以方便地移动三维实体上的孔。可以使用"对象捕捉"模式、坐标和"对象捕捉追踪"以精确地移动选定的面。

单击"实体编辑"面板中的"移动面"命令，按照命令行窗口的提示，选择 1 个面将其移动，如图 5-2-34 所示。

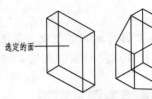

选定的面—

图 5-2-33　拉伸对象的面

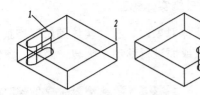

图 5-2-34　移动对象的面

命令行窗口提示操作步骤如下：

命令：_SOLIDEDIT↵
实体编辑自动检查：SOLIDCHECK=1
输入实体编辑选项[面(F)/边(E)/体(B)/放弃(U)/退出(X)]<退出>：_FACE
输入面编辑选项[拉伸(E)/移动(M)/旋转(R)/偏移(O)/倾斜(T)/删除(D)/复制(C)/颜色(L)/材质(A)/放弃(U)/退出(X)]<退出>：_MOVE
选择面或[放弃(U)/删除(R)]：找到一个面　　　　　　　　　（单击要移动的对象）
选择面或[放弃(U)/删除(R)/全部(ALL)]：↵　　　　　　　（确认）
指定基点或位移：　　　　　　　　　　　　　　　　　　　（单击点1）
指定位移的第二点：　　　　　　　　　　　　　　　　　　（单击点2）
输入面编辑选项
[拉伸(E)/移动(M)/旋转(R)/偏移(O)/倾斜(T)/删除(D)/复制(C)/颜色(L)/材质(A)/放弃(U)/退出(X)]<退出>：X↵　　　　　　　　　　　　　（确认）
实体编辑自动检查：SOLIDCHECK=1
输入实体编辑选项[面(F)/边(E)/体(B)/放弃(U)/退出(X)]<退出>：X↵　（确认）

（3）偏移对象的面

单击"偏移面"按钮▱，可以在一个三维实体上按指定的距离均匀地偏移面。通过将现有的面从原始位置向内或向外偏移指定的距离可以创建新的面（在面的法向偏移，或向网格或面的正侧偏移）。例如，可以偏移实体对象上较大的孔或较小的孔。指定正值将增大实体的尺寸或体积，指定负值将减小实体的尺寸或体积，也可以用一个通过的点来指定偏移距离。

单击"实体编辑"面板中的"偏移面"命令，按照命令行窗口的提示，选择 1 个面将其偏移，如图 5-2-35 所示。

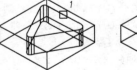

图 5-2-35　偏移对象的面

命令行窗口提示操作步骤如下：

命令：_SOLIDEDIT↵
实体编辑自动检查：SOLIDCHECK=1
输入实体编辑选项[面(F)/边(E)/体(B)/放弃(U)/退出(X)]<退出>：_FACE
输入面编辑选项[拉伸(E)/移动(M)/旋转(R)/偏移(O)/倾斜(T)/删除(D)/复制(C)/颜色(L)/材质(A)/放弃(U)/退出(X)]<退出>：_OFFSET
选择面或[放弃(U)/删除(R)]：找到一个面。↵　　　　　　　（单击对象1）
选择面或[放弃(U)/删除(R)/全部(ALL)]：↵　　　　　　　（确认）
指定偏移距离：20↵　　　　　　　　　　　　　　　　　　（输入偏移值值）
已开始实体校验。
已完成实体校验。
输入面编辑选项
[拉伸(E)/移动(M)/旋转(R)/偏移(O)/倾斜(T)/删除(D)/复制(C)/颜色(L)/材质(A)/放弃(U)/退出(X)]<退出>：X↵　　　　　　　　　　　　　（确认）
实体编辑自动检查：SOLIDCHECK=1
输入实体编辑选项[面(F)/边(E)/体(B)/放弃(U)/退出(X)]<退出>：X↵　（确认）

（4）删除对象的面

单击"删除面"按钮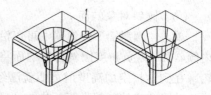，可以从三维实体对象上删除面和圆角。

单击"实体编辑"面板中的"删除面"按钮，然后选择1个面，将其删除，如图5-2-36所示。

图 5-2-36　删除对象的面

命令行窗口提示操作步骤如下：

命令:_SOLIDEDIT↵
实体编辑自动检查:SOLIDCHECK=1
输入实体编辑选项[面(F)/边(E)/体(B)/放弃(U)/退出(X)]<退出>:_FACE
输入面编辑选项[拉伸(E)/移动(M)/旋转(R)/偏移(O)/倾斜(T)/删除(D)/复制(C)/颜色(L)/材质(A)/放弃(U)/退出(X)]<退出>:_DELETE
选择面或[放弃(U)/删除(R)]:找到一个面　　　　　　　（单击圆弧面1）
选择面或[放弃(U)/删除(R)/全部(ALL)]:↵　　　　　　（确认）
已开始实体校验
已完成实体校验
输入面编辑选项
[拉伸(E)/移动(M)/旋转(R)/偏移(O)/倾斜(T)/删除(D)/复制(C)/颜色(L)/材质(A)/放弃(U)/退出(X)]<退出>:X↵　　　　　　　　　　（确认）
实体编辑自动检查:　SOLIDCHECK=1
输入实体编辑选项[面(F)/边(E)/体(B)/放弃(U)/退出(X)]<退出>:X↵　（确认）

（5）旋转对象的面

单击"旋转面"按钮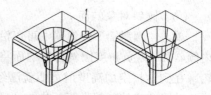，可以在三维实体上旋转选定的面或功能集合。通过选择基点和相对（或绝对）旋转角度，可以旋转实体上选定的面或特征集合。所有三维面都绕指定轴旋转。当前 UCS 和 ANGDIR 系统的变量设置确定旋转方向。可以根据两点指定旋转轴的方向、指定对象、指定 X、Y 或 Z 轴，以及当前视图的 Z 方向。

单击"实体编辑"面板中的"旋转面"按钮，按照命令行窗口的提示，选择1个面将其旋转，如图5-2-37所示。

命令行窗口提示操作步骤如下：

命令:_SOLIDEDIT↵
实体编辑自动检查:SOLIDCHECK=1
输入实体编辑选项[面(F)/边(E)/体(B)/放弃(U)/退出(X)]<退出>:_FACE
输入面编辑选项[拉伸(E)/移动(M)/旋转(R)/偏移(O)/倾斜(T)/删除(D)/复制(C)/颜色(L)/材质(A)/放弃(U)/退出(X)]<退出>:_ROTATE
选择面或[放弃(U)/删除(R)]:找到一个面。　　　　　　（单击要旋转的面）
选择面或[放弃(U)/删除(R)/全部(ALL)]:↵　　　　　　（确认）
指定轴点或[经过对象的轴(A)/视图(V)/X轴(X)/Y轴(Y)/Z轴(Z)]<两点>:Y↵（输入旋转轴）
指定旋转原点<0,0,0>:↵　　　　　　　　　　　　　　（输入旋转的基点）
指定旋转角度或[参照(R)]:35↵　　　　　　　　　　　（输入角度值）
已开始实体校验
已完成实体校验
输入面编辑选项
[拉伸(E)/移动(M)/旋转(R)/偏移(O)/倾斜(T)/删除(D)/复制(C)/颜色(L)/材质(A)/放弃(U)/退出(X)]<退出>:X↵　　　　　　　　　　（确认）
实体编辑自动检查:　SOLIDCHECK=1
输入实体编辑选项[面(F)/边(E)/体(B)/放弃(U)/退出(X)]<退出>:X↵　（确认）

（6）倾斜对象的面

单击"倾斜面"按钮，可以沿矢量方向以绘图角度倾斜面。以正角度倾斜选定的面将向内倾斜面，以负角度倾斜选定的面将向外倾斜面。避免使用太大的倾斜角度，如果该角度过大，轮廓在到达指定的高度前可能就已经倾斜成一点，AutoCAD 将拒绝这种倾斜。

单击"实体编辑"面板中的"倾斜面"按钮，按照命令行窗口的提示，选择 1 个面将其倾斜，如图 5-2-38 所示。

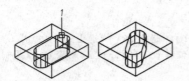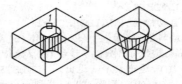

图 5-2-37　旋转对象的面　　　　图 5-2-38　倾斜对象的面

命令行窗口提示操作步骤如下：
命令：_SOLIDEDIT ↵
实体编辑自动检查：SOLIDCHECK=1
输入实体编辑选项 [面(F)/边(E)/体(B)/放弃(U)/退出(X)]<退出>：_FACE
输入面编辑选项 [拉伸(E)/移动(M)/旋转(R)/偏移(O)/倾斜(T)/删除(D)/复制(C)/颜色(L)/材质(A)/放弃(U)/退出(X)]<退出>：_TAPER
选择面或[放弃(U)/删除(R)]：找到一个面　　　　　　　　　（单击要倾斜的面）
选择面或[放弃(U)/删除(R)/全部(ALL)]：↵　　　　　　　（确认）
指定基点：　　　　　　　　　　　　　　　　　　　　　（输入点）
指定沿倾斜轴的另一个点：　　　　　　　　　　　　　　（单击点 1）
指定倾斜角度：10↵　　　　　　　　　　　　　　　　　（输入倾斜的角度）
已开始实体校验
已完成实体校验
输入面编辑选项
[拉伸(E)/移动(M)/旋转(R)/偏移(O)/倾斜(T)/删除(D)/复制(C)/颜色(L)/材质(A)/放弃(U)/退出(X)]：X↵
　　　　　　　　　　　　　　　　　　　　　　　　　（确认）
实体编辑自动检查：SOLIDCHECK=1
输入实体编辑选项 [面(F)/边(E)/体(B)/放弃(U)/退出(X)]<退出>：X↵ （确认）

（7）着色对象的面

单击"着色面"按钮，可以修改三维实体对象上选定面的颜色，可以修改三维实体对象上面的颜色，可以从 7 种标准颜色中选择颜色，也可以从"选择颜色"对话框中选择。指定颜色时，可以输入颜色名或输入一个 AutoCAD 颜色索引（ACI）编号，即 1～255 的整数。设置面的颜色将覆盖实体对象所在图层的颜色设置。

单击"实体编辑"面板中的"着色面"按钮，按照命令行窗口的提示，选择 1 个面，按空格键确认，如图 5-2-39 所示。这时弹出"选择颜色"对话框，在其中选择任意一种颜色，如图 5-2-40 所示。然后，单击"确定"按钮，即可为选择的面着色，如图 5-2-41 所示。

命令行窗口提示操作步骤如下：
命令：_SOLIDEDIT ↵
实体编辑自动检查：SOLIDCHECK=1
输入实体编辑选项 [面(F)/边(E)/体(B)/放弃(U)/退出(X)]<退出>：_FACE
输入面编辑选项 [拉伸(E)/移动(M)/旋转(R)/偏移(O)/倾斜(T)/删除(D)/复制(C)/颜色(L)/材质(A)/放弃(U)/退出(X)]<退出>：_COLOR
选择面或[放弃(U)/删除(R)]：找到一个面　　　　　　　　（单击要着色的面）

选择面或 [放弃 (U) /删除 (R) /全部 (ALL)]：↵ （确认）
已开始实体校验
已完成实体校验
输入面编辑选项
[拉伸 (E) /移动 (M) /旋转 (R) /偏移 (O) /倾斜 (T) /删除 (D) /复制 (C) /颜色 (L) /材质 (A) /放弃
(U) /退出 (X)] <退出>：X↵ （确认）
实体编辑自动检查： SOLIDCHECK=1
输入实体编辑选项 [面 (F) /边 (E) /体 (B) /放弃 (U) /退出 (X)] <退出>：X↵ （确认）

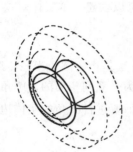

图 5-2-39　选择要着色的面　　　图 5-2-40　"选择颜色"对话框　　　图 5-2-41　着色后的面

（8）复制对象的面

单击"复制面"按钮 📄，可以将三维实体对象上的选定面复制为各自独立的面域或体，可
以复制三维实体对象上的面。AutoCAD 将选定的面作为面域或体。如果指定两个点，AutoCAD
使用第一个点作为基点，并相对于基点放置一个副本。如果只指定一个点，然后按【Enter】键
确认，AutoCAD 将使用原始选择点作为基点，下一
点作为位移点。

单击"实体编辑"面板中的"复制面"命令，
按照命令行窗口的提示，选择 1 个面将其复制，
完成后的效果如图 5-2-42 所示。

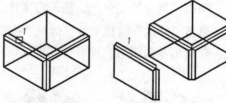

图 5-2-42　复制对象的面

命令行窗口提示操作步骤如下：
命令：_SOLIDEDIT↵
实体编辑自动检查：SOLIDCHECK=1
输入实体编辑选项 [面 (F) /边 (E) /体 (B) /放弃 (U) /退出 (X)] <退出>：_FACE
输入面编辑选项 [拉伸 (E) /移动 (M) /旋转 (R) /偏移 (O) /倾斜 (T) /删除 (D) /复制 (C) /颜色 (L) /
材质 (A) /放弃 (U) /退出 (X)] <退出>：_COPY
选择面或 [放弃 (U) /删除 (R)]：找到一个面 （单击面 1）
选择面或 [放弃 (U) /删除 (R) /全部 (ALL)]：↵ （确认）
指定基点或位移： （单击点 1）
指定位移的第二点： （单击需要复制的位置）
已开始实体校验
已完成实体校验
输入面编辑选项

[拉伸(E)/移动(M)/旋转(R)/偏移(O)/倾斜(T)/删除(D)/复制(C)/颜色(L)/材质(A)/放弃
(U)/退出(X)] <退出>: X↵   （确认）
实体编辑自动检查： SOLIDCHECK=1
输入实体编辑选项 [面(F)/边(E)/体(B)/放弃(U)/退出(X)] <退出>: X↵   （确认）

4．修改三维实体

创建实体模型后，可以通过圆角、倒角、切割、剖切和分割操作修改模型的外观，也可以编辑实体模型的面和边。可以轻松删除使用 FILLET 或 CHAMFER 命令创建的过渡；可以将实体的面或边作为体、面域、直线、圆弧、圆、椭圆或样条曲线对象来改变颜色或进行复制；压印现有实体上的几何图形可以创建新的面或合并多余的面；偏移可以相对实体的其他面修改某些面。例如，将孔的直径修改得更大或更小；分割已分解的组合实体可以创建三维实体对象；抽壳创建指定厚度的薄壁。

（1）圆角三维对象

单击"圆角"按钮，可以为选定的三维实体抛圆或圆角。默认方法是指定圆角半径，然后选择要进行圆角的边。其他方法为每个被圆角的边单独指定参数，并为一系列相切的边圆角。

单击"修改"面板中的"圆角"按钮，按照命令行窗口的提示，选择要进行圆角的实体边，并指定圆角半径，即可为其添加圆角效果，如图 5-2-43 所示。

命令行窗口提示操作步骤如下：
命令： _FILLET↵
当前设置：模式=修剪，半径=0.0000
选择第一个对象或[多段线(P)/半径(R)/修剪(T)/多个(U)]： （选中整个对象）
输入圆角半径或 [表达式(E)]<8.0000>:5↵   （输入半径值）
选择边或[链(C)/环(L)/半径(R)]:↵   （单击对象1）
选择边或[链(C)/环(L)/半径(R)]:↵   （单击对象2）
已选定 1 个边用于圆角。↵   （确认）

（2）倒角三维对象

单击"倒角"按钮，用于将实体上的任何一处拐角切去，使之变成斜角。

单击"修改"面板中的"倒角"按钮，按照命令行窗口的提示，选择要进行倒角的实体的边，并指定基面距离，即可为其添加倒角效果，如图 5-2-44 所示。

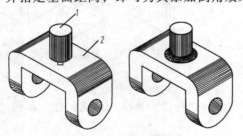

图 5-2-43　圆角三维对象

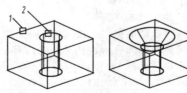

图 5-2-44　倒角三维对象

命令行窗口提示操作步骤如下：
命令： _CHAMFER↵
（"修剪"模式）当前倒角距离 1=0.0000，距离 2=0.0000
选择第一条直线或 [放弃(U)/多段线(P)/距离(D)/角度(A)/修剪(T)/方式(E)/多个(M)]：
（单击对象1）
基面选择...

输入曲面选择选项 [下一个(N)/当前(OK)] <当前(OK)>: OK ↵ （确认）
指定基面的倒角距离或[表达式(E)]:10↵ （输入倒角距离）
指定其他曲面的倒角距离或[表达式(E)]: <10.0000>: 10↵ （确认）
选择边或[环(L)]: （单击对象 2）
选择边或[环(L)]:↵

（3）切割三维实体

单击"切割"按钮，可以创建穿过三维实体的相交截面，如图 5-2-45 所示。结果可能是表示截面形状的二维对象或在中间切断的三维实体。默认方法是指定 3 个点定义一个面。也可以通过其他对象，当前视图，Z 轴或 XY、YZ、ZX 平面来定义相交截面平面。

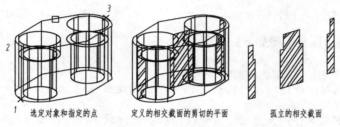

图 5-2-45　切割三维实体

命令行窗口提示操作步骤如下：
命令：_SECTION↵
选择对象：找到 1 个 （选择外轮廓模型）
选择对象：↵
指定截面上的第一个点，依照 [对象(O)/Z 轴(Z)/ 视图(V)/XY(XY)/YZ(YZ)/ZX(ZX)/三点(3)]<三点>： （单击点 1）
指定平面上的第二个点： （单击点 2）
指定平面上的第三个点： （单击点 3）

（4）剖切三维实体

单击"剖切"按钮，可以切开现有实体并移去指定部分，从而创建新的实体，可以保留剖切实体的一半或全部，如图 5-2-46 所示。剖切实体保留原实体的图层和颜色特性。默认方法是先指定三点定义剪切平面，然后选择要保留的部分。也可以通过其他对象、当前视图、Z 轴或 XY、YZ 或 ZX 平面来定义剖切平面。

命令行窗口提示操作步骤如下：
命令：_SLICE↵
选择要剖切的对象：找到 1 个 （选择要剖切的对象）
选择要剖切的对象：↵
指定切面的起点或 [平面对象(O)/曲面(S)/Z 轴(Z)/视图(V)/XY(XY)/YZ(YZ)/ZX(ZX)/三点(3)] <三点>：3↵
指定平面上的第一个点： （单击点 1）
指定平面上的第二个点： （单击点 2）
指定平面上的第三个点： （单击点 3）
在所需的侧面上指定点或 [保留两个侧面(B)] <保留两个侧面>：（在所需的侧面上单击）

（5）创建压印对象

单击"分割"按钮中的压印选项或单击"压印"按钮，通过压印圆弧、圆、直线、二维/三维多段线、椭圆、样条曲线、面域、体和三维实体来创建三维实体的新面。例如，如果圆与三维实体相交，则可以压印实体上的相交曲线，可以删除原始压印对象，也可以保留下来以供将来编辑使用，如图 5-2-47 所示。压印对象必须与选定实体上的面相交，这样才能压印成功。

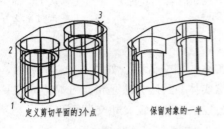

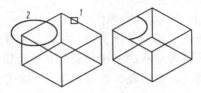

图 5-2-46　剖切三维实体　　　　　　　　　图 5-2-47　创建压印对象

命令行窗口提示操作步骤如下：

命令：_SOLIDEDIT↵
实体编辑自动检查：SOLIDCHECK=1
输入实体编辑选项 [面(F)/边(E)/体(B)/放弃(U)/退出(X)] <退出>：_BODY
输入体编辑选项
[压印(I)/分割实体(P)/抽壳(S)/清除(L)/检查(C)/放弃(U)/退出(X)] <退出>：_SEPARATE
选择三维实体：　　　　　　　　　　　　　　　　　　　　（单击长方体）
选定的对象中不能有多个块
输入体编辑选项
[压印(I)/分割实体(P)/抽壳(S)/清除(L)/检
查(C)/放弃(U)/退出(X)] <退出>：I　　　　　　　　　　（输入压印选项）
选择三维实体：　　　　　　　　　　　　　　　　　　　　（单击长方体）
选择要压印的对象：　　　　　　　　　　　　　　　　　　（单击圆）
是否删除源对象 [是(Y)/否(N)] <N>：Y↵　　　　　　　　（输入是选项）
选择要压印的对象：↵　　　　　　　　　　　　　　　　　（确认）
输入体编辑选项[压印(I)/分割实体(P)/抽
壳(S)/清除(L)/检查(C)/放弃(U)/退出(X)] <退出>：X↵　　（确认）
实体编辑自动检查：SOLIDCHECK=1
输入实体编辑选项 [面(F)/边(E)/体(B)/放弃(U)/退出(X)] <退出>：X↵　（确认）

使用"压印"命令，命令行窗口提示操作步骤如下：

命令：_imprint↵
选择三维实体：　　　　　　　　　　　　　　　　　　　　（单击长方体）
选择要压印的对象：　　　　　　　　　　　　　　　　　　（单击圆）
是否删除源对象 [是(Y)/否(N)] <N>：Y↵　　　　　　　　（输入是选项）

（6）创建抽壳对象

单击"抽壳"按钮，可以从三维实体对象中创建壳体（输入厚度的中空薄壁）。AutoCAD通过将现有的面向原位置的内部或外部偏移来创建新的面，如图 5-2-48 所示。偏移时，AutoCAD将连续相切的面看作一个面。

抽壳偏移=0.5　　　　抽壳偏移=-0.5

图 5-2-48　创建抽壳对象

命令行窗口提示操作步骤如下：

命令：_SOLIDEDIT↵
实体编辑自动检查：SOLIDCHECK=1
输入实体编辑选项[面(F)/边(E)/体(B)/放弃(U)/退出(X)]<退出>：_BODY
输入体编辑选项 [压印(I)/分割实体(P)/抽壳(S)/清除(L)/检查(C)/放弃(U)/退出(X)]<退出>：_SHELL
　选择三维实体：　　　　　　　　　　　　　　　　　　（单击圆柱体）
　删除面或[放弃(U)/添加(A)/全部(ALL)]：↵　　　　　（确认）
　输入抽壳偏移距离：20↵　　　　　　　　　　　　　　（输入抽壳偏移距离）
　已开始实体校验
　已完成实体校验
　输入体编辑选项[压印(I)/分割实体(P)/抽
　壳(S)/清除(L)/检查(C)/放弃(U)/退出(X)]<退出>：↵　　（确认）
　实体编辑自动检查：SOLIDCHECK=1
　输入实体编辑选项[面(F)/边(E)/体(B)/放弃(U)/退出(X)]<退出>：↵　（确认）

5．三维操作

（1）三维镜像对象

单击"三维镜像"按钮❖可以沿指定的镜像平面创建对象的镜像。单击"修改"面板中的"三维镜像"按钮，按照命令行窗口的提示，将如图 5-2-49 所示的对象进行镜像处理，其效果如图 5-2-50 所示。

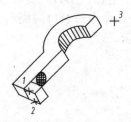 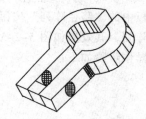

　　　　图 5-2-49　原图　　　　　图 5-2-50　三维镜像效果

命令行窗口提示操作步骤如下：

命令：_MIRROR3D↵
选择对象：找到 1 个　　　　　　　　　　　　　　　（选择图中左侧的对象）
选择对象：↵　　　　　　　　　　　　　　　　　　　（确认）
指定镜像平面（三点）的第一个点或 [对象(O)/最近的(L)/Z 轴(Z)/视图(V)/XY 平面(XY)/YZ 平面(YZ)/ZX 平面(ZX)/三点(3)] <三点>：3　　（输入三点选项）
　在镜像平面上指定第一点：　　　　　　　　　　　　（单击点 1）
　在镜像平面上指定第二点：　　　　　　　　　　　　（单击点 2）
　在镜像平面上指定第三点：　　　　　　　　　　　　（单击点 3）
　是否删除源对象？[是(Y)/否(N)] <否>：N　　　　↵（按【Enter】键保留原始对象或者按 Y 将其删除）

（2）三维阵列对象

单击"三维阵列"按钮▦可以在三维空间创建对象的矩形阵列、路径阵列和环形阵列。除了指定列数（X方向）和行数（Y方向）外，还要指定层数（Z方向）。

单击"修改"面板中的"矩形阵列"按钮，按照命令行窗口的提示，将如图 5-2-51 所示的对象进行矩形阵列，其效果如图 5-2-52 所示。

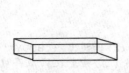
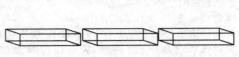

图 5-2-51　原图　　　　　　　图 5-2-52　三维矩形阵列对象

命令行窗口提示操作步骤如下：

命令: _arrayrect
选择对象: 找到 1 个　　　　　　　　　　　　（单击长方体）
选择对象: ↵　　　　　　　　　　　　　　　　（确认）
类型 = 矩形 关联 = 是
为项目数指定对角点或 [基点(B)/角度(A)/计数(C)] <计数>: c↵　　（输入计数选项）
输入行数或 [表达式(E)] <4>: 1↵　　　（输入行数）
输入列数或 [表达式(E)] <4>: 3↵　　　（输入列数）
指定对角点以间隔项目或 [间距(S)] <间距>:
指定行之间的距离或 [表达式(E)] <570>: ↵　　　　　　　（输入行间距）
指定列之间的距离或 [表达式(E)] <570>: ↵　　　　　　　（输入列间距）
按 Enter 键接受或
　[关联(AS)/基点(B)/行(R)/列(C)/层(L)/退出(X)] <退出>:L↵　　（输入层数选项）
输入 层 数或 [表达式(E)] <1>: 2↵　　　（输入层数）
指定 层 之间的距离或 [总计(T)/表达式(E)] <683>: ↵　　　（输入层间距）
按 Enter 键接受或 [关联(AS)/基点(B)/行(R)/列(C)/层(L)/退出(X)] <退出>↵　　（确认）

　　单击"修改"面板中的"路径阵列"按钮，按照命令行窗口的提示，将如图 5-2-53 所示的小圆锥体进行路径阵列，其效果如图 5-2-53 所示。

命令行窗口提示操作步骤如下：

命令: _arraypath
选择对象: 找到 1 个
选择对象:　　　　　　　　　　　　　　　　（单击圆锥体）
类型 = 路径 关联 = 是
选择路径曲线:　　　　　　　　　　　　　　（单击路径曲线）
输入沿路径的项数或 [方向(O)/表达式(E)] <方向>:　　　　（单击端点）
指定沿路径的项目之间的距离或
[定数等分(D)/总距离(T)/表达式(E)] <沿路径平均定数等分(D)>:　　（单击另一个端点）
按 Enter 键接受或 [关联(AS)/基点(B)/项目(I)/行(R)/层(L)/对齐项目(A)/Z 方向(Z)/
退出(X)] <退出>:　　　　　　　　　　　　　（确认）

　　要创建三维环形阵列对象，可单击"修改"面板中的"环形阵列"按钮，按照命令行窗口的提示，将图 5-2-54 左图所示的对象进行环形阵列。

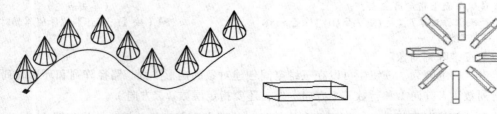

图 5-2-53　三维路径阵列对象　　　　　　図 5-2-54　三维环形阵列对象

命令行窗口提示操作步骤如下：

命令：_ARRAYPOLAR
选择对象：找到 1 个 　　　　　　　　　　　　　　　　（单击长方体）
选择对象： 　　　　　　　　　　　　　　　　　　　　（确认）
类型 = 极轴　关联 = 是
指定阵列的中心点或 [基点(B)/旋转轴(A)]：　　　　　（单击点）
输入项目数或 [项目间角度(A)/表达式(E)] <4>：8 ↵ 　　（输入阵列数）
指定填充角度(+=逆时针、-=顺时针) 或 [表达式(EX)] <360>：↵ 　（确认旋转的角度）
按【Enter】键接受或 [关联(AS)/基点(B)/项目(I)/项目间角度(A)/填充角度(F)/行(ROW)/
层(L)/旋转项目(ROT)/退出(X)] ↵ 　　　　　　　　　　（确认）

（3）三维旋转

"三维旋转"命令可以绕指定点旋转对象，旋转方向由当前 UCS 决定。ROTATE3D 绕指定轴在三维空间旋转对象。可以根据两点指定旋转轴，指定对象，指定 X、Y 或 Z 轴，或者指定当前视图的 Z 方向。要旋转三维对象，既可使用 ROTATE 命令，也可使用 ROTATE3D 命令。

6．渲染图形

单击"渲染"选项卡"渲染"面板中的"高级渲染设置"按钮 ，弹出"高级渲染设置"面板，如图 5-2-55 所示。运用几何图形、光源和材质将模型渲染为具有真实感的图像。在该对话框中提供了 5 种渲染类型，每一种都用于创建不同的效果，每一种渲染具有不同的速度。渲染各选项简介如下：

（1）"草稿"渲染

"草稿渲染"为基本渲染选项，可以获得最佳性能。使用该选项时，不需要应用任何材质，添加任何光源，也不需要设置场景就可以对模型进行渲染。当渲染一个新的模型时，渲染程序自动使用一个与肩齐平的虚拟平行光。这个光源不能移动或调整。

（2）"高"渲染

照片级真实感扫描线渲染程序，可以显示位图材质和透明材质，并产生体积阴影和贴图阴影。

（3）"演示"渲染

图 5-2-55　"高级渲染
设置"面板

照片级真实感光线跟踪渲染，它使用光线跟踪产生反射、折射和更加精确的阴影。

当从"渲染"面板上选择选项或者输入 FOG、LIGHT、RENDER 或 SCENE 等命令时，渲染将自动加载到内存中。要停止渲染操作，按 Esc 键。要释放内存，可以卸载渲染程序。

在一个三维项目中，渲染花费的机时通常是最多的。渲染一般需要通过若干中间步骤检验渲染模型、照明和颜色。渲染通常包括 3 个步骤：

① 准备模型：包括相应的绘图技术、消除隐藏面、构造平滑着色网格以及设置视图分辨率。
② 照明：包括创建和放置光源以及创建阴影。
③ 添加颜色：包括定义材质的反射质量和将材质与可见表面相关联。

7．定义和修改材质

为了给渲染提供更多的真实感，在"材质"面板中可以在模型的表面应用材质，如钢和塑料。可以将材质附着到单个对象、具有特定 ACI 编号的所有对象、块或图层。使用材质包括如下几个步骤：

① 定义材质，包括颜色、反射或光泽度。

② 为图形中的对象附着材质。

③ 从材质库输入或输出材质。

用计算机创建颜色、进行着色和绘制图案的方法与使用传统的介质（如油画和蜡笔）不太相同。

① 在"材质"面板的顶部单击"材质浏览器"，弹出"材质浏览器"面板，如图 5-2-56 在 Autodesk 库中单击材质，即可将材质添加到文档列表中。在绘图区选中需要添加材质的对象，然后在"材质浏览器"中的材质样例上，单击快捷菜单中的"指定给当前选择"，将材质指定给所选对象，或将材质样例直接拖动到图形中的对象上。

② 在"材质"面板中单击"材质编辑器"按钮 ⌐，弹出"材质编辑器"面板，如图 5-2-57 所示。

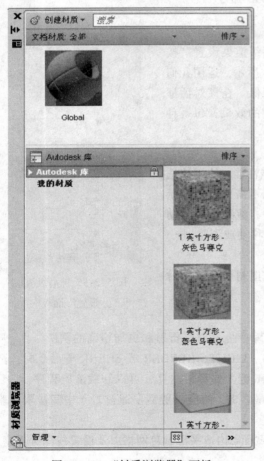

图 5-2-56　"材质浏览器"面板

图 5-2-57　"材质编辑器"面板

"常规"材质类型具有用于优化材质的以下特性：

❖ 颜色：对象上材质的颜色在该对象的不同区域各不相同。例如，如果观察红色球体，它并不显现出统一的红色。远离光源的面显现出的红色比正对光源的面显现出的红色暗。反射高光区域显示最浅的红色。事实上，如果红色球体非常有光泽，其高光区域可能显现出白色。可为材质指定颜色或自定义纹理（可以是图像，也可以是程序纹理）。

❖ 图像：控制材质的基本漫射颜色贴图。漫射颜色是对象在被直射日光或人造光照射时所反射的颜色。

❖ 图像褪色：控制基础颜色和漫射图像之间的混合。仅当使用图像时才可编辑图像褪色特性。

❖ 光泽度：材质的反射质量定义了光泽度或消光度。若要模拟有光泽的曲面，材质将具有较小的高光区域，且其高光颜色较浅，甚至可能是白色。光泽度较低的材质将具有较大的高光区域，且高光区域的颜色更接近材质的主色。

❖ 高光：此特性控制材质的反射高光的获取方式。金属高光以各向异性方式发散光线。各向异性指的是依赖于方向的材质特性。金属高光是材质的颜色，而非金属高光是光线接触材质时所显现出的颜色。

③ 其他特性可用于特定的效果：

❖ 反射率："直接"和"倾斜"滑块控制表面上的反射级别及反射高光的强度。

❖ 透明度："透明度"复选框控制材质的透明度级别。完全透明的对象允许光从中穿过。透明度值是一个百分比值：值 1.0 表示材质完全透明；较低的值表示材质部分半透明；值 0.0 表示材质完全不透明。

"半透明度"和"折射率"特性仅当"透明度"值大于 0 时才是可编辑的。半透明对象（例如，磨砂玻璃）使一部分光线从中穿过，一部分光线在对象内发散。半透明度值是一个百分比值：值 0.0 表示材质不透明；值 1.0 表示材质完全半透明。

"折射率"控制光线穿过材质时的弯曲度，因此可在对象的另一侧看到对象被扭曲。例如，折射率为 1.0 时，透明对象后面的对象不会失真。折射率为 1.5 时，对象将严重失真，就像通过玻璃球看对象一样。

❖ 裁切："裁切"复选框用于根据纹理灰度解释控制材质的穿孔效果。贴图的较浅区域渲染为不透明，较深区域渲染为透明。

❖ 自发光：对象看起来正在自发光。例如，要在不使用光源的情况下模拟霓虹灯，可以将自发光值设置为大于零。没有光线投射到其他对象上。

"自发光"复选框可用于推断变化的值。此特性可控制材质的过滤颜色、亮度和色温。"过滤颜色"可在照亮的表面上创建颜色过滤器的效果。

亮度可使材质模拟在光度控制光源中被照亮的效果。在光度控制单位中，发射光线的多少是选定的值。没有光线投射到其他对象上。

❖ 凹凸："凹凸"复选框用于打开或关闭使用材质的浮雕图案。对象看起来具有凹凸的或不规则的表面。使用凹凸贴图材质渲染对象时，贴图的较浅区域看起来升高，而较深区域看起来降低。

"凹凸度"用于调整凹凸的高度。较高的值渲染时凸出得越高，较低的值渲染时凸出得越低。灰度图像生成有效的凹凸贴图。

8．颜色的应用

（1）使用颜色

在观察周围的对象时，所能看见的大多数颜色是颜料颜色。例如，当阳光照射红玫瑰花瓣时，花瓣将吸收光谱中除红色以外的所有颜色，只将红色反射到眼中。如果对象反射了整个光谱，它看起来就是白色的。如果对象不反射任何颜色，它看起来就是黑色的。基本的颜料颜色是红色、黄色和蓝色。二级颜色是等量的两种基本色的混合，有橙色（红色和黄色）、绿色（黄色和蓝色）和紫色（红色和蓝色）。当画家在调色板上混合油彩时，使用的就是颜料颜色。

如果对象是一个光源，它就是在发出颜色而不是反射颜色。在计算机显示器上看到的是光源颜色而不是颜料颜色。基本光源颜色是红色、绿色和蓝色。因此，计算机颜色系统通常称为RGB 系统。二级颜色是黄色（红色和绿色）、青色（绿色和蓝色）和紫色（红色和蓝色）。所有的光源颜色混合在一起会产生白色，没有任何光源颜色就会产生黑色。

HLS 系统（色调、亮度和饱和度）是 RGB 光源颜色系统的一个补充。无须混合基本颜色，只要从色调范围中选择颜色，然后改变其亮度和饱和度（纯度）即可。

（2）使用表面颜色变化

材质的一个关键要素是其表面颜色变化。在真实世界中，相同颜色的对象因其反射光的方式不同，颜色看起来也会有所不同。例如，一个红的球形或圆柱形对象并不显示统一的红色。与光线夹角为很小的锐角的部分，显示的红色要比正对着光线的部分更暗。反射高光区域显出最亮的红色。在某些情况下，无论对象的颜色如何，非常亮的对象上高光区域看起来像是白色的。该程序通过重现这些颜色变化和反射来增加模型的真实感。

该程序处理光源颜色的方法十分灵活。可以指定对象表面的反射光颜色，不需要考虑对象的颜色或照射对象的光源颜色。例如，可以模拟蓝光照射红色球发出的暗红色反射高光。

由于表面颜色的变化，每个渲染材质实际上都提供 3 个颜色变量。

① 对象的主色（也称为漫射色）。

② 环境色，仅受环境光照亮的面所显现出的颜色。

③ 反射色（或称镜面反射颜色），光亮材质的高光区域颜色（高光区域的尺寸取决于材质的粗糙度）在定义材质时，所有这些变量都可调整。

在预览材质时，"预览"以默认的方向显示一个样本球体或立方体。样本图像不能精确地表示材质是如何渲染的，但是它可以帮助用户想象实际效果。

9．渲染环境

单击"渲染"选项卡"渲染"面板下拉列表中的"环境"选项，即可弹出"渲染环境"对话框，如图 5-2-58 所示。该对话框用于为渲染图形添加各种背景，如单色背景、雾化背景效果等。

图 5-2-58　"渲染环境"对话框

10．灯光的特性

光源照到模型中每个面的方式，产生受光面与光线之间夹角的影响，对于点光源和聚光灯，还要受光源到面之间距离的影响。光源从一个表面的反射会受表面材质的反射质量的影响。

（1）面与光源的夹角

表面相对于光源倾斜得越厉害，看起来就越暗。与光源垂直的面看起来最亮。面与光线的夹角与 90° 角相差越大，就越暗。图 5-2-59 说明了光源角度如何影响亮度。每个面的长度都相同，每个光源发出 8 道光束。每个面的亮度只与它和光源之间的夹角有关。

在此例中，左侧面垂直于光源并受到全部光线（8 束）照射，它是 3 个面中最亮的面。中间面与光源之间的夹角最大，只接收到 4 束光线，它是 3 个面中最暗的面。右侧面与光源之间的夹角很小，可接收到 6 束光线，它要比左侧面暗。

（2）面与光源的距离

距离点光源和聚光灯较远的对象显得比较暗。距离较近的对象显得比较亮（平行光不受距离的影响）。随着距离增加光源效果减弱称为衰减。可以在"线性反比"和"平方反比"两种衰减率之间选择一种，也可以不指定衰减。图 5-2-60 说明了两种反射比的作用方式。

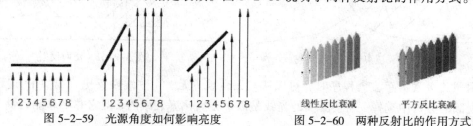

图 5-2-59　光源角度如何影响亮度　　　　图 5-2-60　两种反射比的作用方式

① 线性反比：照明随着与光源之间的距离增加呈反比减弱。因此，当光线前进了 2、4、6 和 8 个单位时，其亮度也变为 1/2、1/4、1/6 和 1/8。

② 平方反比：照明随着与光源之间距离的平方增加呈反比减弱。因此，当光线前进了 2、4、6 和 8 个单位时，其亮度也变为 1/4、1/16、1/36 和 1/64。

（3）照明颜色系统

要设置光的颜色及其表面反射，可以使用两种颜色系统中的一种。由红、绿和蓝三基色组成的 RGB 光源颜色系统和由色调、亮度和饱和度组成的 HLS 系统。

将 RGB 基本光颜色混合可以得到以下二级颜色：黄色（红色和绿色）、青色（绿色和蓝色）和洋红（红色和蓝色）。所有的光源颜色混合在一起会产生白色，没有任何光源颜色就会产生黑色。在使用 HLS 系统时，从一定范围的色调中选择颜色，然后改变其亮度和饱和度（色调中包含的黑色量）。

（4）反射

照片级真实感渲染使用两种反射：漫反射和镜面反射。

① 漫反射：吸墨纸或粗糙的墙壁之类的表面会产生漫反射。照射在全漫反射表面上的光线会均匀地向各方向散射。如图 5-2-61 所示，说明了三束光线照射到粗糙表面，表面沿许多不同的方向反射光线。视点 1、2 和 3 都可以看到反射光。

无论视点在哪个位置，表面的反射都是相同的。因此，当"照片级真实感"或"照片级光线跟踪"渲染程序测量漫反射时，不按视点位置调整。

② 镜面反射：在一个窄的圆锥内反射光线。当一束光线照射到一个理想的镜面（如镜子）时，反射光只沿着一个方向反射。如图 5-2-62 所示，只有视点 3 可以看到入射光束的反射。

（5）距离和衰减

当光线从光源发射出来后，其亮度会逐渐减弱，因此，对象距光源越远，看起来就越暗。在一个黑暗的房间中使用手电筒时，距离手电筒光源近的对象较亮，而距离较远的墙壁一侧的东西就很难看清。光随着距离的增加而减弱的现象称为衰减。照片级真实感渲染程序为所有类型的光源计算衰减。

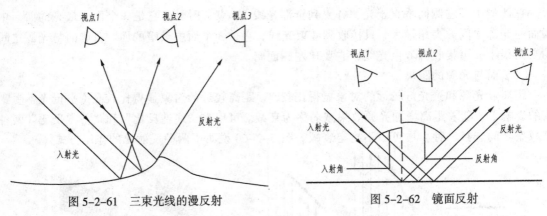

图 5-2-61　三束光线的漫反射　　　　　　　图 5-2-62　镜面反射

使用照片级真实感渲染程序时，可以从"无衰减（无）""线性反比"或"平方反比"3种计算衰减的方法中选择一种。真实的光线是以平方反比率衰减的，但它并不总能提供希望的渲染效果。

11. 使用灯光

（1）添加修改和删除光源

为图形加入光源是改善模型外观的最简单的方法。可以用光源照亮整个模型或只亮显图形中选定的对象和对象部分。在 AutoCAD 2012 中可以添加光域网灯光、平行光、点光源和聚光灯，并可以为每个光源设置颜色、位置和方向。

可以向图形中添加任意数量的光源，设置每个新光源的颜色、位置和方向。对于点光源和聚光灯，还可以设置衰减。如果打开多个图形，在每一个图形中都可以添加和保存各自的光源设置。

不必担心创建过多的光源。可以随时删除光源、将其从当前场景中排除，或者通过将光源强度设置为零以将其关闭。建议将光源排除在当前场景之外。为了确保创建的光源名称不重复，不要将光源添加到块中。

可以删除光源或修改光源的位置、颜色和强度，唯一不能修改的是光源类型。例如，不能将点光源改变为聚光灯。

（2）设置光域灯光

光域灯光是现实中的自定义光分布的光度控制光源。光域灯光（光域）是光源的光强度分布的三维表示。光域灯光可用于表示各向异性（非统一）光分布，此分布来源于现实中的光源制造商提供的数据。与聚光灯和点光源相比，它提供了更加精确的渲染光源表示。

要描述光源发出的光的方向分布，AutoCAD 通过置于光源的光度控制中心的点光源近似光源。使用此近似，将仅分布描述为发出方向的功能。提供用于水平角度和垂直角度预定组的光源的照度，并且系统可以通过插值计算沿任意方向的照度。

（3）设置平行光

平行光源只向一个方向发射平行光射线，如图 5-2-63 所示。光线在指定的光源点的两侧无限延伸。平行光的强度并不随着距离的增加而衰减，对于每一个被照射的表面，其亮度都与其在光源处相同。

（4）设置点光源

点光源从其所在位置向所有方向发射光线，如图 5-2-64 所示。点光源的强度随着距离的增加根据其衰减率衰减。点光源可以用来模拟灯泡发出的光，使用点光源可达到基本的照明效果。将点光源与聚光灯组合起来可以得到所需的"照明效果"。点光源可以代替环境光在局部区域中提供填充光。

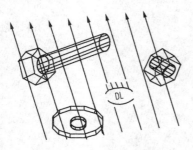

图 5-2-63　平行光效果

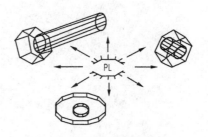

图 5-2-64　点光源效果

（5）设置聚光灯

聚光灯发射有向的圆锥形光，如图 5-2-65 所示。可以指定光的方向和圆锥的大小。与点光源相似，聚光灯的强度也随着距离的增加而衰减。聚光灯有聚光角和照射角，它们一起控制光沿着圆锥的边如何衰减。当来自聚光灯的光照射表面时，照明强度最大的区域被照明强度较低的区域所包围。

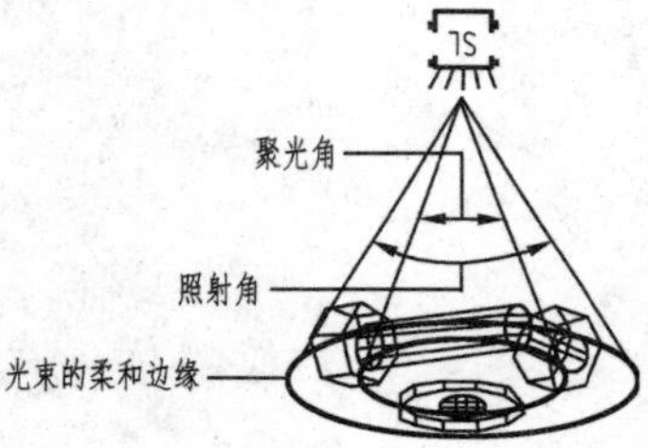

聚光角和收缩角之间的差距越大，光束的边缘越柔和。如果聚光角和照射角相同，则光束的边缘就非常明显。这两个值都可以在 0°～160° 之间选取。聚光角的值不能大于收缩角。

① 聚光圆锥角：定义光束的最亮部分，也称为光束角。

② 照射圆锥角：定义整个圆锥光，也称为区域角。

③ 聚光角和照射角之间的区域有时被称为快速衰减区。

图 5-2-65　聚光灯效果

思考与练习 5-2

1．问答题

（1）简述网格构造的特点。

（2）简述如何拉伸对象的面。

2．上机操作题

参照本章所学的知识，绘制如图 5-2-66 所示的"酒架模型"，在绘制本例时，应先根据模型的特点将其分解为若干的基本图形，再制作出各种网格效果即可，其尺寸自定。

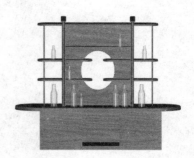

图 5-2-66　酒架模型